JN225605

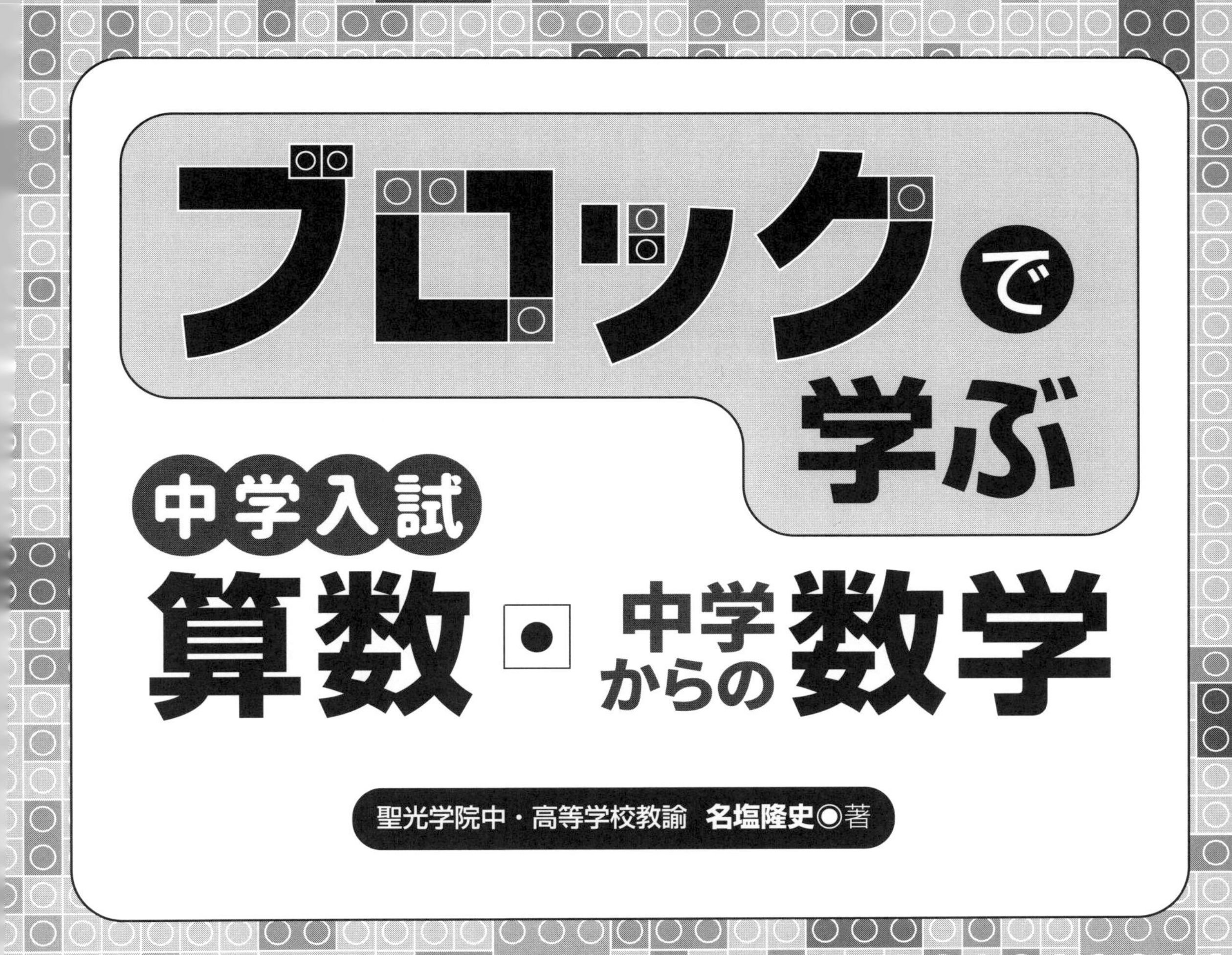

CUTT
カットシステム

はじめに

本書は，小学校の算数で学ぶ数の計算法，および中学入試問題で出題される様々な考え方，そしてその背景あるいは延長上にある中学高校数学について解説したものです。

本書のテーマの一つは，ブロックを用いて数や式，そして概念をイメージでとらえる「可視化」にあります。そもそも算数文章題の○○算は，タイプに応じて様々な図の使い方をします。ブロックで表そうとすることによって，各手法の共通点と相違点が明確になります。また抽象的な概念であるはずの数に色や形を与えること（「メタファー」としての扱い）で，数式の意味をイメージとして把握することができ，さらに具体的に手を動かして考えることができるようになります。さらに，数式をブロックで可視化することで説明がしやすくなり，概念や手法を「ストーリー」として頭に印象づけることが容易になるものと期待できます。「可視化」「メタファー」「ストーリー化」はいずれも本書のコンセプトにつながるレゴ®シリアスプレイ®のメソッド（付録 B）のキーワードになっています。

もう 1 つは「近似」という視点です。算数の問題ではこれまで「1 つの答えを求める」かつ「きれいに答えが出る」問題を取り上げることがもっぱらでした。しかし現実の問題に応用しようとすると，例えばくねくね曲がった領域の面積や立体の体積は，その曲線や曲面が特殊なものでない限り，中学高校で教わる数学をもってしてでも正確に計算することができません。しかしブロックで近似して求めるのでよければ小学生の知識でも十分求めることができます(5.7,10.5,10.6 節)。そもそも PC の画面上の図形は点の集まりとして表示されていることからも，「近似」の意義は納得できるでしょう。

さらに今後プログラミング教育が導入されることもあり，特にレゴ®社のレゴ®マインドストーム®や（株）ソニー・グローバルエデュケーションの KOOV ®といったロボット教材を用いて学ぶことを念頭に置いた際に役に立つ，算数・数学の概念（第 6,10,11 章の座標・速さ・加速運動）を紹介しています。プログラミングにも算数や数学の概念は必要不可欠で，プログラミングのために算数数学を学ぶという考え方もありますが，逆にロボットを動かすという達成感が得られるであろう目標を通じて，算数や数学の概念を学んでいくという道もあります。ロボットに限らず，「手を動かして具体的なものに触れながら考える」ことで学習は促進されると言われています。第 8 章はその例ですが，第 4 章の○○算も数をお金のように物として扱うという点では同じといえるでしょう。

最後に本書は小学校の算数と中学数学の橋渡しを意図しています。それゆえ両者の大きな差である「負の数」と「文字式」の取り扱いが障壁となってしまっていることは否めません。第6章までが主として小学算数，第7章以降が主として中学数学となっていて，負の数の扱いについては極力使わないように配慮しましたが，文字式については，解説であえて積極的に用いている箇所があり，少し難しく感じるかもしれません。そのほかにも，小学校算数と中学数学の用語の使い方の違いにより分かりづらくなっている箇所が多々ありますが，ご容赦いただきたいと思います。

本書で扱う問題は主として算数や数学の基本原理に関するものですが，**「基本問題＝易しい」ではなく，「本質を学ぶための問題」**として扱っていますので，ものによってはかなり難しく感じると思います。しかも**算数数学の中で不得意分野として挙げられるものが多くあります。**逆に言えばそれだけ奥が深い考え方が潜んでいるということになります。

読者層としては，中学入試を考えていらっしゃるご家庭の保護者の方，算数を学びなおしたい社会人の方，中学以降の数学とのつながりを知りたい意欲的な小学生，少し難しい問題について学びたい中学生を想定しています。**特に算数がそこまで得意ではない小学生の方は保護者の方と読まれることをお勧めします。**基本的にどの箇所・問題から読み進めても構いません。必要な知識は章の冒頭と問題の直後に参照すべき箇所を指定しています。

また，各章あるいは節ごとに難易度を指定していますので参考にしてください。

- A・・・小学校算数の教科書の内容
- B・・・中学入試算数で知っておくべき内容
- C・・・中学入試算数でも上級者向けの内容
- D・・・中学以降で学ぶ数学またはプログラミングで必要な算数・数学

（中学入試の範囲は暗黙に決まっていて，基本的に ABC がついている章・節となります。）

基本問題はその数ページ後に解説を，その他の練習・応用・研究問題は巻末の付録 A に解答を用意しています。いくつかの問題に時間をかけて取り組むだけでも十分効果はあるでしょう。練習問題は決して多くはありませんので，十分な実力をつけるには巻末の参考文献をはじめ，問題集をいくつかこなす必要があります。

また，本書はブロックを用いることを想定していますが，4種類のサイズで合計30個程度のブロックがあれば大抵の問題には足りますし，イメージすることができれば紙と鉛筆で代用することができます。ご自宅にあるブロックで足りないようでしたら，レゴ®クラシックというブロックセットのシリーズがありますので，それを購入されることをお勧めします。

この本の出版は，様々な方々の協力なしには達成されるものではありませんでした。まず本書の元となる数学講座の開講を承諾していただいた聖光学院中・高等学校校長の工藤誠一先生には，日頃から多くの面でお世話になっています。物理学の本質を伝えることを第一とし，理解の手助けとなる数々のオリジナルかつ難しい問題を作成し，生徒からの質問を非常に大切にされる同校理科の村山郁男先生には，その作問・教材の開発の仕方を学んだほか，在学当時から現在に至るまで「近似」に関する議論に応じて下さり，本書のコンテンツにも活かされています。その他，多くの先生方との教材に関する日頃の議論も本書に活かされています。中学入試算数のコンテンツの多くは，私に算数文章題を図で解くことを最初に教えていただいた小学校の恩師によるものです。さらに勤務校で担当しているロボットプログラミングの授業については，（株）ソニー・グローバルエデュケーション（代表取締役社長　礒津政明氏）の方々の協力を賜り，算数数学教育の新たな方向性を知る機会となりました。教育ライターのおおたとしまさ氏には，度々私の教材や講座をメディア及び著書（[16]）で取り上げて下さり，難しいはずの問題についても受験生の保護者の視点で大変わかりやすく紹介していただいています。

また，勤務校の今春の卒業生で数学研究会に所属していた折笠俊一郎君，安保亮君，阿部寛生君，近藤憲信君，山口大輔君は，原稿に目を通して，誤植や内容面で様々な指摘をしてくれました。その他，これまで１５年間に渡り行ってきた聖光塾数学講座を受講された受講生全員に感謝申し上げます。

そして，本書はレゴ®シリアスプレイ®のファシリテータトレーニングをされていて，STEM教育にも造詣の深い（株）ロバート・ラスムセン・アンド・アソシエイツ（代表取締役社長　蓮沼孝氏）の石原正雄氏の紹介により実現に至りました。同メソッドの学校現場での導入においても大変貴重なアドバイスを賜りました。

最後になりますが，（株）カットシステム代表取締役社長の石塚勝敏氏，武井さん，山口さんはじめ編集部の方々に多大なる感謝を申し上げます。

2019 年 5 月

聖光学院中・高等学校教諭
名塩　隆史

目次

第1章

難易度

数をブロックで表現する

最初に 1，2，3，4，……という数をブロックで表現する方法からはじめます。特に 1 という数を様々なサイズのブロックで表すことで，「1」があらゆる量を数で表すための基準（単位）になるということを確認してもらいます。ここで学んだことが「分数」や「割合」「比」といった概念の理解に大きく影響していきます。

1.1　ブロックの種類と呼び方・本書で必要なブロックの数

この本で必要とするブロック（たとえばレゴ®ブロック）は，下の図のように，丸い突起（**ポッチ**または**スタッズ**という）がついたブロックで，そのポッチは長方形状に付いているものを想定します。上から見たときに，左図のように縦に2個，横に4個のポッチがついているブロックを **2 × 4 のブロック**と呼ぶことにします。右図は 1 × 1 のブロックといいます。

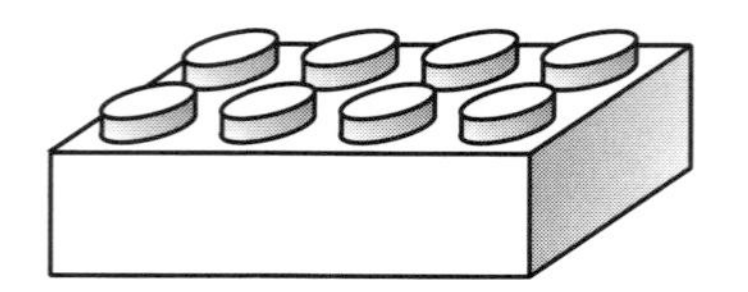
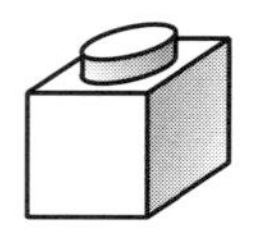

これらのブロックは立体としてみることは少なく，上からみた様子がわかれば十分で，2 × 4 のブロック，1 × 1 のブロックは下の図のように表すことにします。

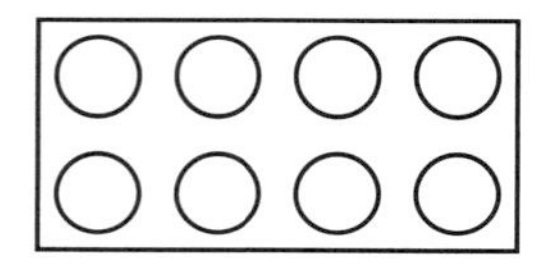

基準となる 1 × 1 のブロックがある程度用意できることが望ましいのですが，レゴ®ブロックの市販のキットに 1 × 1 のブロックはあまり入ってなく，かわりに 1 × 2 や 2 × 2 のブロックはたくさん入っています。しかし 1.5 節で触れるように，すべての数の基準になる 1 という数の様々な表現方法が分かれば，1 × 1 のブロックの代わりにこれらの少し大きいサイズのブロックで代用することができます。代用すること自体が，「割合」の概念の理解を深めてくれるでしょう。

本書の問題に取り組むにあたっては，ほとんどの場合ブロックはイメージができればなくても支障はありません。必要としても色は関係なく 1 × 1，1 × 2，2 × 2，2 × 4 のブロックが 8 個ずつあれば十分です。逆に 1.6 節で触れるように，色で区別をする必要がある場合でも，4 種類の色のブロックがサイズ関係なく 8 個ずつあれば十分です。
（第 10 章のみプレートがあると便利です。）

1.2　直線状に並べたブロックで数を表す

まず，次の図のような 1×1 のブロックだけを用いて数を表すことを考えます。（手元になくてもイメージできれば十分です。1.5 節で 1×2 や 2×2 のブロックで代用する方法を説明します。）

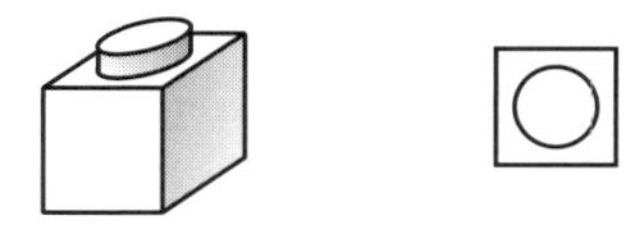

この 1×1 のブロックで「1」という数を表すことにすると，例えば「3」という数は，1×1 のブロック 3 つを並べて，

と表すことができます。そして「$2 + 3 = 5$」という「たし算」は，1×1 のブロック 2 個と 3 個があり，これらを（つなげ）あわせると 5 個になることを表します。

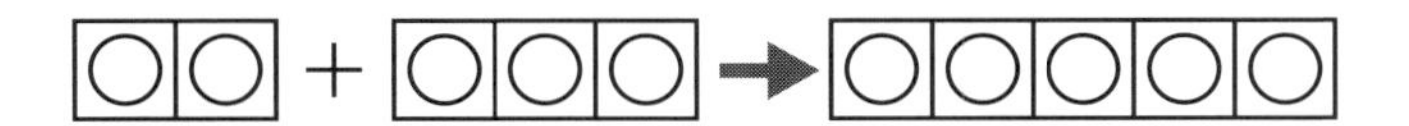

また，「$5 - 2 = 3$」という「ひき算」は，5 個のブロックが置かれた状態から 2 個取り去ると，3 個残るということを表します。

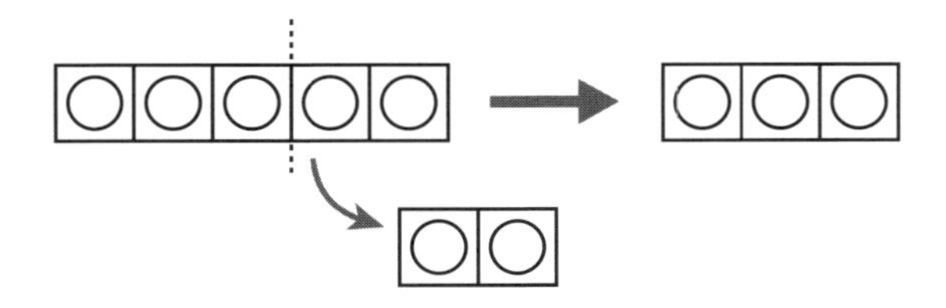

さらに，「$2 \times 3 = 6$」というかけ算は，「2個のブロックの組」が3個あることを表していて，これらをあわせると6個あることを表します。

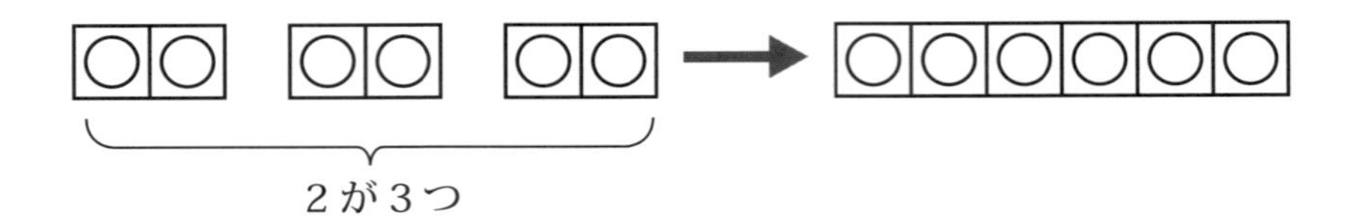

このように，整数 1, 2, 3, $\cdots$ のたし算やひき算，かけ算は**ブロックを横に並べて**表すことができます。

1.3　長方形状に並べたブロックで数を表す

例えば12という数は，1×12, 2×6, 3×4 といった「かけ算」の結果として表せる数です。これらのかけ算は，下図のように 1×1 のブロック12個をそれぞれ「縦が1個，横が12個」「縦が2個，横が6個」「縦が3個，横が4個」の長方形状に並べた状況を表していると考えられます。

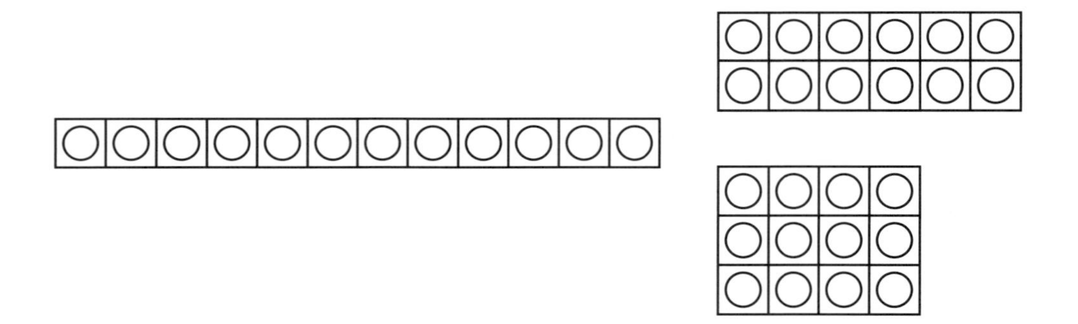

この考え方を活かすと，次のような疑問を解決することが出来ます。実際に手元にブロックをいくつか用意して，かけ算をブロックで表して考えてみてください。

基本問題　1.1: かけ算九九の表を見て

下のかけ算九九の表をみると，$4 \times 6 = 24$ と $5 \times 5 = 25$ はどちらのかけ算についても，かけている 2 数の合計は 10 であるのに，かけ算すると 1 だけ数が違うことに気がつきます。同じことは $6 \times 8 = 48$，$7 \times 7 = 49$ についてもいえます。この「1」だけ違いがでてしまう理由を，具体的にこれらのかけ算をブロックで表して説明しなさい。

	1	2	3	4	5	6	
1	1	2	3	4	5	6	
2	2	4	6	8	10	12	
3	3	6	9	12	15	18	
4	4	8	12	16	20	24	
5	5	10	15	20	25	30	
6	6	12	18	24	30	36	

考え方　最初の問題にしては難しく感じるかもしれません。
そもそもブロックの個数に限りがあると思います。3×5 と 4×4 でも全く同様のことが言えますし，ほかのかけ算で考えても構いません。また，1×1 のブロック以外のサイズのブロックを混ぜながら表しても問題はありません。ブロックがなくても図を描いていくことで考えられます。大切なのは**かけ算を図でイメージする**ことです。

このようなブロックの並べ方による数の表現法は，「面積」の表現にも関係があります。それは面積の意味が，

面積とは

図形の面積とは，1 辺の長さが 1 cm の正方形の面積を $1\,\mathrm{cm}^2$ であるとしたとき，この正方形の何個分の広さになるかを表した量です。

となっていることによります。縦が 3 cm, 横が 4 cm の長方形は，1 辺の長さが 1 cm の正方形が縦に 3 個横に 4 個に並べられてできていることから，面積は $1\,[\mathrm{cm}^2] \times (3 \times 4) = 12\,[\mathrm{cm}^2]$ と計算できることを，前ページのブロックの並べ方は示しています。

基本問題 1.1 の解説

4×6 と 5×5 を下図のように表します。4×6 の右端の 4 個のブロックを図のように上の列に移動すると，5×5 の並べ方から 1 個分の隙間ができることがわかります。これが違いを表す「1」の正体ということになります。

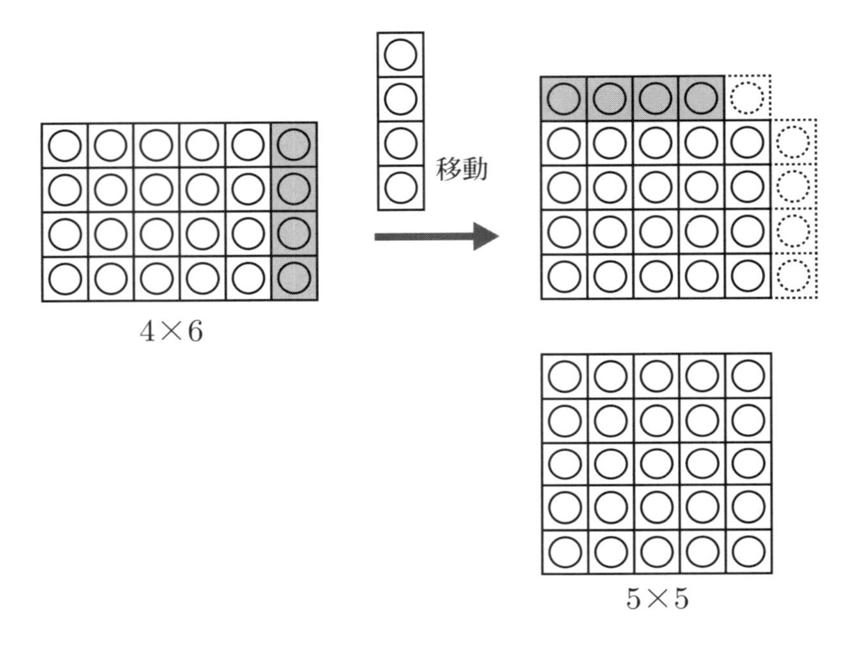

追加の問題

同じように，3×7 と 5×5 の値の違いは 4 で，2×8 と 5×5 の値の違いは 9 となります。これらの値が意味することを，図やブロックを用いて説明しなさい。

→答えは第 5 章（基本問題 5.2）で明らかになります。

1.4　わり算の 2 つの意味と表現

$12 \div 3 = 4$ というわり算には 2 つの意味があり，ブロックによって違いが表現できます。まず 1×1 のブロックを 12 個直線状に並べてある状態を考えます。

わり算の一つ目の意味は．これら 12 個のブロックを 3 つの組に均等に分けるときの『1 つ分はいくつか』(3 人が同じ個数ずつ持つようにするときの『1 人分はいくつか』）というもので，下の図のように「(1×1 のブロック） 4 個」ずつ分けられることがわかります。

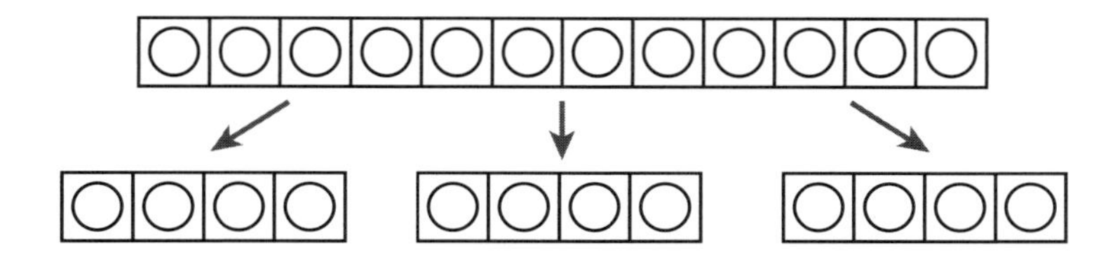

2 つめの意味は，12 個は 3 個 のブロックの組（を基準とすると）『何個分であるのか（何倍か)』というもので，下の図のように 3 個のブロック「4 つ分」であることがわかります。

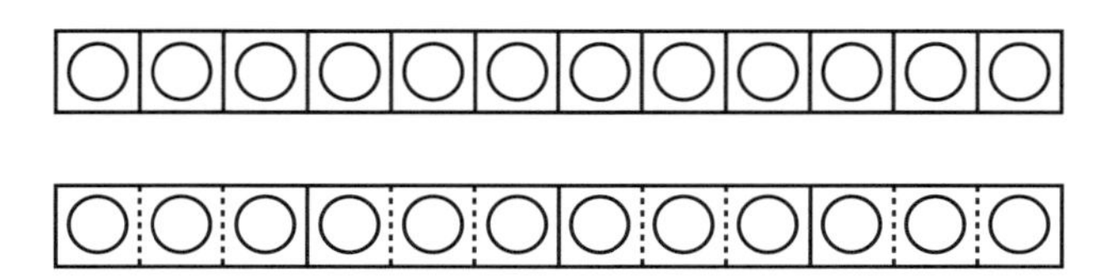

これら 2 つのわり算，答えが分かりやすいのはどちらでしょうか。
2 つ目の意味は「ひき算を複数回行う」見方で，3 個のブロックを順に取り去っていくと，何回でなくなるかを調べて求めることができます。それに対して最初のほうは，3 人にまず 1 個ずつ配り，次に 2 個目を配り，・・という操作が必要になり少し面倒です。そこで実際にわり算を計算する際は，「3 に何をかけると 12 になるのか」という「かけ算の逆」という見方をしていることに注目しておきましょう。(→この考え方は **2.3 節 分数のわり算**で必要になります。)

今度は 1×1 のブロック 12 個が長方形状に並べてある状態を考えます。

この図は「3人で分けるとき，1人分が4個である」ことを表しているとみることもできますし，「3個ずつ分けると，「3個の組」が4つ分できる」ことを表しているとみることもできます。このように長方形状に並べると，**わり算の2つの意味を同時に表現**することができます。

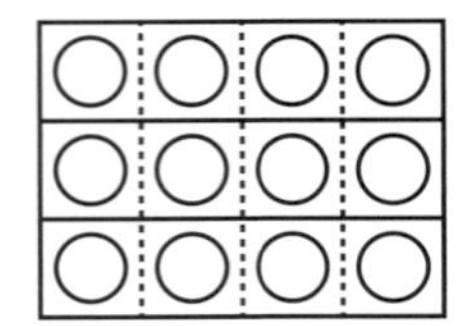
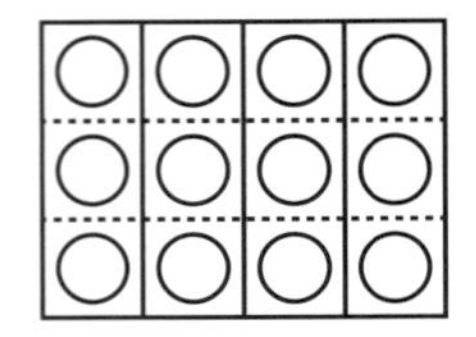

1.5 様々なサイズのブロックを「1」として数を表す

1.1節で触れましたが, レゴ®ブロックをセットで購入しようとすると, 思いのほか 1×1 のブロックが少ないことに気づかされます。むしろ下図の 1×2 や 2×2 のブロックの方がたくさん持っているという方が大半であるかと思います。

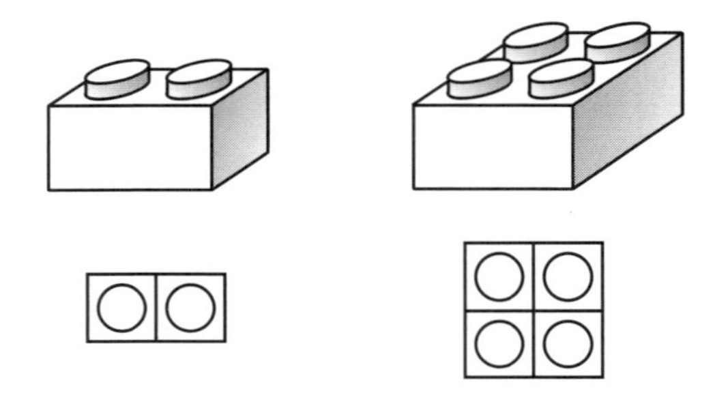

そこで 1×2 のブロックでこれまで 1×1 のブロックで表した数や計算を表してみましょう。まず「1」を 1×2 のブロック1個で表すことにします。すると「3」は下図のように 1×2 のブロック3個で表すことができます。

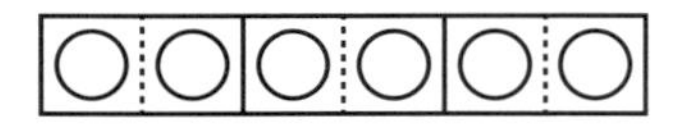

「$2 + 3 = 5$」や「$2 \times 3 = 6$」といった計算も，次図のようにサイズが変わった以外は同じ表現ができます。（それぞれ 1×1 のブロック10個分，12個分になりますが, 表している数はそれぞれ「5」と「6」です。）

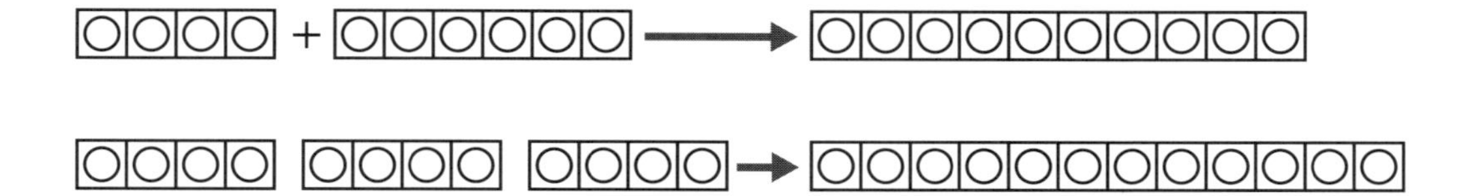

このように基準となる数「1」を，どのサイズのブロックで表しても正しく解釈することができれば問題はありません。**「ブロック 1 個分」というように「1」を表していることには変わりはありませんし，この「1」こそが 3.3 節で触れる「1 単位量（1 あたり量）」に相当します。**もちろん「1」をどのサイズのブロックで表したかで，ほかの数の表現の見た目は変わります。

次の問題で,「1」をどのサイズのブロックを用いて表現したのかを見出す練習をしましょう。

基本問題　1.2: 数のブロックでの表し方

上の図は 1 × 1 のブロックが 12 個つながった状況を表していますが,「1」をどのサイズのブロックで表したのかによって，表す数が変わります。たとえば「1」を 1 × 1 のブロックで表すと 12 個分であるから，上のブロックは「12」を表します。

(1)「1」を 1 × 2 のブロックで表したとき，上のブロックはいくつを表しますか。（1 × 2 のブロックを使って実際に並べましょう。）

(2)「1」を 1 × 4 のブロックで表したとき，上のブロックはいくつを表しますか。

(3) 上のブロックが「2」を表すのは,「1」をどのサイズのブロックで表すときですか。

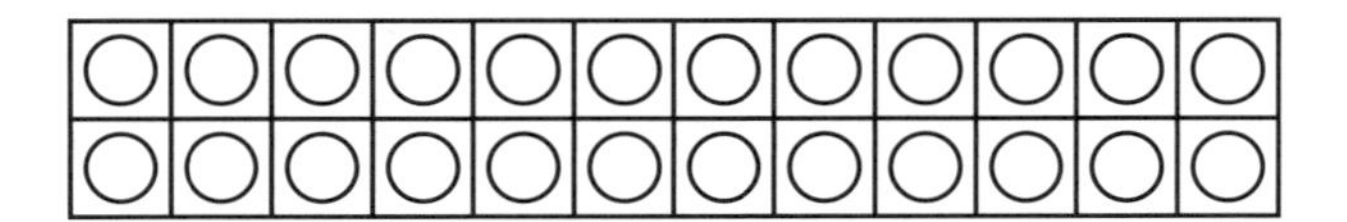

(4) 上の図は 2 × 2 のブロックをいくつか並べたもので，ある「数」を表しています。2 × 2 のブロックが「1」を表すとき，上の図はいくつを表していますか。

ほかにもいくつか自分でブロックを並べてみて問題を作ってみて，じっくりと練習をしましょう。数をブロックで見立てて考えることで，次章以降の分数や比の考え方が分かりやすくなります。

基本問題 1.2 の解説

(1) 下のように実際に 1×2 のブロックで並べると，6 個必要であることがわかります。計算式では，$12 \div 2 = 6$ で求めることができます。したがって $\boxed{6}$

(2) 同じようにして 1×4 のブロックで並べると，3 個必要であることがわかります。計算式では，$12 \div 4 = 3$ で求めることができます。（図は省略します。実際に表してみてください。）したがって $\boxed{3}$.

(3)「2」を表すのは，あるブロック 2 個で表したときであるから，1 個は $\boxed{1 \times 6 \text{ のサイズのブロック}}$ であることがわかります。計算式は $12 \div 2 = 6$ です。

(4) 2×2 のブロックで並べてみると,6 個必要なことがわかります。計算式では，$12 \div 2 = 6$ で求めることができます。したがって $\boxed{6}$.

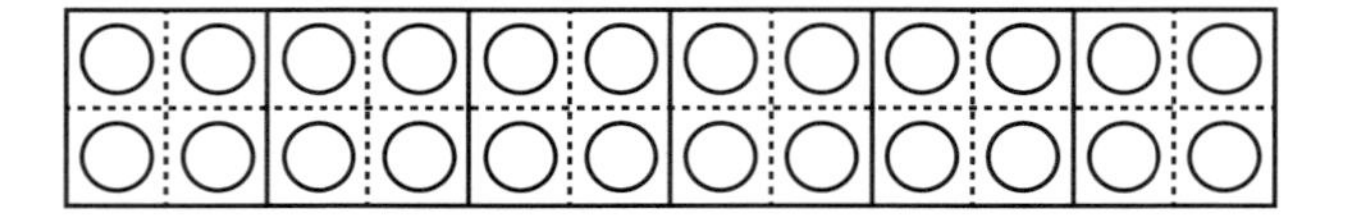

1.6　複数の色のブロックで数を表す

私たちが買い物をするとき, 1 円玉だけでなく, 5 円, 10 円, 100 円, 500 円の硬貨と紙幣を組み合わせて支払いをします。例えば, 100 円玉 3 枚と 10 円玉 4 枚があれば, $100\times3+10\times4=340$ 円という金額を表します。

これと同じように，1×1 の赤のブロック，青のブロック，黄色のブロックでそれぞれ 100 円，10 円，1 円を表すと，下図のように赤のブロック 3 個，青のブロック 4 個，黄色のブロック 2 個では 342 円を表します。（実際にはブロックのサイズはバラバラでも問題ありません。）

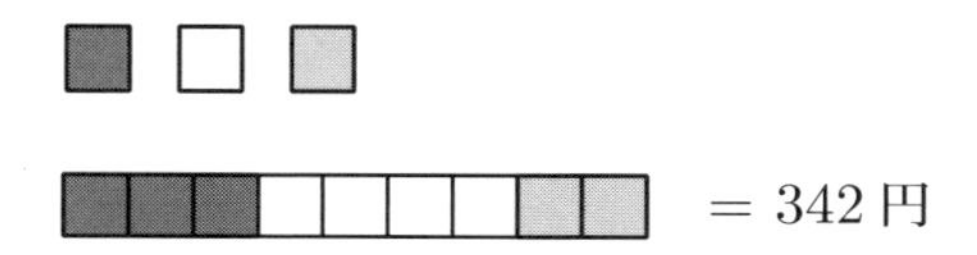

一方で 253 円は下図のように赤のブロック 2 個，青のブロック 5 個，黄色のブロック 3 個で表すことができます。もちろん 253 円はほかにも，赤のブロック 1 個にして，青のブロックを 15 個，黄色のブロック 3 個で表すなど，何通りか表す方法があります。

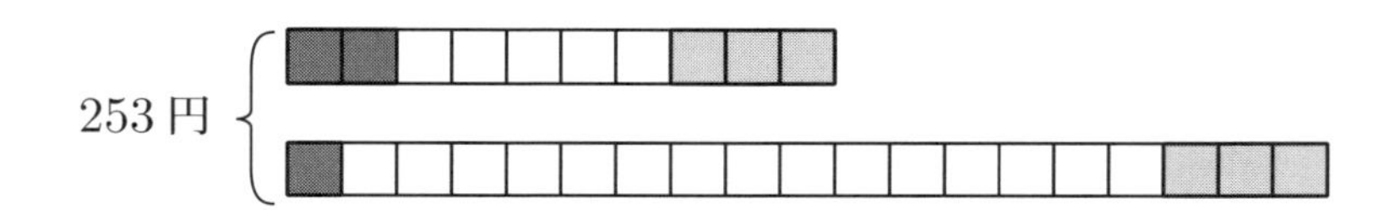

このように，お金だけでなく，物の重さや長さ，体積などいろいろな量を，いくつかの色のブロックを基準量に見立てることで表すことができます。

基本問題　1.3: 複数色のブロックで数を表す

50 円，10 円，1 円をそれぞれ赤のブロック，青のブロック，黄色のブロックで表すことにします。

(1) 赤のブロック 1 個, 青のブロック 6 個，黄色のブロック 10 個で合計何円を表していることになりますか。

(2) 100 円を赤のブロックと青のブロックだけを用いて表す方法は全部で何通りありますか。ただし一方の色を全く用いなくてもよいものとします。

(3) 100 円を赤のブロック，青のブロック，黄色のブロックで表す方法は全部で何通りありますか。ただし使わない色があってもよいものとします。

基本問題 1.3 の解説

(1) $50 \times 1 + 10 \times 6 + 1 \times 10 =$ 120 円

(2) 赤のブロックを 2 個使う場合 残りは 0 円であるので，青のブロックは 0 個となります。
赤のブロックを 1 個使う場合 残りは 50 円であるので，青のブロックは 5 個となります。
赤のブロックを 0 個使う場合 残りは 100 円であるので，青のブロックは 10 個となります。
　したがって以上の 3 通り が考えられます。

(3) 赤のブロックを 2 個使う場合 残りは 0 円であるので青, 黄色のブロックはともに 0 個の場合の 1 通り。
赤のブロックを 1 個使う場合 残りは 50 円であるので，
青のブロック 5 個の場合，残りが 0 円で黄色のブロックは 0 個。
青のブロック 4 個の場合，残りは 10 円で黄色のブロックは 10 個，
. . .
青のブロック 1 個の場合，残りは 40 円で黄色のブロックは 40 個，
青のブロック 0 個の場合，残りは 50 円で黄色のブロックは 50 個，
　以上の 6 通りがあります。
赤のブロックを 0 個使う場合 残りは 100 円であるので，
青のブロック 10 個の場合，残りが 0 円で黄色のブロックは 0 個。
青のブロック 9 個の場合，残りは 10 円で黄色のブロックは 10 個，
. . .
青のブロック 1 個の場合，残りは 90 円で黄色のブロックは 90 個，
青のブロック 0 個の場合，残りは 100 円で黄色のブロックは 100 個，
　以上の 11 通りがあります。
　したがって以上の 18 通り が考えられます。

第2章

難易度

分数をブロックで表現する

前章で 1，2，3，4，……という数，特に 1 を様々なサイズのブロックで表すことを学んだのに続き，分数をブロックで表すことを考えます。まず，分数の意味をあらためて考えることが求められます。さらに約分をはじめとする分数の計算法の原理について考えていきます。「分数のわり算はなぜ逆数をかけ算すればよいのか」という問いからさかのぼると，約分や通分の計算法でさえも意外と当たり前ではないという事実に気づくでしょう。ブロックでの分数の表現法を学びながら，計算方法の原理を再発見していきます。

2.1 分数のブロックでの表現と分数のたし算

前章では「1」という数をいくつかのサイズのブロックで表現することを行ってきましたが，この考え方を利用して分数を表すことを考えます。

1×1 のブロックで「1」を表現しようとすると，その半分 $\frac{1}{2}$ を表現するのは，ブロックを分割しない限り不可能です。しかし前章のように1をある程度大きなブロックで見立てておけば，分割して考えることは可能です。

そこで分数とはあらためて何かを考えるとともに，ブロックでの表現を考えていきます。

> **問題** $\frac{2}{3}$ とはそもそもどのような数で，ブロックで表すにはどうすればよいでしょうか。

解答例 「2を3つに分けたうちの1つ」

この解答に基づいて $\frac{2}{3}$ をブロックで表現しようとすると, 少し都合が悪いことに気づきます。それは「2[個] という数量を3つに（3人で）分ける」方法にあります。しかし少し考えれば，2をそのまま3つに分けることよりも，1を3つに分けてあとで2倍するほうが分かりやすいということに気づきます。（たとえば2枚の板チョコを3人で分けるとき，1枚ずつ板チョコを3人で分けて2切れもらうことを考えるでしょう。）つまり，$\boxed{\frac{2}{3} = \frac{1}{3} \times 2}$ と解釈して，$\frac{2}{3}$ は $\boxed{\text{1を3つに分けたうちの2つ分}}$ と説明することができます。こちらのほうを先に思いつく方が多いでしょう。

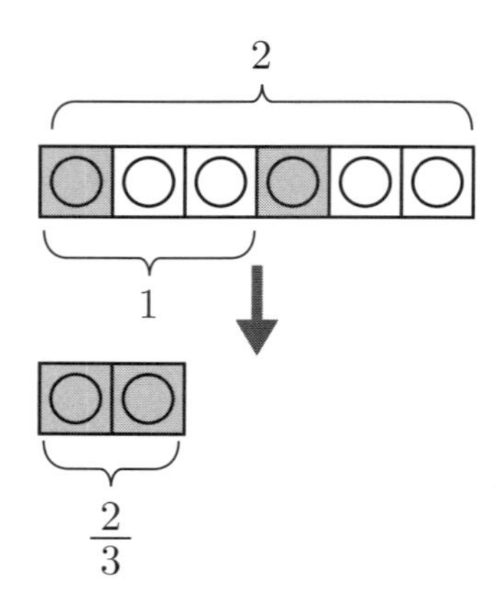

中学で学ぶ文字式（第 8 章）に抵抗がなければ，分数は次のように定義することが出来ます。

分数の概念

n を 1 以上の整数とするとき，$\boxed{\dfrac{1}{n}}$ は「1 を n 個に分けた 1 つ分の大きさに相当する数」のことです。

また m を 1 以上の整数とするとき，$\boxed{\dfrac{m}{n}}$ は「$\dfrac{1}{n} \times m$」で表せる数です。これは m を n 個で分けたのと同じ（前ページの説明）なので，$\boxed{m \div n}$ の計算結果と考えられます。つまり $\boxed{m \div n = \dfrac{m}{n} = \dfrac{1}{n} \times m}$ となります。

ブロックでの表現練習を兼ねて，次の問題をやってみましょう。同時に「約分」「通分」について考えます。$\dfrac{3}{6} = \dfrac{1 \times 3}{2 \times 3} = \dfrac{1}{2}$ と考えてよい理由をあらためて考えてみてください。それほど当たり前なことではないと気づくでしょう。

基本問題 2.1: 分数のブロックでの表現・約分と通分

1×6 のブロックを 1 と見立てるとき，（2×6 でも構わない）

(1) $\dfrac{5}{6}$ と $\dfrac{3}{6}$ をブロックで表しなさい。

(2) $\dfrac{3}{6} = \dfrac{1}{2}$ であることを，分数の意味とブロックでの表し方をもとに説明しなさい。

(3) $\dfrac{4}{6} = \dfrac{2}{3}$ であることを説明しなさい。

これが理解できると，$\dfrac{1}{2} = \dfrac{1 \times 5}{2 \times 5} = \dfrac{5}{10}, \dfrac{2}{3} = \dfrac{2 \times 100}{3 \times 100}$ のように，分母と分子に同じ数をかけ算したもの，あるいはわり算したものは同じ数を表すことがわかります。一般的には，

約分と通分の原理

a, b を 1 以上の整数，k を整数とするとき，$\boxed{\dfrac{a}{b} = \dfrac{a \times k}{b \times k}}$ が成り立ちます。$\dfrac{a}{b}$ を $\dfrac{a \times k}{b \times k}$ に直すのが**通分の原理**であり，$\dfrac{a \times k}{b \times k}$ を $\dfrac{a}{b}$ に直すのが**約分の原理**です。

基本問題 2.1 の解説

(1) 下図の通り。$\frac{1}{6}$ を 1×1 のブロックで表しています。

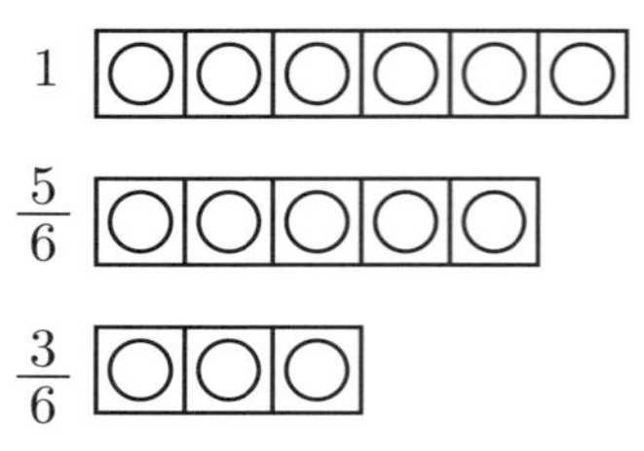

(2) $\frac{1}{2}$ と $\frac{3}{6}$ のブロックでの表現を比較します。
$\frac{1}{2}$ は1を2等分したものであり，1は(1)で用いた（つまり 1×1 の）$\frac{1}{6}$ を表すブロック6個分であるので，$\frac{1}{2}$ はブロック3個分 $(6\div2=3)$， つまり $\frac{1}{2}=\frac{1}{6}\times3=\frac{3}{6}$ がわかります。

別の説明　$\frac{1}{2}$ が2つあると，あわせて1になります。またこれら2つの $\frac{1}{2}$ がそれぞれ3等分されると，結果として1が6等分されたことになり，$\frac{1}{2}$ は $\frac{1}{6}$ が3つ分とみることができます。つまり，$\frac{1}{2}=\frac{1}{6}\times3=\frac{3}{6}$ と解釈できることがわかります。

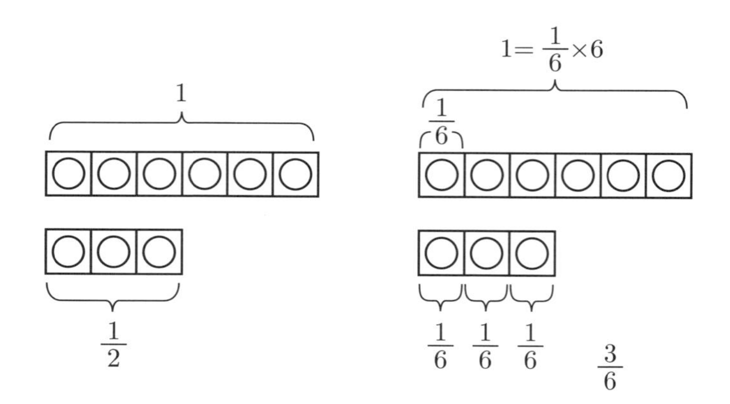

(3) $\frac{2}{3}$ と $\frac{4}{6}$ のブロックでの表現を比較します。
$\frac{1}{3}$ を2つ,3つあわせると，それぞれ $\frac{2}{3}$,1に等しくなります。これら3つの $\frac{1}{3}$ がそれぞれ2等分されることで，1が6等分されたことになり，$\frac{2}{3}$ は $\frac{1}{6}$ が4つ分とみることができます。つまり，$\frac{2}{3}=\frac{1}{6}\times4=\frac{4}{6}$ と解釈できることがわかります。

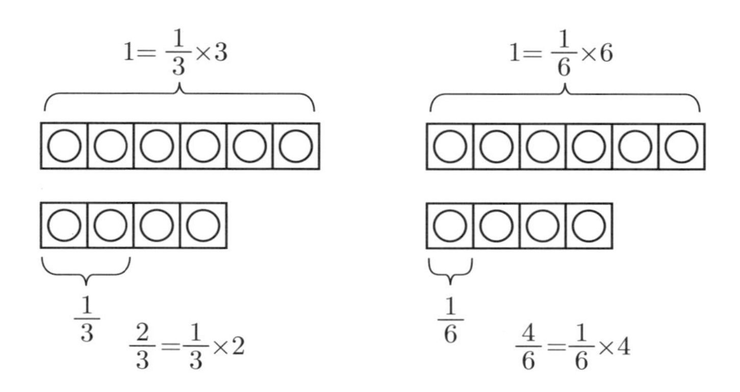

この議論を一般化して，$\frac{a}{b}=\frac{a\times k}{b\times k}$ であることの理由を説明します。$\frac{a}{b}, 1$ はそれぞれ $\frac{1}{b}$ が a 個, b 個 あわさった数であり, この基準となる数 $\frac{1}{b}$ を k 等分することで，a 個, b 個 で構成されていたものが，$a\times k$, $b\times k$ 個に分割されます。したがって $\frac{a}{b}$ は $b\times k$ 個に分けられたブロックのうちの $a\times k$ 個分という解釈により，$\boxed{\frac{a}{b}=\frac{1}{b\times k}\times(a\times k)=\frac{a\times k}{b\times k}}$ であることが説明できます。**（約分は計算方法自体やさしいのですが，いざ説明するとなると意外と難しいことが分かります。）**

通分の考え方が必要である理由は，分母の異なる分数どうしのたし算にあります。もう一度計算の理屈を考えてみましょう。

基本問題　2.2: 分数のたし算の原理

(1) $\frac{2}{3}+\frac{5}{6}$ の計算法をブロックを用いて説明しなさい。

(2) $\frac{2}{3}+\frac{1}{4}$ の計算法をブロックを用いて説明しなさい。

「分母の最小公倍数（第 7 章）を考えて，分母をそろえればよい」という考え方で正しいのですが，なぜ最小公倍数なのかきちんと説明できるか試してみてください。

基本問題 2.2 の解説

(1) 基本問題 2.1 で考えた図を利用します。$\frac{2}{3}=\frac{2\times 2}{3\times 2}=\frac{4}{6}$ でしたが，これは基準量として $\frac{1}{3}$ を表したブロックをそれぞれ 2 等分して，基準量として $\frac{1}{6}$ を表したブロックに取り直したことになります（**通分**）。こうすることで $\frac{2}{3}$ と $\frac{5}{6}$ が $\frac{1}{6}$ のブロックでそれぞれ 4 個分，5 個分というように，「同じサイズのブロックで何個分か」と考えることができます。

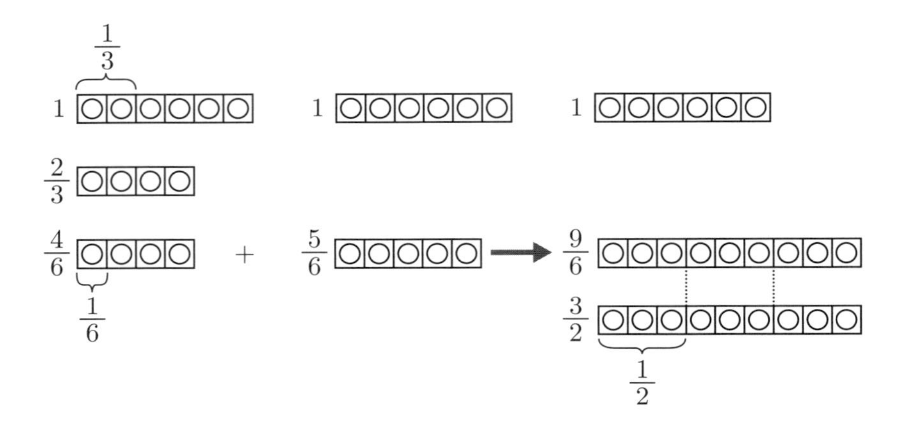

$\frac{2}{3}+\frac{5}{6}=\frac{4}{6}+\frac{5}{6}=\frac{9}{6}$ と計算できます。最後に 6 と 9 いずれも 3 で割り切れるので，$\frac{1}{6}$ のブロック 3 個分をまとめて $\frac{1}{2}$ のブロック 1 個分と見ることができます（**約分**）。したがって $\frac{1}{6}$ のブロック 9 個分と $\frac{1}{2}$ のブロック 3 個分が等しいことがわかり，$\frac{9}{6}=\frac{3\times 3}{2\times 3}=\boxed{\frac{3}{2}}$ となることがわかります。

(2) これも分母をそろえます。つまり「同じサイズのブロック何個分なのか」と考えられるようにするために，$\frac{2}{3},\frac{1}{4}$ を表すのに基準となる $\underline{\frac{1}{3},\frac{1}{4}\text{ のブロックを分割する必要があります}}$。

ここで $\frac{1}{3}=\frac{2}{6}=\frac{3}{9}=\frac{4}{12},\frac{1}{4}=\frac{2}{8}=\frac{3}{12}$ であることに注目すると，分母が 12 であれば，2 つの分数を同じ基準のブロック $\frac{1}{12}$ で比べられることがわかります。したがって，$\frac{2}{3}+\frac{1}{4}=\frac{8}{12}+\frac{3}{12}=\boxed{\frac{11}{12}}$ と計算することができます。

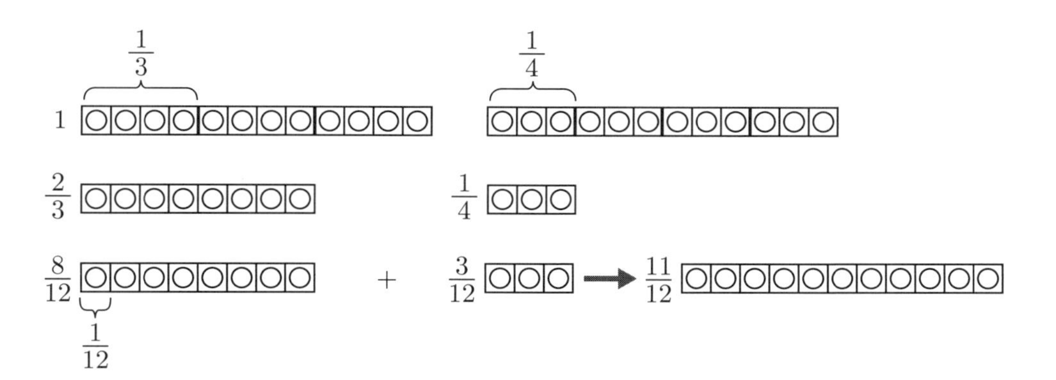

最後に 2×4 という直方体のブロックを用いて約分の原理を説明する練習問題を用意します。

練習問題　2.1: 約分通分の原理の別説明・長方形状にブロックを並べる

1 を 2×4 のブロックで表すとする。このブロックを用いて，$\frac{1}{2}$ と $\frac{4}{8}$ が等しいこと，また $\frac{3}{4}$ と $\frac{6}{8}$ が等しいことを説明しなさい。

2.2　分数のかけ算

そもそも「かけ算」とは何をあらわすのか，というところまで戻って考えましょう。例えば 2×3 は，「(2 個のブロック）が 3 つ分あると合計何個あるのか」を表します。つまり「3 をかける」とは「3 つ分」ということです。これが「分数個」でも考えられるようにするにはどのようにするとよいのでしょうか。

基本問題　2.3: 分数のかけ算の原理

(1) $\frac{3}{5} \times 2$ $\left(\frac{3}{5}\text{の 2 倍}\right)$ の計算法をブロックを用いて説明しなさい。

(2) $2 \times \frac{3}{5}$ $\left(2\text{ の }\frac{3}{5}\text{ 倍}\right)$ の計算法をブロックを用いて説明しなさい。

(3) $\frac{5}{4} \times \frac{2}{3}$ $\left(\frac{5}{4}\text{ の }\frac{2}{3}\text{倍}\right)$ の計算法をブロックを用いて説明しなさい。

基本問題 2.3 の解説

(1) $\dfrac{3}{5}$ は，$\dfrac{1}{5}$ のブロック 3 個分であることから，$\dfrac{3}{5}\times 2=\left(\dfrac{1}{5}\times 3\right)\times 2$ と表すことができます。従って $\dfrac{3}{5}\times 2$ は $\dfrac{3}{5}$ が 2 個分，つまり $\dfrac{1}{5}$が（3×2）個 あると考えられるので，$\dfrac{3}{5}\times 2=\dfrac{1}{5}\times(3\times 2)=\dfrac{3\times 2}{5}=\boxed{\dfrac{6}{5}}$となります。

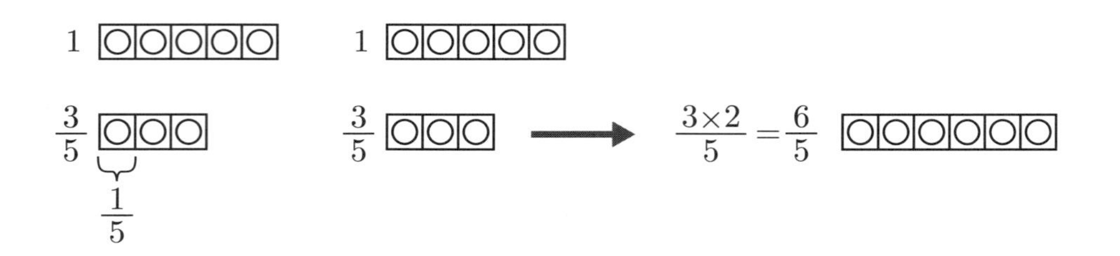

(2) $2\times\dfrac{3}{5}$ は, 2 のブロック「$\dfrac{3}{5}$ 個分」です。$\dfrac{3}{5}$ 個分は$\dfrac{1}{5}$ 個分の 3 倍 と考えられるので，2 の $\dfrac{1}{5}$ 個分が分かればよいことになります。これは 2.1 節冒頭の $\dfrac{2}{3}$ と同じで，1 を 5 つに分けた量 $\dfrac{1}{5}$ の 2 倍と考えれば, $2\times\dfrac{1}{5}=\dfrac{1}{5}\times 2$ で, $2\times\dfrac{3}{5}=\dfrac{1}{5}\times(2\times 3)=\dfrac{2\times 3}{5}=\boxed{\dfrac{6}{5}}$となります。

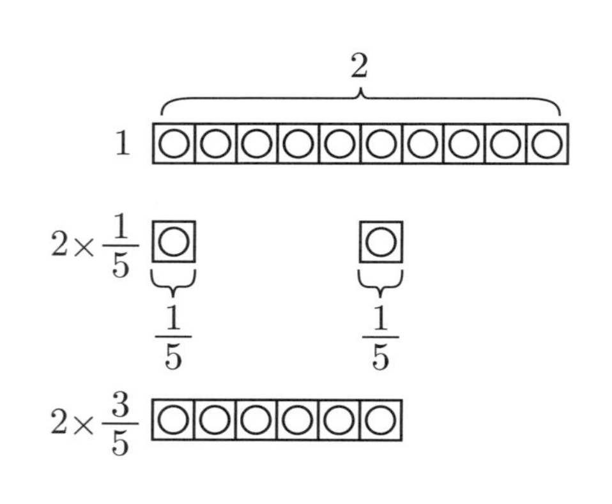

(3) $\dfrac{5}{4}\times\dfrac{2}{3}$ は，$\dfrac{5}{4}$ を 1 つのブロックとみなすとその $\dfrac{2}{3}$ 個分，つまり 3 つに分けたうちの 2 つ分と解釈できます。したがって $\dfrac{5}{4}\times\dfrac{2}{3}=\left(\dfrac{5}{4}\times\dfrac{1}{3}\right)\times 2$ となります。

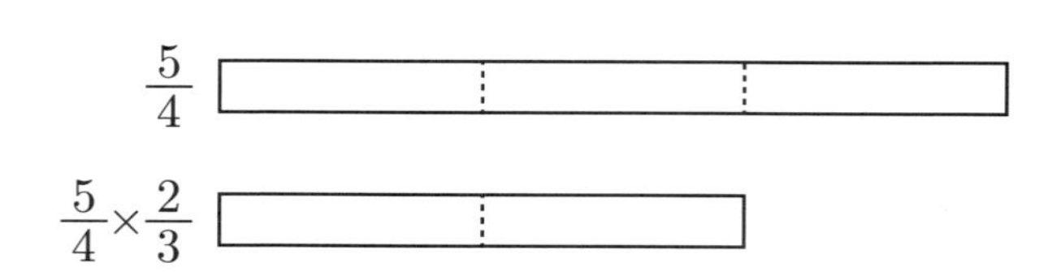

次に $\dfrac{5}{4} \times \dfrac{1}{3}$ を考えます。$\dfrac{5}{4}$ は $\dfrac{1}{4}$ のブロックが 5 つ分，つまり $\dfrac{5}{4} = \dfrac{1}{4} \times 5$ であることがわかります。すると $\dfrac{5}{4} \times \dfrac{1}{3}$ は，$\dfrac{1}{4}$ にそれぞれ $\dfrac{1}{3}$ をかけて，それが 5 つ集まった数と考えられます。したがって，$\dfrac{5}{4} \times \dfrac{1}{3} = \left(\dfrac{1}{4} \times \dfrac{1}{3}\right) \times 5$ となります。

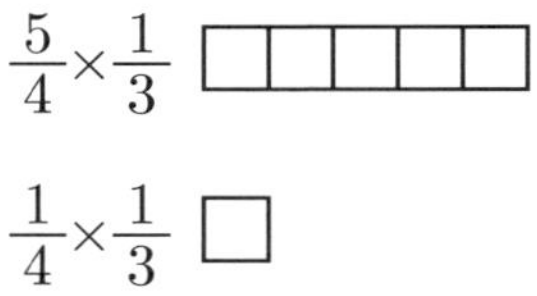

$\dfrac{5}{4}\times\dfrac{1}{3}$

$\dfrac{1}{4}\times\dfrac{1}{3}$

あとは $\dfrac{1}{4} \times \dfrac{1}{3}$ の意味です。$\dfrac{1}{4}$ は 1 のブロックを 4 つに分けた 1 つ分であり，それに $\dfrac{1}{3}$ をかけ算するということは，$\dfrac{1}{4}$ のブロックをさらに 3 つに分けたものにすることを表します。結果として $\dfrac{1}{4} \times \dfrac{1}{3}$ は，1 のブロックをまず 4 つに分けて，それぞれをさらに 3 つに分けることになるので，1 のブロックを 3×4 個に分けたもののうちの 1 つ，つまり $\dfrac{1}{4} \times \dfrac{1}{3} = \dfrac{1}{4 \times 3}$ です。

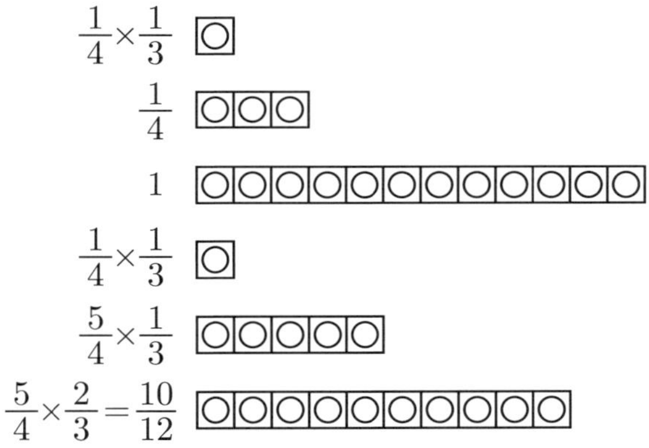

$\dfrac{1}{4}\times\dfrac{1}{3}$

$\dfrac{1}{4}$

1

$\dfrac{1}{4}\times\dfrac{1}{3}$

$\dfrac{5}{4}\times\dfrac{1}{3}$

$\dfrac{5}{4}\times\dfrac{2}{3}=\dfrac{10}{12}$

これを 5 倍したのが $\dfrac{5}{4} \times \dfrac{1}{3}$ で，さらに 2 倍したのが $\dfrac{5}{4} \times \dfrac{2}{3}$ でした。つまり $\dfrac{5}{4} \times \dfrac{2}{3}$ は，$\dfrac{1}{4} \times \dfrac{1}{3}$ が 5×2 個分で，$\dfrac{5}{4} \times \dfrac{2}{3} = \left(\dfrac{1}{4} \times \dfrac{1}{3}\right) \times 5 \times 2 = \dfrac{1}{4 \times 3} \times (5 \times 2) = \dfrac{5 \times 2}{4 \times 3} = \dfrac{10}{12} = \boxed{\dfrac{5}{6}}$ です。

以上の話をまとめると，次のようになります。

分数のかけ算の方法

a, b, c, d を 0 以上の整数とするとき，

(1) $\dfrac{b}{a}\times\dfrac{d}{c}=\dfrac{1}{a\times c}\times(b\times d)=\dfrac{b\times d}{a\times c}$　(2) $\dfrac{b}{a}\times c=\dfrac{1}{a}\times(b\times c)=\dfrac{b\times c}{a}$

$\left(c\right.$ を $\dfrac{c}{1}$ と考えると(2)は(1)に含まれます。$\left.\right)$

分数のかけ算を面積のように考える（基本問題 2.3(3) の別説明・小学校の教科書での説明）

$\dfrac{5}{4}\times\dfrac{2}{3}$ という数 (量) を，面積の考え方（1.3 節）を利用して表現することを考えます。

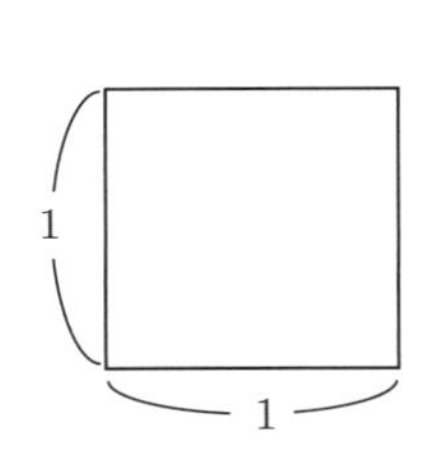

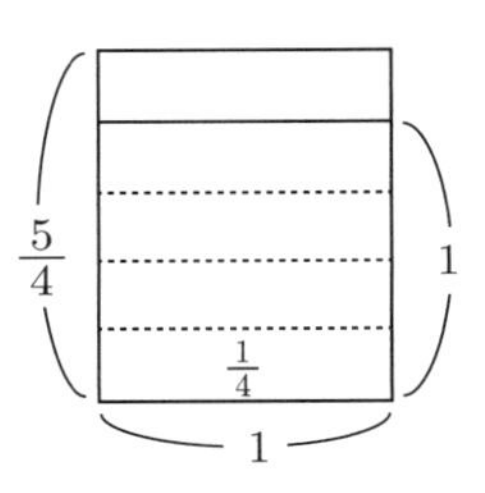

まず正方形の面積で 1 を表します。つまり縦の長さが 1, 横の長さが 1（以下単位は省略します）であるとします。この正方形を右図のように横方向に切って 4 等分して，そのうちの 1 つ分を正方形の上に追加します。すると $\dfrac{1}{4}$ が 5 個分として $\dfrac{5}{4}$ が表現できます。

次に左下図のように縦方向に切って 3 等分すると，そのうちの 2 つ分に相当する部分が $\dfrac{5}{4}\times\dfrac{2}{3}$ を表します。ここで右下図にあるように元の正方形は分割されて，縦が $\dfrac{1}{4}$, 横が $\dfrac{1}{3}$ の長方形で構成されていることが分かります。この長方形の数は縦に 4 個，横に 3 個あることから $4\times 3=12$ 個 あるので，長方形 1 個の面積は 1 が 12 等分された $\dfrac{1}{4\times 3}=\dfrac{1}{12}$ とわかります。

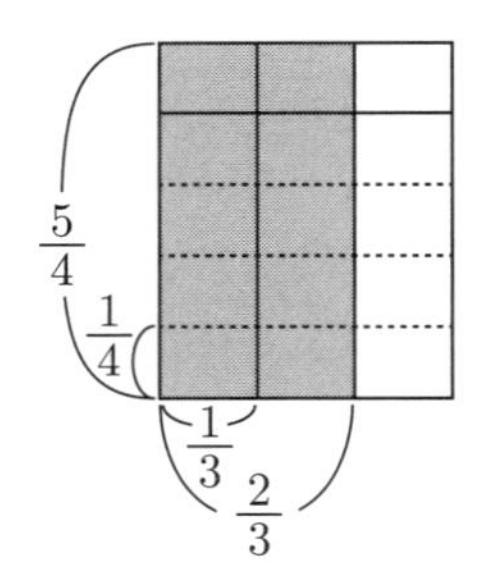

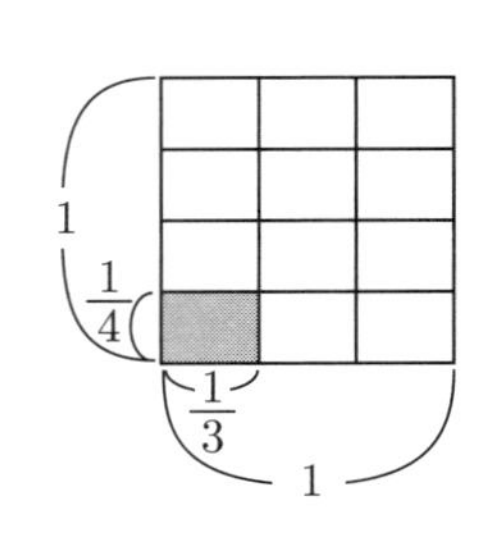

したがって $\dfrac{5}{4}\times\dfrac{2}{3}$ は，面積 $\dfrac{1}{4\times 3}$ の長方形が，縦に 5 個，横に 2 個並んでいると考えて，

$\dfrac{1}{4\times 3}\times(5\times 2)=\dfrac{5\times 2}{4\times 3}=\boxed{\dfrac{5}{6}}$ と求めることが出来ます。

少し説明が長くなったので，もう一度再現できるかどうか次の問題を通じて確認しましょう。

練習問題　2.2: 分数のかけ算の原理の説明練習

(1) $\dfrac{1}{2} \times \dfrac{1}{4}$ が $\dfrac{1}{8}$ に等しいことをブロックを用いて説明しなさい。

(2) $\dfrac{3}{2} \times \dfrac{3}{4}$ の計算法をブロックを用いて説明しなさい。

2.3　分数のわり算

基本問題　2.4: 分数のわり算の原理

$\dfrac{2}{3} \div \dfrac{3}{5}$ の計算法をブロックを用いて説明しなさい。

そもそも「わり算とは何か」という疑問が生じた場合は，1.4 節に戻りましょう。

考え方　$\dfrac{2}{3}$ を板チョコ $\dfrac{2}{3}$ 枚分と解釈します。これを「$\dfrac{3}{5}$ で割る」ことについて，次の 2 通りの見方ができます。

- **考え方 1**　板チョコ $\dfrac{2}{3}$ 枚分が $\dfrac{3}{5}$ 人分と解釈します。1 人分は板チョコ何枚分でしょうか。
- **考え方 2**　板チョコ $\dfrac{2}{3}$ 枚分は，「板チョコ $\dfrac{3}{5}$ 枚分」の（を基準にすると）何個分でしょうか。

考え方 1 について，板チョコ 12 枚を 3 人で分けたときの 1 人分の枚数を「$12 \div 3$」と書くのは問題ないと思いますが，この問題の場合 1 人分を求める式が「$\div\dfrac{3}{5}$」と書けること自体に疑問をもつでしょう。

そこで「わり算はかけ算の逆」であったことを思い出します。「1 人分が板チョコ何枚か分で，$\dfrac{3}{5}$ 人分は板チョコ $\dfrac{2}{3}$ 枚分である」ということは，「$(1\text{ 人分}) \times \dfrac{3}{5} = \dfrac{2}{3}$」という式で表せます。このかけ算を「$\dfrac{2}{3} \div \dfrac{3}{5} = (1\text{ 人分})$」と書き換えたものと考える必要があります。

つまり**「整数で割るわり算」を「かけ算の逆演算」と解釈し直すことで，「分数で割るわり算」を考えられるようにした**という見方が正しいということになります。

基本問題 2.4 の解説

> **考え方 1**
> **板チョコ $\frac{2}{3}$ 枚分が $\frac{3}{5}$ 人分と解釈します。1 人分は板チョコ何枚分でしょうか。**

$\frac{3}{5}$ 人分が少し分かりづらいのですが，これは 1 人分の板チョコを $\frac{3}{5}$ 倍した量ということです。したがって $\frac{3}{5}$ 人分が板チョコ $\frac{2}{3}$ 枚分であるから，1 人分は $\left(\frac{3}{5}\times\frac{5}{3}=1\text{ なので}\right)\frac{5}{3}$ 倍して $\frac{2}{3}\times\frac{5}{3}=\frac{10}{9}$ 枚分であるとわかります。ブロックで表現すると下図のようになります。

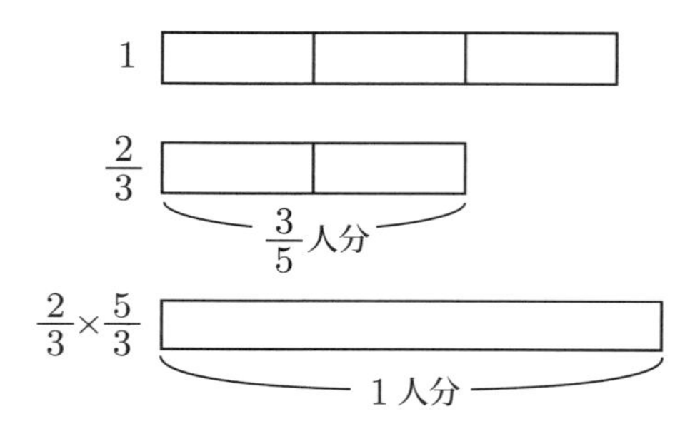

結果として，「$\frac{3}{5}$ で割る」ことは，$\frac{3}{5}$ の分母と分子を入れ替えた**逆数**「$\frac{5}{3}$ をかける」ことに等しいことがわかります。

つまり $\frac{2}{3}\div\frac{3}{5}=\frac{2}{3}\times\frac{5}{3}=\frac{2\times5}{3\times3}=\boxed{\frac{10}{9}=1\frac{1}{9}}$となります。

補足（考え方 1 は面積で考えるのとほぼ同じ）　面積が $\frac{2}{3}$ [cm^2] で横の長さが $\frac{3}{5}$ [cm] のときの縦の長さを求めることと変わりはありません。この縦の長さは，横が 1[cm] の長方形の面積と数値は等しくなるので，横の長さつまり面積を $\frac{5}{3}$ 倍すればよいことがわかります。したがって $\frac{2}{3}\div\frac{3}{5}=\frac{2}{3}\times\frac{5}{3}$ となります。面積を板チョコの枚数 $\frac{2}{3}$ 枚分と解釈すれば，考え方 1 と対応がつきます。**（小学校の算数の教科書ではこの説明が採用されています。）**

考え方 2

板チョコ $\frac{2}{3}$ 枚分は,「板チョコ $\frac{3}{5}$ 枚分」の何個分でしょうか。

板チョコ $\frac{2}{3}$ 枚分，$\frac{3}{5}$ 枚分をそれぞれブロックで表して横に並べてみます。するとこのままでは分母が異なるので，多い少ないの比較も難しい状態にあります。したがってたし算するときと同様に通分を考えます。$\frac{2}{3}=\frac{2\times 5}{3\times 5}=\frac{10}{15}$, $\frac{3}{5}=\frac{3\times 3}{5\times 3}=\frac{9}{15}$ で，$\frac{1}{15}$ を基準に考えると，それぞれ 10 個分と 9 個分 であることがわかります。したがって 10 個分は 9 個分を基準にすると，$\frac{10}{9}$ 倍であることが分かります。

1　○○○○○○○○○○○○○○○

$\frac{2}{3}$　○○○○○○○○○○

$\frac{3}{5}$　○○○○○○○○○

まとめると，$\frac{2}{3}\div\frac{3}{5}=\underbrace{\frac{10}{15}\div\frac{9}{15}}_{\text{通分}}=10\div 9=\boxed{\frac{10}{9}}$ と考えられます。

以上の 2 つの考え方を比べると，明らかに考え方 1 の方が分かりやすいことからこちらの「逆数をかけ算」するやり方が主流となります。一方で考え方 2 のような，たし算と同じように「通分」して考える見方もあることがわかります。

第3章

小数・割合・比をブロックで表現する

小学校の教科書では，分数と小数・割合の概念を少しずつ混ぜながら学んでいくのが普通です。本書では分数の計算法をすべて最初に紹介し，その具体的な場合として，あるいは言い換えたものとして小数や割合の考え方を導入していきます。

この章は前章で学んだことを復習しつつ，より分数の計算の原理を確実に理解していくことをねらいとします。

3.1　小数の表現と計算（A）

前章の分数で考えた計算法は，小数にそのままあてはめることができます。それは小数は分数に書き換えることが簡単に出来ることによります。まずは小数の概念から考えましょう。

問題　0.1, 0.01, 3.14 はそれぞれどのような数か，説明しなさい。

解説　例えば整数 73 はどのような数かというと，「10 が 7 個と 3 をあわせた数」であり，100 は「10 を 10 個あわせた数」を表していて，位は 1 つ左にずれて増えます。これと同じように「10」という概念を利用して，1 より小さい数を表記したものが「小数」です。

解答　「0.1」は 10 個あわせると 1 になる数，つまり $\frac{1}{10}$ のこと，

「0.01」は 10 個あわせると 0.1 になり，100 個あわせると 1 になる数，つまり $\frac{1}{100}$ のこと，

「3.14」は 1 を 3 個，0.1 を 1 個，0.01 を 4 個あわせた数ということになります。

「1」を 1×10 のブロックで表すとき，「0.1」は 1×1 ブロック 1 個分となります。右下図は数直線で表したものです。

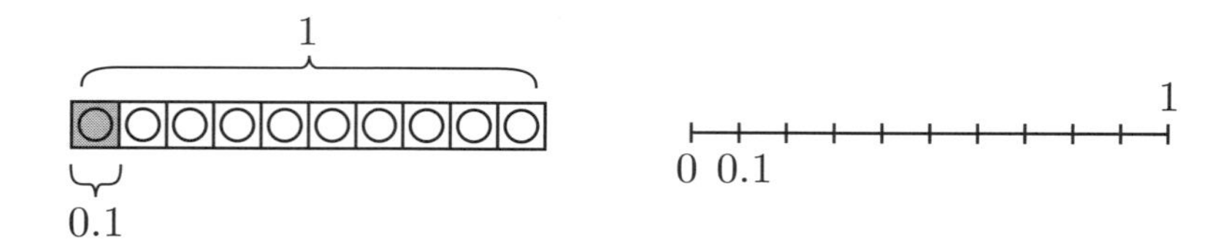

小数のたし算とひき算は, 下の計算 $(1.3 + 2.81)$ のように**小数点の位置をそろえて計算すればよい**ことは，ここで考えた小数の概念から納得できるでしょう。（1.3 は 1.30 と考えてもよいのですが, $53 + 121$ を考える際に 053 とはわざわざ書かないのと同様に，一番小さい位が 0 の場合でも 0 はあえて書く必要はありません。）

$$
\begin{array}{r}
\overset{1}{1}.3 \\
+\ 2.81 \\
\hline
4.11
\end{array}
$$

小数の計算でやっかいなのは, かけ算とわり算です。次の問題を通じて考えてみましょう。前の章で分数のかけ算・わり算の原理について考えてきましたので，その復習にあたります。まずは前の章などを見ないで自力で説明を考えてみてください。ブロックの並べ方は直線状と長方形状どちらが適しているかも考えながら取り組んでみてください。（基本問題 2.3，2.4 参照）

応用問題　3.1: 小数のかけ算・わり算

(1) 0.3×0.2 は，3×2 を計算（$3 \times 2 = 6$）してから小数点の位置を 2 つ（2 数の小数点以下のけた数の合計）だけずらして，$0.3 \times 0.2 = 0.06$ と計算します。この理由を（必要ならばブロックを用いて）説明しなさい。

(2) $0.15 \div 0.03$ は，2 数の小数点の位置を 2 つだけずらして $15 \div 3$ を計算すればよいのですが，この理由を (必要ならばブロックを用いて) 説明しなさい。

また，割り切れるまでわり算をするときの計算法の原理について考えてみましょう。

基本問題　3.1: 割り切れるまでわり算をする

$3 \div 5 = 0.6$, $3 \div 4 = 0.75$ の計算法とその原理を説明しなさい。

考え方　3 枚のピザを 5 人で分けることを考えます。分数のときは 1 枚ずつ 5 人で分けて，3 切れずつもらうことを考えましたが，小数の場合は 3 枚のピザをそれぞれあらかじめ 10 切れ，合計 30 切れに分けておくと考えます。$30 \div 5$ は簡単に計算できることに注目します。

基本問題 3.1 の解説

3 ÷ 5 について

3 を「1 が 3 個」でなく「0.1 が 30 個」と考えます。30 個を 5 人で分けると $30 \div 5 = 6$ になるので，1 人分は 6 個となります。したがって 0.1 が 6 個分と考えて，$3 \div 5 = 0.1 \times 6 = 0.6$ とわかります。ブロックで表すと次のようなります。

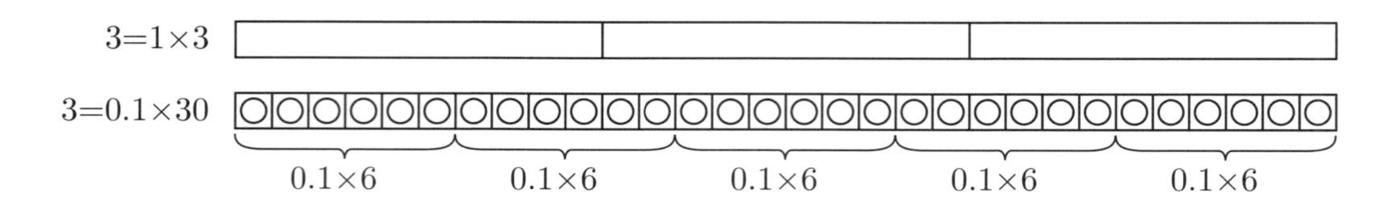

上の計算は $3 \div 5 = (0.1 \times 30) \div 5 = 0.1 \times (30 \div 5) = 0.1 \times 6 = 0.6$ と表されます。つまり 3 に 0 を 1 つつけてわり算した結果の数について，増やした 0 の数 1 個分だけ小数点の位置をずらすという操作を行っています。これはよく知られている筆算の方法そのものであることがわかります。

```
      6                  0.6
5 ) 3:0      →      5 ) 3.0
    3:0                 3 0
    ----                ----
     :0                    0
```

3 ÷ 4 について

これも $3 = 0.01 \times 300$ (0.01 が 300 個) として，$300 \div 4 = 75$ と計算します。そして 0.01 が 75 個分 であると考えて，$0.01 \times 75 = 0.75$ と増やした 0 の数だけ小数点の位置をずらせばよいことがわかります。

```
       7 5                0.7 5
4 ) 3:0 0     →     4 ) 3.0 0
    2:8                 2 8
    -----               -----
     :2 0                 2 0
      2 0                 2 0
    -----               -----
        0                   0
```

3.2　有限小数と循環小数（C）

整数どうしのわり算には，$3 \div 4 = 0.75$, $2 \div 50 = 0.04$ のように途中で割り切れるものと，$1 \div 3 = 0.3333\cdots$,$1 \div 7 = 0.142857142857\cdots$ のように無限に続くものと 2 種類あります。（これらは $\frac{1}{3} = 0.3333\cdots$, $\frac{1}{7} = 0.142857142857\cdots$ と表せます。）このように無限に続く小数で，位に周期性がある数を**循環小数**といいます。

$0.333\cdots33\cdots$ は無限に続く数と考えない限り，$\frac{1}{3}$ に等しくなることはありません。もし有限の位で止まったとして，$\frac{1}{3} = 0.3333\cdots33$ であったとします。すると 3 倍した数は $1 = 0.9999\cdots99$ となりますが，これは $0.0000\cdots01$ というごくわずかな大きさの違いではありますが等しくはなりません。従って，$0.3333\cdots$ は $\frac{1}{3}$ を無限に続く小数で表記したものと考えるしかありません。同じように $1 = 0.999999\cdots$ というのも，1 の別表現と考えることになります。納得するまで時間はかかるかと思いますが，色々考えてみることが大切です。

逆に循環小数を分数に戻す方法を考えてみましょう。（この節ではブロックの出番はありません。これまでの説明の経験をもとに考えてください。）

基本問題　3.2: 循環小数を分数に戻す

(1) 循環小数 $0.33333\cdots$ は分数に直すとどのような数と等しいか説明しなさい。

(2) 循環小数 $0.123123123123\cdots$ は分数に直すとどのような数と等しいか説明しなさい。

(3) 途中から循環する小数 $1.133333\cdots$ は分数に直すとどのような数と等しいか説明しなさい。

ヒントは，小数のわり算のポイントが「小数点をずらす」ことにあったことです。

研究問題　3.2: 分数は有限小数か循環小数のいずれかで必ず表せる

(1) $3 \div 4 = \frac{3}{4} = 0.75$ のように，有限の位で終わる小数（**有限小数**）で表される分数（(整数)÷(整数)）はどのような特徴があるのか。いくつか例を考えてそうなる理由を説明しなさい。

(2) 無限に続く小数で表される分数（(整数)÷(整数)）は，必ずある位から先はこれまで登場した数の列が周期的に繰り返し現れる循環小数になります。その理由を説明しなさい。

基本問題 3.2 の解説

(1) $x = 0.33333\cdots$ と表すことにします。この数を 10 倍すると小数点の位置が 1 つずれて，$10 \times x = 3.33333\cdots$ と考えられます。この差は x が 9 個分で 3 に等しいことが分かります。したがって $x = 3 \div 9 = \dfrac{3}{9} = \boxed{\dfrac{1}{3}}$ であることがわかります。

(2) $x = 0.123123123123\cdots$ と表すことにします。この数を 1000 倍すると小数点の位置が 3 つずれて，$1000 \times x = 123.123123123123\cdots$ と考えられます。この差は x が 999 個分で 123 に等しいことが分かります。したがって $x = 123 \div 999 = \dfrac{123}{999} = \boxed{\dfrac{41}{333}}$ であることがわかります。

(3) $x = 1.133333\cdots$ と表すことにします。この数を 10 倍すると小数点の位置が 1 つずれて，$10 \times x = 11.33333\cdots$ と考えられます。この差は x が 9 個分で 10.2 に等しいことが分かります。したがって $x = 10.2 \div 9 = \dfrac{10.2}{9} = \dfrac{102}{90} = \boxed{\dfrac{17}{15} = 1\dfrac{2}{15}}$ であることがわかります。

3.3 同種類の量の割合（A）

ある量どうしの大きさを比べるときに，一方が他方の何倍にあたるかを表したものを**割合**といいます。この節で考える割合は，同じ種類のものの比較を考え，**比率（ratio）**ともいわれるものについて考えます。

例えば，りんご 1 個 150 円, みかん 1 個 50 円のとき, りんごの値段はみかんの値段の $150 \div 50 = 3$ 倍となりますが，これはみかん 1 個の値段を「ブロック 1 個分」としたときに，りんごの値段は「ブロック 3 個分」であることを表します。（1.6 節の考え方）

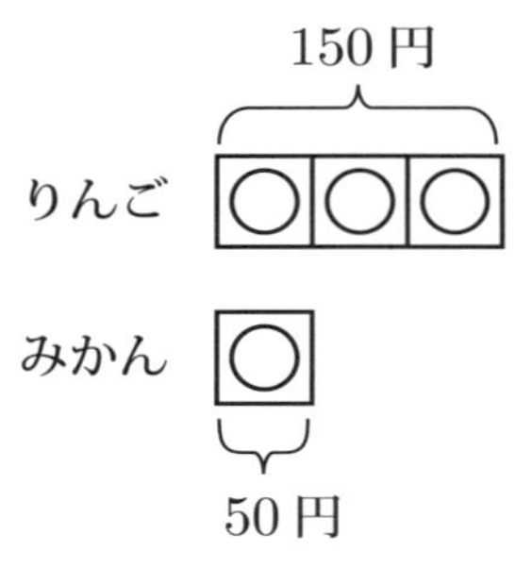

逆に今度は「りんごの値段」を基準に考えてみましょう。50 円は 150 円を 3 つに分けた 1 つ分，つまり「みかんの値段はりんご値段の $\frac{1}{3}$」であることがわかります。この「$\frac{1}{3}$」が「りんごの値段に対するみかんの値段の割合」ということになります。りんごの値段を 1×3 のブロックで表すと，みかんの値段は 1×1 のブロックで表せます。

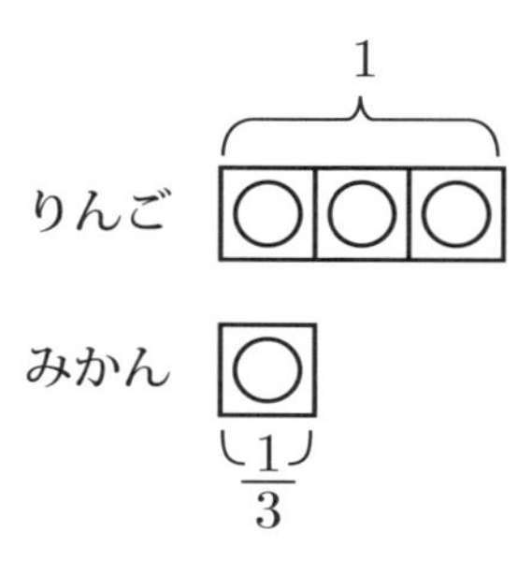

ここで上の議論では 1 つ，次のような問題点が浮かび上がります。考えてみて下さい。

問題 上の議論では $150 \div 50 = 3$ を利用して，割合の意味から $\frac{1}{3}$ と結論づけましたが，$50 \div 150 = \frac{1}{3}$ と求めることもできます。その理由を説明しなさい。

基本問題　3.3: 割合をブロックで表す

100 ページの本があります。

(1) 20 ページ読み終えたとき，全体のページ数は読み終えたページ数の何倍ですか。また，読み終えたページ数の全体のページ数に対する割合はいくつですか。

(2) 40 ページ読み終えたとき，全体のページ数は読み終えたページ数の何倍ですか。また，読み終えたページ数の全体のページ数に対する割合はいくつですか。

(3) 全体の $\frac{2}{3}$ 以上を読み終えるのは，何ページ読んだときですか。

(4) 読んだページの $\frac{5}{3}$ 倍が全体のページ数であるとき，読んだページ数は何ページですか。

(5) 読み終えたページ数がまだ読んでいないページの $\frac{1}{3}$ になるのは，何ページ読んだときですか。

前ページの問題の解答 この場合の割合は，150円を基準に何倍すると50円になるのか（150円を表すブロック何個分が50円になるか）を表している，つまり $150 \times$ (求める割合) $= 50$ 円ということになります。1.4節や2.3節でも触れましたが，「わり算はかけ算の逆」と考えれば (求める割合) $= 50 \div 150 = \dfrac{50}{150} = \dfrac{1 \times 50}{3 \times 50} = \dfrac{1}{3}$ と求めることができます。

> 数学の観点からの注意 50円の150円に対する割合を $\dfrac{50}{150}$ と考えるのは，「割合の定義そのもの」であり，この問の考え方のほうが自然ではあります。しかし分数の計算法を法則としてではなく意味から考え直すと，それほど当たり前のことではないように見えてきます。（**必要であれば 2.2,2.3 節を参照してください**）

基本問題3.3は第2章の分数のかけ算・わり算と大きく関係する内容です。分数のかけ算・わり算の計算法以前に，これらの計算の意味も含めて再確認しましょう。次は応用問題です。

基本問題 3.4: 何を基準量とみるか

AとBの2本の棒を，水の入った同じ水そうに浸したところ，Aの棒のちょうど半分，Bの棒の $\dfrac{5}{9}$ が水につかりました。AとBの棒の長さの違いが10cmであるとき，2本の棒の長さはそれぞれ何cmですか。

基本問題 3.3 の解説

(1) 20ページをブロック1個分とすると，100ページは $100 \div 20 = 5$ 個分なので，$\boxed{5倍}$

逆に20ページは100ページを5つに分けた1つ分であるから，$\boxed{\dfrac{1}{5}}$

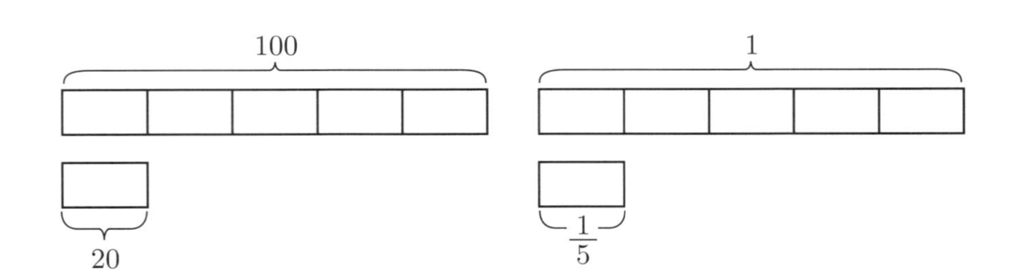

別解 (直接式で求める方法) $20 \div 100 = \dfrac{1}{5} = 0.2$ と求めることもできます。これは求める割合が「20ページは100ページを何倍したものか」に相当することから，$100 \times$ (求める割合) $= 20$ を逆算して (求める割合) $= 20 \div 100 = \dfrac{1}{5}$ と考えています。

(2) $100 \div 40 = \boxed{2.5(\text{倍})}$ あるいは $100 \div 40 = \dfrac{100}{40} \underbrace{=}_{\text{約分}} \boxed{\dfrac{5}{2} = 2\dfrac{1}{2}(\text{倍})}$

逆に 40 ページの全体に対する割合は，$40 \div 100 = \boxed{\dfrac{2}{5}}$ と前の答えの**逆数**になります。

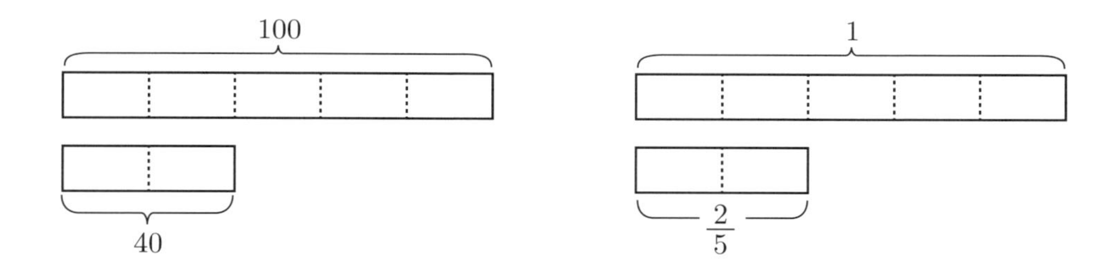

補足　読んだページに対する全体の割合が整数でないので，逆の割合を (1) のように意味から考えるのは少し難しく感じるでしょう。しかし一方が他方の $\dfrac{5}{2}$ 倍であることから，その逆を考えているとみて $\boxed{\dfrac{2}{5}}$ を導き出すこともできます。

(3) 全体の $\dfrac{2}{3}$ 倍にあたるので，$100 \times \dfrac{2}{3} = \dfrac{200}{3} = 66\dfrac{2}{3}$. 従って $\boxed{67\text{ ページ}}$ とわかります。

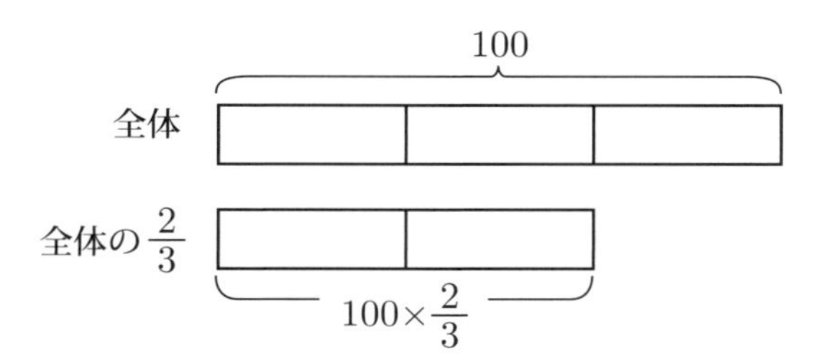

(4) **割合の中で最も理解しにくい問題です。公式ではなく意味を考えるようにしましょう。**

全体のページを基準に考えると，逆数である $\frac{3}{5}$ 倍したものが読んだページ数とわかります。

従って $100 \times \frac{3}{5} =$ **60 ページ**

別解 (わり算で考える・公式通りですが，分数でのわり算であることに注意)

(読んだページ) $\times \frac{5}{3} = 100$ となることから，$100 \div \frac{5}{3} = 100 \times \frac{3}{5}$

$=$ **60 ページ**

100
全体
読んだページ
$100 \times \frac{3}{5}$

(5) 読んでいないページは読んだページの 3 倍であり，全体は読んだページの 4 倍であることがわかります。従って読んだページは $100 \div 4 =$ **25 ページ** です。

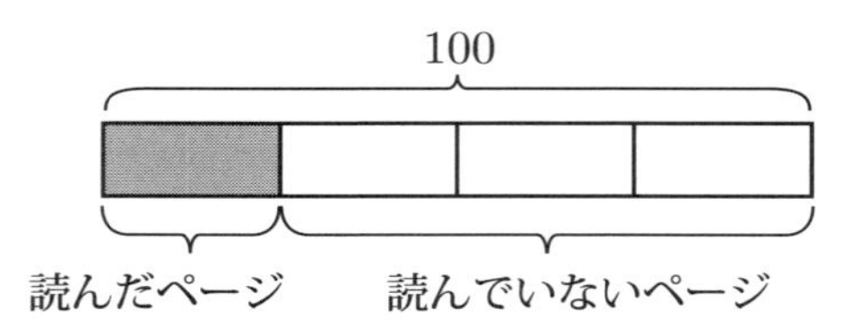

基本問題 3.4 の解説

水につかった部分を基準（ブロック 1 個分）として，A,B がそれぞれ水につかった部分の何個分に当たるかを考えます。

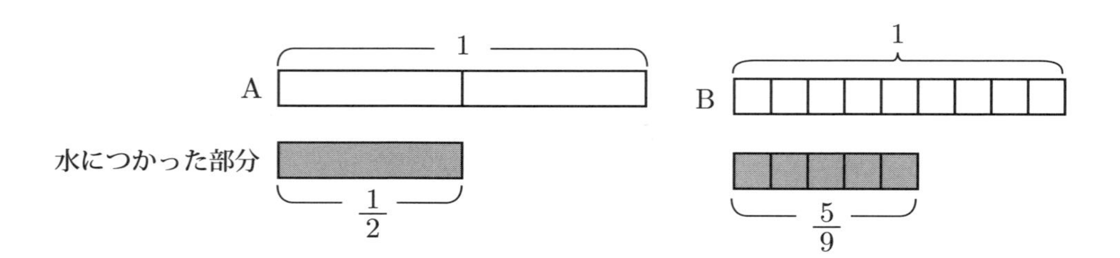

A の長さは，水につかった部分を基準（ブロック 1 個分）にすると $1 \div \frac{1}{2} = 2$ 個分 にあたり，B の長さは，$1 \div \frac{5}{9} = \frac{9}{5}$ 個分 にあたります。

これらのことから 2 つの長さの違いは，水につかった部分（ブロック）の $2-\frac{9}{5}=\frac{1}{5}$ 個分と考えられ，これが 10 [cm] とわかります。したがって水につかった部分は $10 \div \frac{1}{5} = 10 \times 5 = 50$ [cm] とわかり，A の長さは $50 \times 2 =$ 100 cm，B の長さは $50 \times \frac{9}{5} =$ 90 cm とわかります。

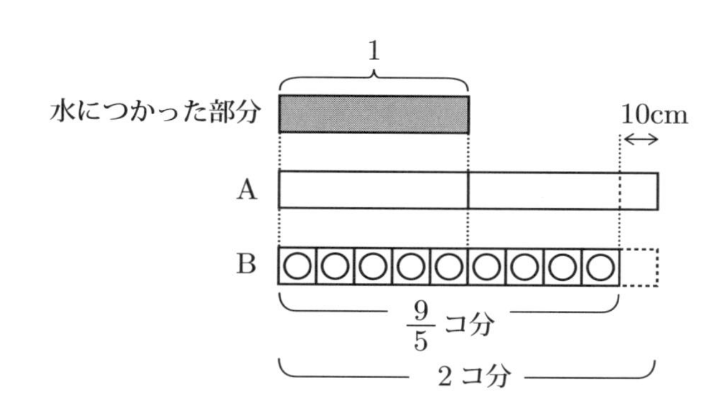

次は大きさが異なる 3 量の比較問題です。

基本問題　3.5:　勝つ確率の比較

3 人がじゃんけんをしました。誰が 1 番勝つ可能性が高いでしょうか。

(1) A さんは 10 回やって 7 回勝った。
(2) B さんは 15 回やって 13 回勝った。
(3) C さんは 20 回やって 16 回勝った。

基本問題　3.6:　甘さの比較

次のうち一番甘いと感じるのはどれでしょうか。（砂糖以外に甘さを感じるものは入っていないものとします。）

(1) 4g の砂糖が入っている 100g の飲み物 A
(2) 6g の砂糖が入っている 200g の飲み物 B
(3) 9g の砂糖が入っている 300g の飲み物 C

まずはそれぞれブロックで表してみましょう。例えば基本問題 3.5(1) は 10 回と 7 回をそれぞれ表します。勝つ割合が多いことを調べるにはどうしたらよいのかブロックを見て考えましょう。基本問題 3.6 はそのままの数値で描くことはできないので，イメージしましょう。

割合の概念のまとめ

A, B の2つの量の大きさを比べる際に，値 $\boxed{A \div B = \dfrac{A}{B}}$ を，「B を基準（ブロック1個分）としたときの A の割合」といいます。（この割合の値を x とします。）

A, B, x のどれかを他の2つから求めるときには，この式をうまくかえて，

・$\boxed{A = B \times x}$ (他方の量) = (基準量) × (割合)

・$\boxed{B = A \div x}$ (基準量) = (他方の量) ÷ (割合)

と使い分けることになります。但し，（そもそもこの式の意味が理解しにくいので）この式を覚えようとするのではなく，ブロックや線を用いた図を利用して考えられるようにすることが望まれます。

※上の式は，小学校の教科書では (比べられる量) = (もとにする量) × (割合) などと割合の3用法として説明されていますが，この言葉の意味が難しく，小学生にとって割合を理解しにくいものにしています。具体例にたくさん触れて，図を描きながら理解することが大切です。

基本問題 3.5 の解説

まずAさんとCさんの状況を右のようにブロックで表現します。じゃんけんの回数が違うのが難しい点ですが，どちらのほうが勝ちを表す割合が多いでしょうか。

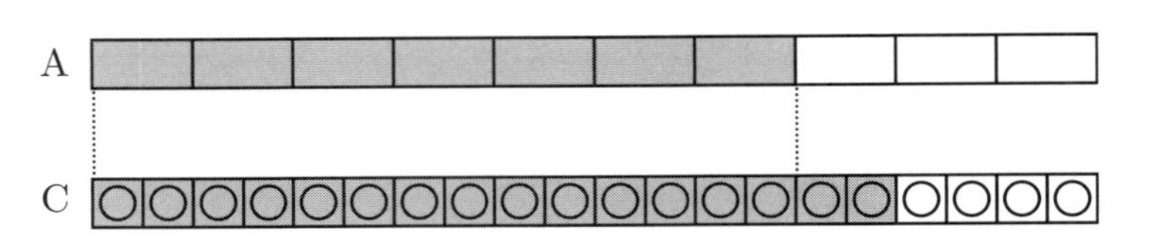

じゃんけんを行った回数を基準に考えてみましょう。つまりじゃんけんの回数をブロック1個分と考えると，Aさんの勝った部分（割合）はブロック $\dfrac{7}{10} = 0.7$ 個分となります。一方Cさんの勝った部分（割合）は $\dfrac{16}{20} = \dfrac{8}{10} = 0.8$ 個分となります。このことからCさんのほうがAさんよりもじゃんけんは強いと考えることができます。同じようにBさんについては $\dfrac{13}{15} = 0.8666\cdots$ 個分となることがわかり，BさんはさらにCさんよりも強いことが分かります。従って一番じゃんけんが強いのは $\boxed{\text{B さん}}$ ということがわかります。

ここで求めた分数や小数の値がもつもう1つの意味

上の解答では，おこなった試合数を「1（個のブロック）」としたとき，勝った回数はブロック何個分か，つまり「全体（を基準）に対する（部分の）割合」という見方をしています。しかし次のような見方もあります。

「A さんの勝った部分（割合）は，$\dfrac{7}{10}=0.7$ 個分」と考えましたが，これは「$7\div 10$」という計算の結果です。この意味は「勝った回数 7 を 10 で分けた 1 つ分」，つまり **1 回のじゃんけんに対する勝ちの回数**という意味があることもわかります。次の節で詳しく扱いますが，「1 つあたりどれくらいか」に注目した量は **1 単位量あたりの大きさ**と呼ばれていて，これ自体「割合」を表しているということもできます。

基本問題 3.6 の解説

まずは飲み物全体を基準として考えます。

飲み物 A に含まれる砂糖は，飲み物全体の量を 1 としたときに $\dfrac{4}{100}=0.04$,
飲み物 B に含まれる砂糖は，飲み物全体の量を 1 としたときに $\dfrac{6}{200}=\dfrac{3}{100}=0.03$,
飲み物 C に含まれる砂糖は，飲み物全体の量を 1 としたときに $\dfrac{9}{300}=\dfrac{3}{100}=0.03$

となり，飲み物 A が最も甘いことがわかります。

別解　これも**飲み物 1g あたりの砂糖の量はいくらか**という見方で考えてみます。
飲み物 A は，1g に対して砂糖が $4\div 100=0.04$ g 入っています。B,C は同じように考えて，1g あたり砂糖が 0.03 g 入っていることがわかります。このことからも同じ結論が出てきます。

3.4　異なる種類の量の割合・単位量あたりの大きさ（1 あたり量）(A)

まずは次の問題を考えてみましょう。ヒントは前節の基本問題 3.5，3.6 です。

基本問題　3.7: 異なる種類の量の割合

次のうち一番混みあっていて，部屋が狭いと感じるのはどれでしょうか。（人の大きさは同じものとします。）

(1) 6 枚の畳が敷かれている部屋に 9 人いる。
(2) 8 枚の畳が敷かれている部屋に 12 人いる。
(3) 10 枚の畳が敷かれている部屋に 14 人いる。

部屋の広さが異なるので何らかの基準が必要です。実際に状況をイメージしましょう。

基本問題 3.7 の解説

考え方 1（畳 1 枚ごとに何人いるか考える）

(1) は，下図のように 9 人のブロックを 6 枚の畳に分割すると考えると，

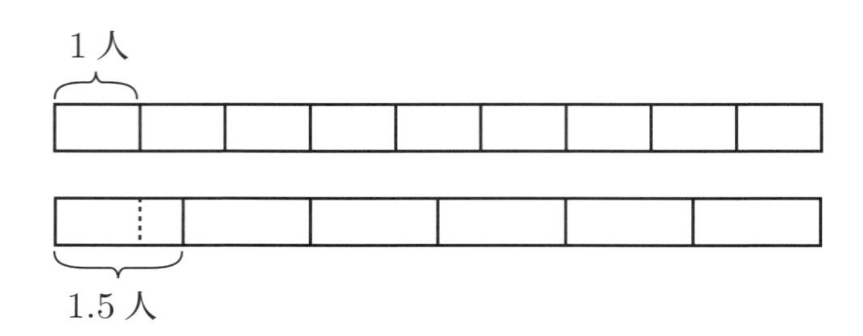

1 枚の畳には $9 \div 6 = 1.5$[人] の人がいることが分かります。（2.1 節で分数の概念を導入したときのように，1 人のブロックを 6 つに分けてその 9 個分と考えることもできます。）

同様にして (2) は $12 \div 8 = 1.5$[人]，(3) は $14 \div 10 = 1.4$[人] とわかり，(1)(2) が 1 枚の畳にいる人数が最も多いことが分かります。

考え方 2(1 人が使える部屋の広さを考える)

(1) は, 下図のように 6 枚の畳のブロックを 9 人で分けることを考えると,

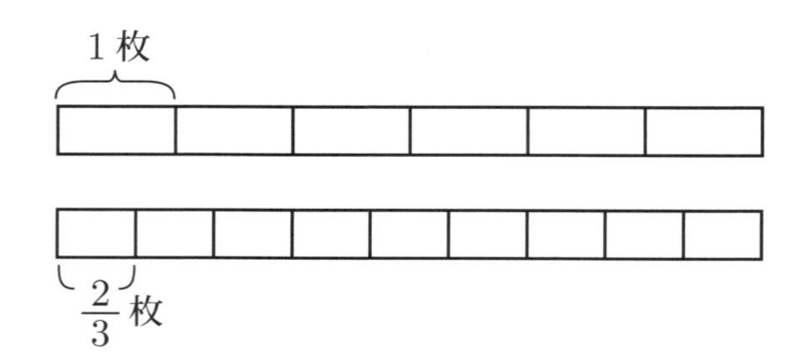

1 人分は，$6 \div 9 = \frac{6}{9} = \frac{2}{3} = 0.6666\cdots$[枚] とわかります。

同様に (2) は $8 \div 12 = \frac{2}{3} = 0.6666\cdots$[枚]，(3) は $10 \div 14 = \frac{5}{7} = 0.7142857\cdots$[枚] とわかります。したがって 1 人が使える畳が少ないほど混んでいるので，(1)(2) が同じ割合で最も混んでいるとわかります。

単位量あたりの大きさ（1 あたり量）

2 つの量どちらかの 1 つ分を基準に他方の量がどれだけあるかを考えるとき，この基準量を単位量といい， 基準量に対応するもう 1 つの量の大きさを**単位量あたりの大きさ，** 略して **1 あたり量**といいます。単位量あたりの大きさは結局「わり算の結果」つまり「一方が他方の何倍か」を考えていることから割合の一種とみなすことができます。

上の問題では「畳 1 枚」「1 人」が単位量で，それぞれに対して「畳 1 枚にいる人の数」や「1 人が使える畳の数」が 1 あたり量になります。そもそも単位には「1」という意味が込められています。長さの単位の 1 m もメートル原器というもので決められた長さで，私たちはこれをもとに何倍なのかを測ることで長さを考えています。つまり 1 m とは，（メートル原器）1 個を単位量としたときのメートル原器（1 個あたり）の長さということになります。

(重要) 単位量あたりの大きさの「単位」

基本問題 3.7 の計算を単位をつけて式で書くと，

$$9[人] \div 6[枚] \quad \text{または}\ 6[枚] \div 9[人]$$

と書くことが出来ます。この計算結果である（単位量あたりの大きさ）1.5 や $\frac{2}{3}$ の単位を，それぞれ[人/枚],[枚/人]と分数の形で書いて数値の計算に対応させます。つまり，

$$9[人] \div 6[枚] = 1.5[人/枚] \quad \text{または}\ 6[枚] \div 9[人] = \frac{2}{3}[枚/人]$$

かけ算に直すと，

$$1.5[人/枚] \times 6[枚] = 9[人] \quad \text{または}\ \frac{2}{3}[枚/人] \times 9[人] = 6[枚]$$

となり，単位をみるだけで量の関係性が理解しやすくなります。

もちろん $9[人] \div 6[枚] = 1.5[人/枚]$ ではなく，$9[人] \div 6 = 1.5[人]$ というように，畳の単位をつけずに「9 人を 6 つに分けたうちの 1 つ分」と考えることもできます。

基本問題　3.8: 単位量あたりの大きさ・単位

(1) A さんは，コーヒー 200 mL にミルク 3 g を入れて飲みます。コーヒー 1 mL に必要なミルクは何 g ですか。またコーヒー 350 mL に入れるミルクは何 g ですか。

(2) B さんは 3 時間で 240 ページの本を読むことができました。この本を 1 時間, また 30 分間で何ページ読んだことになるでしょうか。

(3)「12 個の板チョコを 3 人で分けると，1 人分は何個ですか」の答えを求めるための式を，単位をつけて答えなさい。

(4)「12 個の板チョコを 1 人 4 個ずつ分けると何人分できますか」の答えを求めるための式を，単位をつけて答えなさい。

基本問題 3.8 の解説

先に答えだけ述べます。

(1) 3[g]÷200[mL]=$\frac{3}{200}$[g/mL]=0.015[g/mL]. 従ってコーヒー1mL に必要なミルクは,

(0.015[g/mL]× 1[mL]=) 0.015[g]=$\frac{3}{200}$[g]

またコーヒー 350mL に必要なミルクは，350[mL]×$\frac{3}{200}$[g/mL]= 5.25[g]

(2) 1 時間に読んだページ数は, 240[ページ]÷3[時間]=80[ページ/時間]

従って 80[ページ]. また 0.5 時間に読んだ量は，80[ページ/時間]×0.5[時間]= 40[ページ]

(3) 12[個]÷3[人]=4[個/人] または 12[個]÷3=4[個]

(4) 12[個]÷4[個]=3 または 12[個]÷4[個/人]=3[人]

解説 (4) でほとんどの人は最初の式のように，答えの「3」を「3 倍」つまり「3 人分」と解釈したことでしょう。もしわり算の結果を 3[人] とするには，2 つ目の式のように「4[個]」を単位量あたりの大きさである「4[個/人]」と解釈して式を立てる必要があることに気づきます。

(1) では，0.015[g/mL] と 0.015[g] を区別しています。0.015[g/mL] は単位量あたりの大きさを「割合」と考えた際の表記で，0.015[g] は単位量あたりの大きさを実際の 1mL に対して必要な「量」と考えたときの表記です。後者の意味で直接式を作るとすると，3[g]÷ 200=0.015[g] というように，「コーヒー 200[mL] は 1[mL] の 200 倍（つまり 200 を 200 倍という割合とみる)」という見方をすればよいことになります。どちらの考え方も正しいですが，少なくとも中学生ではこの単位量あたりの大きさを「密度（体積あたりの重さ)」として考えることが多いため，割合としての見方が優勢となります。

(2) これも 3 を「割合」とみるときは， 240[ページ]÷3=80[ページ] となります。

（重要）単位量あたりの大きさは「分数の形」の単位にすることが基本

中学校以降の数学や理科で扱う概念の「速さ」や「密度」といったものは**単位量あたりの大きさ**ではありますが，**割合**として考え，[km/時] や [g/cm^3] といった単位にするのが普通です。

3.5　比の概念（A）

$\dfrac{2}{3}$ と $\dfrac{3}{5}$ の大きさを比べるときに，前節の割合の考え方では一方を基準（1 単位量・1 ブロック）にして他方が何倍に相当するかを考えました。そうすると，割合が「分数」や「小数」を用いないと表現できない場合があり，状況によってはややわかりにくい表現となってしまいます。（この 2 数の割合も $\dfrac{2}{3} \div \dfrac{3}{5} = \dfrac{2}{3} \times \dfrac{5}{3} = \dfrac{10}{9}$ となってしまいます。）ここで導入する「比」の概念は，どちらか一方を 1 単位量にするのではなく，2 量に共通する何か別の基準（1 単位量）を決めて，いずれもその基準の (整数) 個分で表せるようにします。

比の概念

2 つの量の大きさが，ある基準量に対してそれぞれ A 倍, B 倍であるとき，「**2 量の比が** $\boxed{A : B}$ である」といいます。3 つの量に対しても，同じようにある基準量に対してそれぞれ A 倍, B 倍, C 倍 であるとき，3 量の比を $\boxed{A : B : C}$ と表します。

また量の比が $A : B$ である 2 つの量について，別のある基準量のそれぞれ X 倍, Y 倍となっているとき，$\boxed{A : B = X : Y}$ と表して，**2 つの比は等しい**といいます。

例えば上の $\dfrac{2}{3}$ と $\dfrac{3}{5}$ の場合，まずこれらの値の大きさは 1 を基準に考えると $\dfrac{2}{3}$倍, $\dfrac{3}{5}$倍 になるので，2 つの値の比は $\dfrac{2}{3} : \dfrac{3}{5}$ と表せます。

次に通分して $\dfrac{1}{15}$ を基準量にとると，$\dfrac{2}{3} = \dfrac{10}{15}, \dfrac{3}{5} = \dfrac{9}{15}$ となるので，それぞれ 10 倍, 9 倍，すなわち 2 数の比は 10 : 9 になります。したがって $\boxed{\dfrac{2}{3} : \dfrac{3}{5} = 10 : 9}$ であることがわかります。

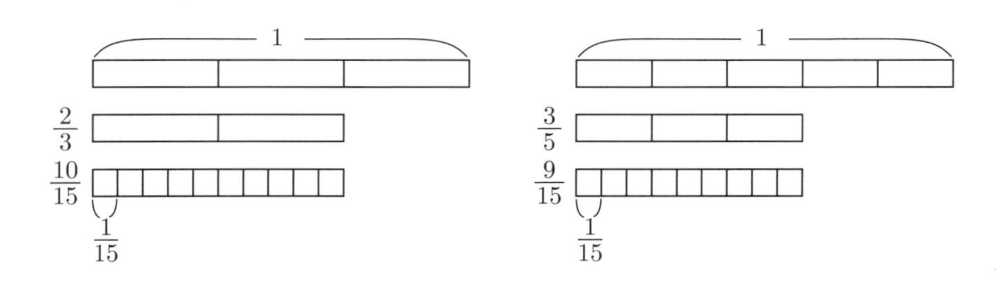

もちろん $\dfrac{1}{15}$ を基準量にしたということは，上の図で 1 を表すブロックを 15 等分したことに相当し，ブロックの数は 15 倍になったことを意味します。つまり $\dfrac{2}{3} : \dfrac{3}{5}$ の両方に 15 をかけ算して 10 : 9 を求めたという見方もできます。

分数と比の関連性

2つの量 A, B について，B を基準量にすると A は $A \div B = \dfrac{A}{B}$ 倍であることから，A, B の比は $\boxed{A : B = \dfrac{A}{B} : 1}$ と表せます。この $\dfrac{A}{B}$ を比の値といいます。

また, 次のような約分に相当する公式が導かれます。

比の関係式

2量 A, B について，$\dfrac{1}{k}$ を基準量にする（ブロックを k 等分する）と，（ブロックの個数について）A は $A \div \dfrac{1}{k} = k \times A$ 倍，B は $B \div \dfrac{1}{k} = k \times B$ 倍 になるので，$\boxed{A : B = (k \times A) : (k \times B)}$ が成り立つことが分かります。

前ページの例では $k = 15$ のときについて考えたことになります。簡単な例として $3 : 4 = 9 : 12$ を説明してみましょう。最初に1を基準量として $9 : 12$ をブロックで表します。

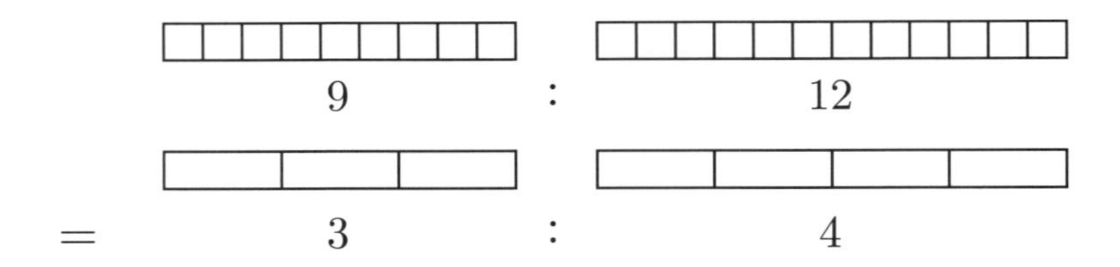

基準量を3にかえると，9は3が $9 \div 3 = 3$ 個分，12は $12 \div 3 = 4$ 個分となるので，$9 : 12 = 3 : 4$ と考えられます。この話は，k が整数だけでなく分数の場合でも成り立ちます。次の問題を考えてみてください。

練習問題　3.3: 比が等しいことの説明

$9 : 6 = 12 : 8$ である理由（つまり2量を $\dfrac{4}{3}$ 倍しても比は同じであること）をブロックを用いて説明しなさい。

通常は次の公式を用いて比を計算します。

比の関係式

$A:B=C:D$ がなりたつとき，$A\times D=B\times C$ （内側の 2 数と外側の 2 数の積は等しい）

説明 C,D の比が A,B の比に等しいとき，必ず $C=k\times A$，$D=k\times B$ の形で表せます。このことから $A\times D=A\times k\times B, B\times C=B\times k\times A$ で等しいことがわかります。（説明終わり）

比は分数とほぼ同じ役割があります。どちらかに統一して考えていくのが分かりやすいでしょう。以下の問題を分数で統一する方法と，比で統一する方法の 2 通りで考えてみましょう。

基本問題 3.9: 基本的な応用例

兄と弟が持っているお金の比は 5:9 でした。兄は持っていたお金の $\frac{4}{5}$ を使い，弟は持っていたお金の $\frac{1}{3}$ を使ったところ，2 人の所持金は合計 1400 円となりました。最初に 2 人が持っていたお金はそれぞれいくらですか。

3 個以上の数の比を**連比**といいます。

基本問題 3.10: 連比の考え方

4 数 A,B,C,D について，$A:B=3:2, A:C=4:5, C:D=3:5$ であるとき，$A:B:C:D$ を最も簡単な整数の比で答えなさい。

基本問題 3.9 の解説

比に統一する方法

兄と弟のお金をそれぞれブロック5個分，9個分とします。
兄はそのうち $\frac{4}{5}$ にあたる $5 \times \frac{4}{5} = 4$ 個分を使ったので，残りはブロック1個分。弟は $\frac{1}{3}$ にあたる $9 \times \frac{1}{3} = 3$ 個分を使ったので，残りはブロック6個分とわかります。

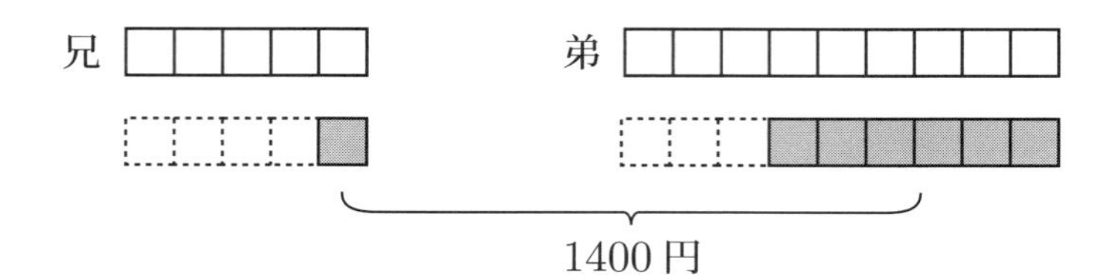

したがって2人の残りのお金は，ブロック7個分でこれが1400円とわかります。ブロック1個分が $1400 \div 7 = 200$ 円で，最初の所持金は兄が $200 \times 5 =$ 1000円，弟が $200 \times 9 =$ 1800円とわかります。

分数に統一する方法

兄の最初の所持金をブロック1個分とすると，2人の所持金は $5 : 9 = 1 : \frac{9}{5}$ から，弟の所持金は $\frac{9}{5}$ 個分とわかります。

兄は $\frac{4}{5}$ を使うので，残りは $\frac{1}{5}$ 個分。弟は $\frac{1}{3}$ にあたる $\frac{9}{5} \times \frac{1}{3} = \frac{3}{5}$ 個分を使うので，残りは $\frac{9}{5} - \frac{3}{5} = \frac{6}{5}$ 個分です。2人の残りの所持金は $\frac{1}{5} + \frac{6}{5} = \frac{7}{5}$ 個分で，これが1400円にあたります。したがってブロック1個分は $1400 \div \frac{7}{5} = 1400 \times \frac{5}{7} =$ 1000円で，これが兄の最初の所持金とわかります。弟は $1000 \times \frac{9}{5} =$ 1800円とわかります。

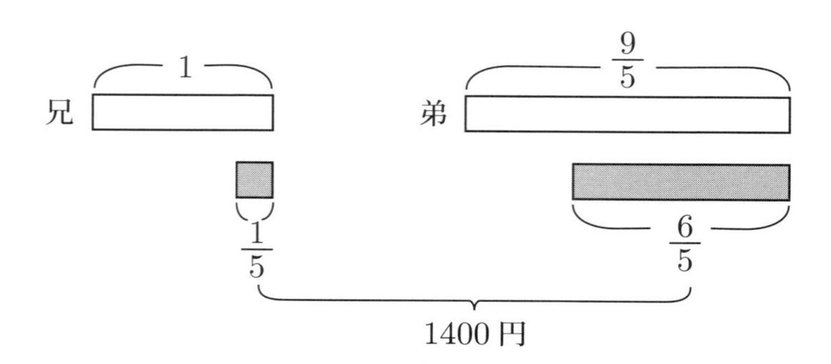

基本問題 3.10 の解説

比に統一する方法

$A:B:C$ を求めます。$A:B=3:2=6:4=9:6=12:8$，$A:C=4:5=8:10=12:15$ のように，A が同じ値になるよう通分に相当することを行います。A をブロック 12 個分とすると，B は 8 個,C は 15 個とわかるから，$A:B:C=12:8:15$ であることがわかります。

そして D を加えます。$C:D=3:5=6:10=9:15=12:20=15:25$ となって，D は先ほどのブロックの基準では 25 個分とわかります。

したがって $\boxed{A:B:C:D=12:8:15:25}$ であることがわかります。

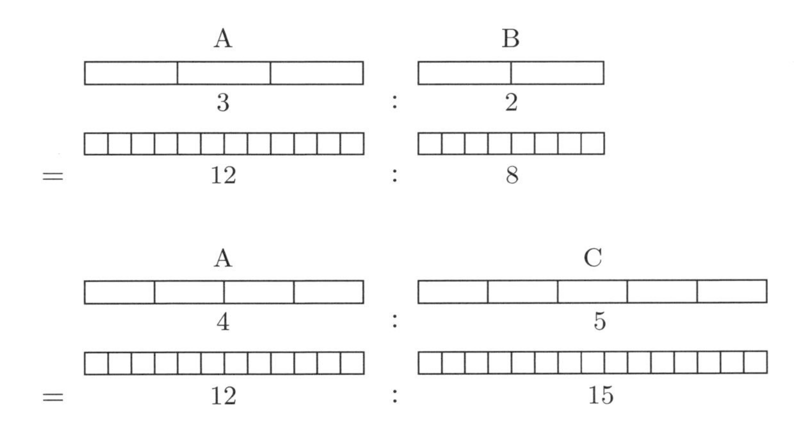

分数に統一する方法

A をブロック 1 個分と考えます。このとき B は $A:B=3:2=1:\dfrac{2}{3}$ で $\dfrac{2}{3}$ 個分。C は $A:C=4:5=1:\dfrac{5}{4}$ で $\dfrac{5}{4}$ 個分。D は $C:D=3:5=\dfrac{5}{4}:\left(\dfrac{5}{4}\times\dfrac{5}{3}\right)=\dfrac{5}{4}:\dfrac{25}{12}$ で $\dfrac{25}{12}$ 個分とわかります。

したがって $A:B:C:D=1:\dfrac{2}{3}:\dfrac{5}{4}:\dfrac{25}{12}=\dfrac{12}{12}:\dfrac{8}{12}:\dfrac{15}{12}:\dfrac{25}{12}=\boxed{12:8:15:25}$ とわかります。

2 通りの方法で解いてみましたが，基本問題 3.9 は比を用いた方法，3.10 は分数を用いた方法がそれぞれやりやすかったかと思います。実際はどちらかに偏ることはなく，何かを基準量に決めて，分数と比を混ぜながら解き進めることが大半になるでしょう。**通分にあたる計算をある程度行うと勘が養われて**きて，分数と比をうまく使い分けることが出来ます。そのためにも**問題を解いたり計算したりする練習は欠かせない**のです。

第4章

難易度

B

未知の数量をブロックで表現する

算数や数学の文章題でよくあるのは，「いくつかの条件から，何かの量を求める問題」です。数学では方程式で求めることが多いのですが，日本の算数，特に中学入試問題では「○○算」としていくつかのタイプに分類され，様々な図を利用して分からない量を求めることになります。ここではその「よくわからない量」もブロックで表して，その量の数値を求めることを考えます。これまではブロックの長さが長くなるとそれが表す数も大きくなるように表していましたが，この章でのブロックは具体的な数が分からないため，数の大きさをブロックのサイズに必ずしも反映させないことに注意しましょう。

4.1　未知の数量をブロックで表す

1.6 節でも取り上げた通貨は，ものとしての大きさと，表している金額の間には関係性はありません。（10 円は 1 円の 10 倍だからといって，硬貨の大きさも 10 倍にはなりません。）

例えば 100 円玉が 2 枚と 10 円玉が 4 枚あると，$100 \times 2 + 10 \times 4 = 240$ 円を表します。実際に通貨を使わなくとも，赤のブロック 1 個で 100 円，黄色のブロック 1 個で 10 円を表すと考えれば，赤のブロック 2 個と黄色のブロック 4 個で同じ 240 円という量を表すことが出来ます。この場合もブロックのサイズは何でもよく，赤と黄色の違いがあれば，表している数の大きさの違いを認識することが出来ます。

このように数量をそれが表す大きさに関係なく，いくつかの色のブロックで区別して表すことを考えます。こうすることで，ある数値がどのくらいの大きさなのかがわからない時でも，状況を整理することができるようになります。

次の問題で少しブロックで表す練習をしてみましょう。あとで学ぶ消去算（方程式）の考え方です。

基本問題　4.1: 数量を大きさに関係なくブロックで表す

クッキー 1 箱を赤のブロック，チョコレート 1 枚を黄色のブロックで表します。クッキー 1 箱とチョコレート 2 枚を買うと 300 円しました。また，クッキー 2 箱とチョコレート 1 枚買うと 450 円しました。チョコレート 1 枚とクッキー 1 箱の値段を，ブロックで表しながら求めていきましょう。

(1) 問題文の内容をブロックで表しなさい。
(2) このクッキー 3 箱とチョコレート 3 枚を買うと合計いくらかかりますか。
(3) このクッキー 2 箱とチョコレート 4 枚を買うと合計いくらかかりますか。
(4) チョコレート 1 枚はいくらですか。また，クッキー 1 箱はいくらですか。

ここでは，赤のブロック，黄色のブロックを順に下のようにあらわすことにします。

基本問題 4.1 の解説

(1) 赤のブロック 1 個と黄色のブロック 2 個で 300 円，

赤のブロック 2 個と黄色のブロック 1 個で 450 円

とそれぞれ表せます。

(2) 赤のブロック 3 個と黄色のブロック 3 個であるから，(1) の 2 つの買い方をあわせればよく，300 + 450 = 750 円 とわかります。

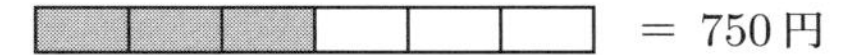

(3) 最初の買い方で，ブロックの数を 2 倍にすればよいことが分かります。
すると赤のブロック 2 個と黄色のブロック 4 個で， 600 円 と分かります。

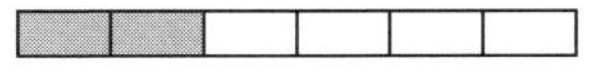

(4) (3) で，赤 2 個と黄色 4 個で 600 円。

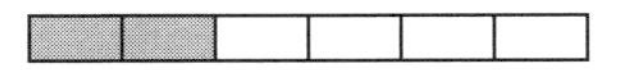

2 番目の買い方は，赤 2 個と黄色 1 個で 450 円。

これから，黄色のブロック 3 個で 150 円とわかります。したがって黄色のブロック 1 個は 50 円とわかります。すると赤のブロック 2 個では 400 円で，赤のブロック 1 個で 200 円とわかります。これから チョコレート 1 枚 50 円，クッキー 1 箱 200 円 とわかります。

= 150円 → = 50円

4.2　算数文章題入門 1〜和差算・分配算・年齢算・倍数算

基本問題　4.2: 和差算

みかんが 20 個あり, 兄弟で分けることを考えます。兄は弟より 4 個多くなるように分けるとき，兄はみかんを何個もらえるでしょうか。

たし算の結果の値を**和**，ひき算の結果の値を**差**といいます。この問題では，2 人のみかんの個数の和と差が分かっていて，その和と差の値の情報からそれぞれのみかんの個数を求めます。このような問題は**和差算**と呼ばれています。

考え方　まずいくつか試してみましょう。弟のみかんの個数が 3 個であったとすると, 兄は 7 個となります。するとみかんの合計は 10 個であって，20 個には足りません。このように試していくといつかは答えは出ますが，できる限りうまいやり方で解きたいものです。

そこで弟のみかんの数は分からないのですが，とりあえずはあるサイズの赤のブロックで表すことにしましょう。また差の 4 を別のサイズの黄色のブロックで表すことにしましょう。

こうすることで, 兄と弟のみかんの個数をブロックで表すことができます。これを利用しましょう。（ブロックのサイズと実際の数値の大きさに関係性はないものとして考えましょう。）

中学入試のための問題集を解いて似たような問題を解くのもいいことですが，自分で似たような問題を作って周りの人と解きあうと，より理解が深まるでしょう。

基本問題 4.2 の類題の作り方

答えがきれいになるように，**答えから作る**と考えやすくなります。

例えば兄弟で物を分けた結果，兄が 8 個，弟が 6 個であったと決めると，和は 14 個，差は 2 個となります。つまり問題は，

> りんごが 14 個あり，兄弟で分けることを考えます。兄は弟より 2 個多くなるように分けるとき，兄はみかんを何個もらえるでしょうか。

3 人以上で分ける問題は**分配算**といって和差算と区別されていますが，考え方は和差算と同じです。

練習問題　4.1: 分配算

チョコレート 40 個を兄，弟，妹の 3 人でわけることにします。妹は兄より 3 個多く，弟は兄より 2 個少なくもらうとき，3 人はそれぞれチョコレートを何個ずつもらいますか。

練習問題　4.2: 年齢算

現在, 母の年齢は子の年齢の 4 倍でしたが，ちょうど 3 年後に母の年齢は子の年齢の 3 倍となります。現在の母と子の年齢はそれぞれ何歳ですか。

練習問題　4.3: 倍数算

兄が弟と比べてお金を 5 倍持っていて，兄が弟に 200 円渡したところ，兄のもっているお金は弟の 3 倍になりました。はじめ兄が持っていたお金はいくらでしたか。

練習問題 4.2 の考え方

現在の子の年齢を赤のブロック，「3 年」を黄色のブロックで表して考えます。すると 3 年後の 2 人の年齢は，2 種類のブロックで表すとどうなるでしょうか。

練習問題 4.3 の考え方

最初の弟のお金の額を赤のブロック，「200 円」を黄色のブロックで表して考えます。

基本問題 4.2 の解説

弟のみかんの個数を赤のブロック，差の 4 を黄色のブロックで表すことにします。すると, 兄と弟のみかんの個数は下図のように表せます。

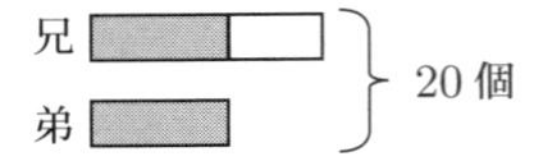

2 人のみかんの総数は 20 個なので，赤のブロック 2 個分は $20 - 4 = 16$ 個。

したがって，赤のブロック 1 個分は 8 個で，これが弟の個数ということになります。兄の個数は $8 + 4 =$ 12 個 とわかります。

ブロックを用いないで解くときは・・ 下のように線を用いた図 (**線分図**といいます) で考えることができます。

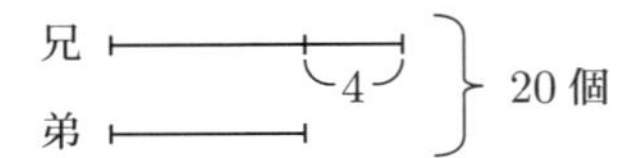

重要な注意 弟の個数はまだ分からないので，弟の個数を表すブロックのサイズは分かりません。実際には弟は 8 個で，差の 4 個の 2 倍になるのですが，最初から 4 を表すブロックの 2 倍の長さにサイズを合わせることはできません。**値が分からない量のブロックのサイズは，適当な長さで構わない**ことに注意しましょう。**ブロックを色分けすることで，大きさが異なっても気にならなくなります。**

4.3　算数文章題入門 2〜消去算（方程式入門）

次の問題の解き方は，中学校で学ぶ方程式を用いる考え方と同じです。方程式では分からない数を文字で表しますが，ここでは引き続きブロックで表します。**ブロックと方程式の文字が同じ役割をはたしていることがわかります。**

基本問題　4.3: 消去算

チョコレートとガムを何個かずつ買います。チョコレートを 2 個，ガムを 3 個買うと合計 140 円でした。またチョコレートを 3 個，ガムを 1 個買うと，この場合も 140 円でした。チョコレートとガムの 1 個の値段をそれぞれ答えなさい。

考え方　チョコレートを赤のブロック，ガムを黄色のブロックで表して考えましょう。あとは基本問題 4.1 を真似して考えてみましょう。何倍かして，片方の色のブロックだけ残すようにして考えることから**消去算**と呼ばれていますが，中学で学ぶ方程式（第 11 章）と考え方は同じです。この点については次ページで触れます。

練習問題　4.4: 消去算

A と B の 2 つの容器を使って水を用意します。A の容器は B の容器より 20mL だけ多く水が入ります。A の容器 2 杯分と B の容器 5 杯分で，水は 600mL 用意できました。A と B の容器にはそれぞれどれだけ水が入りますか。

練習問題　4.5: 消去算

3 本のペンと 2 個の消しゴムを買うと，560 円かかります。同じペンを 5 本，消しゴムを 3 個買うと 900 円かかります。このペンと消しゴムの値段はいくらですか。

基本問題 4.3 の解説

チョコレートを赤のブロック，ガムを黄色のブロックで表します。

赤のブロック 2 個と黄色のブロック 3 個で 140 円，
赤のブロック 3 個と黄色のブロック 1 個で 140 円と表せます。

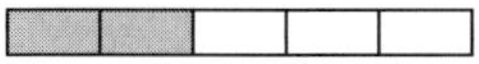

黄色のブロックの数をあわせるために 2 番目の方を 3 倍して，赤のブロック 9 個と黄色のブロック 3 個で 420 円とします。

すると最初の買い方から，赤のブロック 7 個で 280 円，つまり赤のブロック 1 個で $280 \div 7 =$ 40 円 とわかります。

2 番目の買い方から黄色のブロック 1 個で，$140 - 40 \times 3 = 20$ 円 とわかります。このことから チョコレート 40 円，ガム 20 円 とわかります。

中学校で学ぶ文字式の文字とブロックは同じ役割！

いわゆる消去算として解く際は，チョコレートの値段を チ，ガムの値段を ガ などと表して，2 つの買い方を，

チ $\times 2 +$ ガ $\times 3 = 140$

チ $\times 3 +$ ガ $\times 1 = 140$

と考えます。中学以降ではチョコレートの値段を x，ガムの値段を y などと表して，2 つの買い方を，

$2 \times x + 3 \times y = 140$

$3 \times x + y = 140$

と考えます。しかし考えていることは，ブロックで表したことと変わりありません。小学校と中学校で大きく変わるのは「負 (マイナス) の数」の扱い（**6.4 節参照**）の有無にあります。練習問題 4.4 の解説でも触れますが，「ひき算」をブロックで表現するのはやや困難であり，小学校で方程式を扱わないのもここに原因があります。

4.4 算数文章題入門 3〜割合と比に関する問題・相当算

続いて，割合と比に関する問題です。3.5 節で扱ったように，何かの量をまず基準量（つまり 1 つのブロックで表す）に決めて，ほかの量が基準量のいくつ分に当たるのかを考えていきます。「基準量のいくつ分にあたるのか」という意味合いから**相当算**と言われています。参考書等での記述では，「全体を 1 とする」「ある量を①とする」といった表現が見られますが，これは**状況にあわせてブロック 1 個分という基準量を決めている**ことを表しています。

基本問題 4.4: 割合と比に関する問題

A さんはある本を何日かかけて読みます。初日に全ページの $\frac{1}{3}$ を読み，2 日目は残りのページ数の $\frac{3}{4}$ を読んだところ，残りは 35 ページでした。この本は全部で何ページありましたか。

考え方 全体のページ数と残りのページ数の割合をまずは求めましょう。いずれかをブロック 1 個分と表して考えましょう。

次は比だけで表される問題です。

基本問題 4.5: 比しかでてこない問題

兄と弟が買い物にいきます。最初兄と弟の所持金の額の比は 5 : 3 でした。兄と弟が買い物で使った金額は 2 : 1 で，残ったお金の金額の比は 4 : 3 でした。兄が買い物で使った金額と残った金額の比を求めなさい。

考え方 **比だけで表されているとはいえ，本来は具体的な量をもつものということを忘れないようにしましょう。**

とはいっても，最初の所持金，使った金額，残った金額で，何を基準にした比なのかが異なっているのがやっかいな点です。とりあえず使った金額の基準量を赤のブロック，残った金額の基準量を黄色のブロックとして，具体的に金額をブロックであらわしてみましょう。

基本問題 4.4 の解説

考え方 1（全体を基準量「1」とみなす） 本のページ数をブロック 1 個分として考えます。すると初日の段階で残ったページ数は，ブロック $\frac{2}{3}$ 個分となります（左下図）。

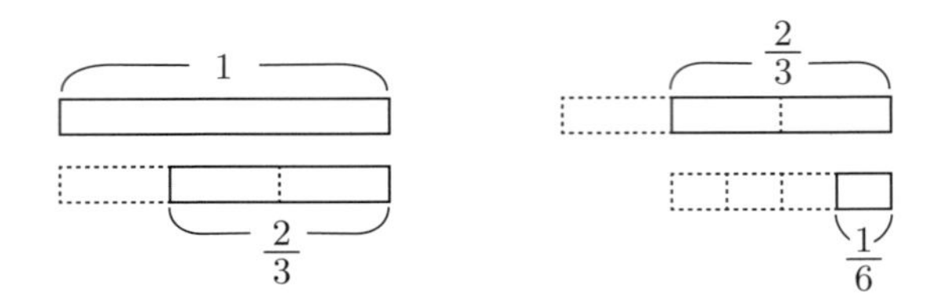

そして 2 日目で残ったページ数は，ブロック $\frac{2}{3}$ 個分のさらに $\frac{1}{4}$ にあたる $\frac{2}{3} \times \frac{1}{4} = \frac{1}{6}$ 個分であるとわかります（右上図）。

したがってブロック $\frac{1}{6}$ 個分が 35 ページ に相当するので，ブロック 1 個分は，$35 \div \frac{1}{6} = 35 \times 6 =$ 210 ページ とわかります。

考え方 2（残った 35 ページを基準量「1」とみなす） 最後に残った 35 ページをブロック 1 個分として考えます。1 日目に残ったページ数の $\frac{1}{4}$ にあたるので，1 日目に残ったページ数はブロック $1 \div \frac{1}{4} = 1 \times 4 = 4$ 個分 とわかります（左下図）。

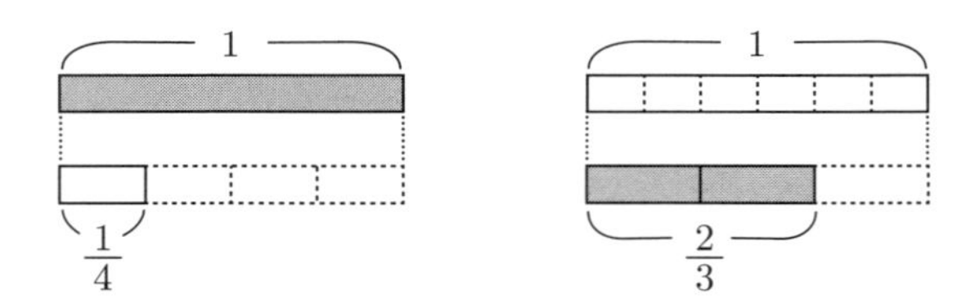

そしてこれは全ページ数の $\frac{2}{3}$ にあたり，ブロックでは $4 \div \frac{2}{3} = 4 \times \frac{3}{2} = 6$ 個分とわかります（右上図）。したがって全ページ数は $35 \times 6 =$ 210 ページ とわかります。

基本問題 4.5 の解説

使った金額の比の 1（基準量）にあたる額を赤のブロックで，残った金額の比の 1（基準量）にあたる額を黄色のブロックで表すことにします。

　すると，兄と弟が使った金額はそれぞれ赤のブロック 2 個，1 個分で，
残った金額はそれぞれ黄色のブロック 4 個，3 個分とわかります。

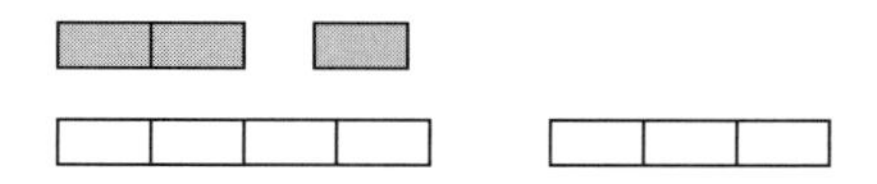

　つまり最初の所持金は，兄が赤 2 個，黄色 4 個，弟は赤 1 個，黄色 3 個で表され，この金額の比は $5:3$ となります。

　弟の最初の所持金を表すブロックの個数を $\dfrac{5}{3}$ 倍したのが，兄の最初の所持金で，赤 $\dfrac{5}{3}$ 個, 黄色 5 個となります。
「赤 2 個，黄色 4 個」と「赤 $\dfrac{5}{3}$個，黄色 5 個」が同じ金額を表すことから，「赤 $2-\dfrac{5}{3}=\dfrac{1}{3}$ 個」と「黄色 $5-4=1$ 個」が同じ額を表す，つまり<u>黄色 3 個分が赤 1 個分</u>であることがわかります。

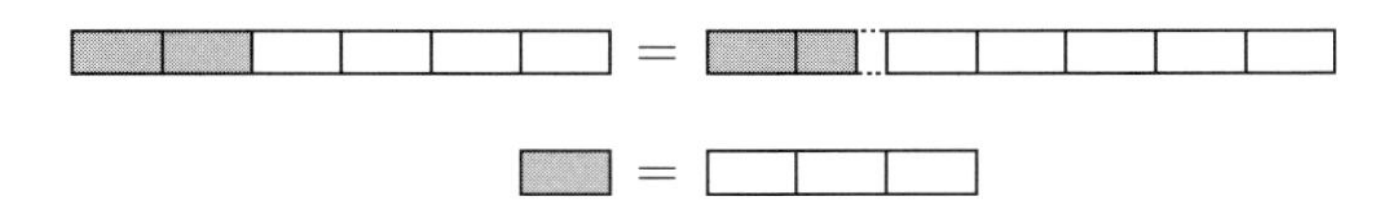

　従って兄が使った金額は赤 2 個で黄色 6 個分に等しく，残った金額は黄色 4 個分であることから，比は $6:4=$ $\boxed{3:2}$ であることがわかります。

$\boxed{\text{ブロックを使わないで考える方法}}$　紙に書いて考えるのであれば，使った金額の比の 1（基準量）にあたる量を①，残った金額の比の 1 にあたる量を $\boxed{1}$ と表して考えると，上の解答と全く同じように解くことができます。

基本問題 4.5 の類題を作る

和差算と同じように，練習問題を自分で作ることができます。
問題文で比で表している部分を，具体的な数値にすることで類題を作ります。

まず兄と弟がそれぞれ 1200 円と 1000 円持っていたとします。兄が 600 円，弟が 200 円使ったとすると，残りは 600 円と 800 円になります。以上の数値をすべて比に直すと，

> 兄と弟が買い物にいきます。最初兄と弟の所持金の額の比は 6 : 5 でした。兄と弟が買い物で使った金額は 3 : 1 で，残ったお金の金額の比は 3 : 4 でした。兄が買い物で使った金額と残った金額の比を求めなさい。

と簡単に問題を作ることができます。しかし解くのは決して簡単ではありません。

第5章

面積をブロックで表現する

これまでの章ではかけ算を１次元（直線）でとらえて，つまりブロックを直線状に並べて表現して，「ある基準量の何倍になるか」という割合と比の考え方を主に扱ってきました。この章ではかけ算を長方形の面積と対応させ，さらにその長方形とブロックを対応させます。こうすることでかけ算を２次元（平面）で表現することができ，様々な問題を考えることが可能になります。

5.1　かけ算と面積図（B）

面積とは？

1 辺の長さが 1 [cm] の正方形の面積を 1 [cm^2] と定めたとき，ある図形の面積が S[cm^2] であるとは，1 辺の長さが 1 [cm] の正方形 S 個分の広さに相当することを意味します。

たとえば縦が 2 [cm]，横が 4 [cm] の長方形の面積は，2 [cm]× 4 [cm]= 8 [cm^2] で求められます。これは定義に基づいて，縦に正方形（1×1 のブロック）を 2 個，横に正方形（ブロック）を 4 個ずつ長方形状に並べたものと考えて，合計 $2 \times 4 = 8$ 個分の広さであることからわかります。

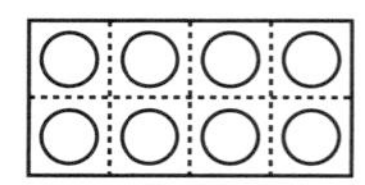

このようにかけ算は**ブロックを長方形状に並べたときの占める面積**と解釈することができます。このようにブロックを用いて描いたような図を**面積図**といいます。例えば，計算でよく使う分配法則も，この面積図で視覚的に理解することができます。

分配法則

a, b, c が整数のとき，$\boxed{a \times (b + c) = a \times b + a \times c}$ が成り立ちますが，これは下の図のように，縦にブロック a 個，横にブロック $(b + c)$ 個並べたときの占める面積（ブロックの個数）と考えれば理解できます。（図は $a = 3, b = 2, c = 4$ の場合）

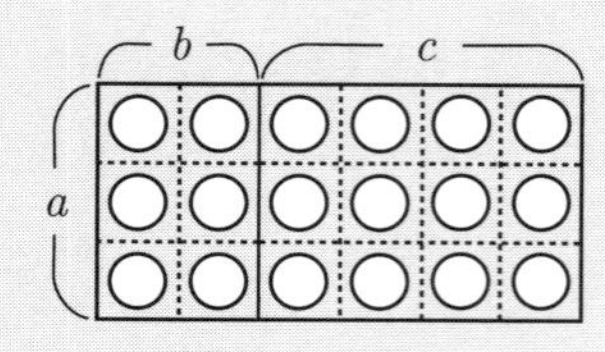

※第 **6** 章までは，整数とは $0, 1, 2, 3, \cdots$ を指し，負（マイナス）の数は扱わないことにしています。

5.2　かけ算の筆算の原理と分配法則（A）

まずは 2 桁どうしのかけ算の筆算の原理について考えてみましょう。

基本問題　5.1: 2 桁のかけ算の筆算

27×45 の筆算について考えましょう。

まず一の位どうしをかけ合わせ (7×5)，くり上がりがあるときは隣の位の上にその数を書きます。次に上の十の位と下の一の位をかけ合わせ (2×5)，くり上がった数と足し合わせた数 (135) を書きます。

次に最初の計算結果 (135) の下に，まず下の数の十の位と上の数の一の位をかけ合わせた (4×7) 結果を (135 の)1 つ左にずらした位置に書き，くり上がりがあるときは隣の位の上にその数を書きます。最後に十の位どうしをかけ合わせ (2×4)，くり上がった数と足し合わせた数を書きます。最後にこの 2 つの計算結果を足して $(135 + 1080)$ 計算が終わります。

$$\begin{array}{r} 2\,7 \\ \times\ \ 4\,5 \\ \hline 1\,\overset{3}{3}\,5 \\ 1\,\overset{2}{0}\,8\ \ \\ \hline 1\,2\,1\,5 \end{array}$$

問　この筆算の原理を, 適切な面積図を描いて説明しなさい。さらに 3 桁どうしのかけ算，例えば 123×123 の筆算について, 対応する面積図を描きなさい。

27×45 をうまく分解して計算しています。よく観察して発見しましょう。面積図は 27 や 45 をそのままの大きさのブロックで表すと，サイズが大きくなってしまいますので，第 4 章と同じように実際の大きさどおりにブロックを用いることはあきらめることにします。

次は中学生で学ぶ公式につながります。以下の問題を通じて公式を自力で発見しましょう。最初は実際に計算して構いません。

基本問題　5.2: 面積図を用いたかけ算

(1) 3 と 7，5 と 5 は 2 つともたし算すると 10 になりますが，かけ算すると 4 だけ差が出てしまいます。この状況をブロックで表して説明しなさい。

(2) 39×41，38×42 を面積図を利用して計算しなさい。

(3) $(20 + 5) \times (20 + 5) = 20 \times 20 + 5 \times 5$ という計算は正しくないことを，面積図を利用して説明しなさい。

(3) は中学以降 $(20 + 5)^2 = 20^2 + 5^2$ と表しますが（→研究問題 5.3），よく間違えます。

基本問題 5.1 の解説

27×45 の下にあるたし算は，$135 = 100 + 35, 1080 = 800 + 280$ とさらに分解できて，これらは $35 = 7 \times 5$, $100 = 20 \times 5$, $280 = 7 \times 40$, $800 = 20 \times 40$ とかけ算したことによる結果であると考えられます。このかけ算の数字をよく見ると $27 = 20 + 7, 45 = 40 + 5$，つまり $27 \times 45 = (20 + 7) \times (40 + 5)$ と考えていることがわかります。

分配法則 $a \times (b + c) = a \times b + a \times c$ で描いた図を参考にして，次の面積図を考えます。

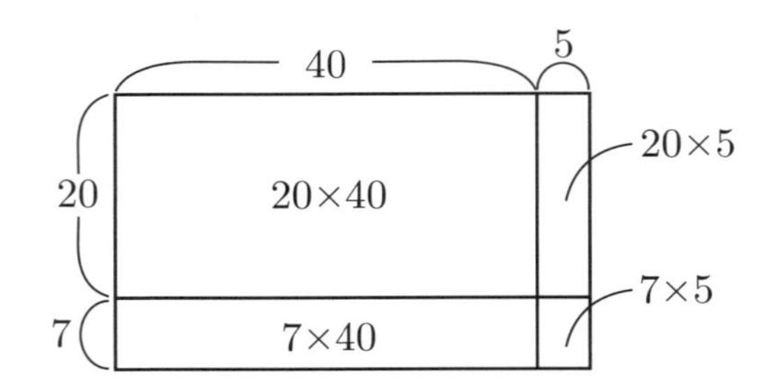

この面積図から，$\boxed{(20 + 7) \times (40 + 5) = 7 \times 5 + 20 \times 5 + 7 \times 40 + 20 \times 40}$ という計算が成り立つことがわかり，まとめたのが問題文にある筆算であることがわかります。

分配法則による説明 $27 \times 45 = 27 \times (40 + 5) = 27 \times 40 + 27 \times 5 = (20 + 7) \times 40 + (20 + 7) \times 5 = 20 \times 40 + 7 \times 40 + 20 \times 5 + 7 \times 5$ と順番にかっこをはずしていくことで説明することもできます。

さらに 123×123 も，$(100 + 20 + 3) \times (100 + 20 + 3)$ と考えれば下の面積図が元になっていると考えられます。

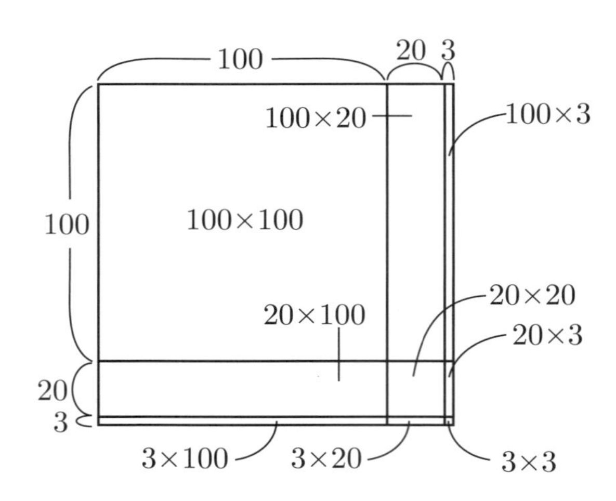

以上から，一般に次の法則が成り立つことがわかります。

分配法則 2

a, b, c, d が整数のとき，
$(a+b)\times(c+d)=a\times c+a\times d+b\times c+b\times d$ が成り立ちます。これは縦にブロック $(a+b)$ 個，横にブロック $(c+d)$ 個並べたときの占める面積（ブロックの個数）と考えれば理解できます。（図は $a=3, b=2, c=4, d=2$ の場合）

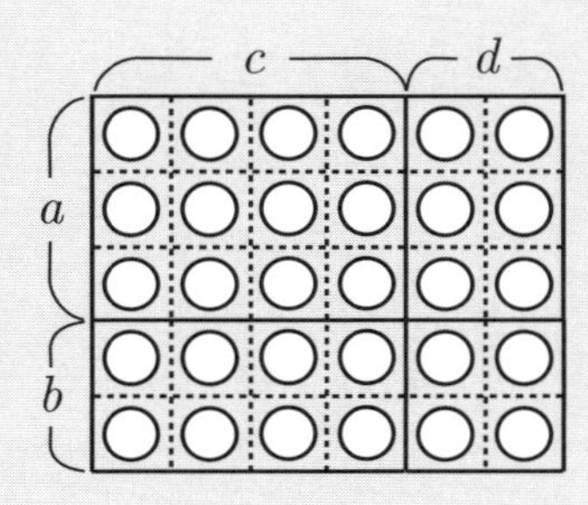

基本問題 5.2 の解説

(1) 3×7 と 5×5 をそれぞれブロックを用いた面積図で表すと，下のようになります。3×7 の色塗り部分を移動させると，5×5 に $2\times 2=4$ 個分だけ足りない状況が読み取れます。

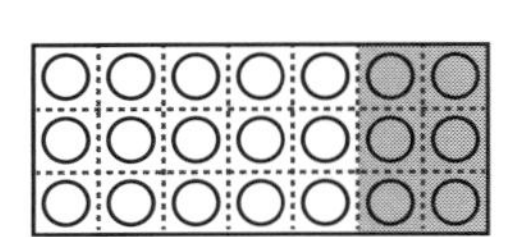

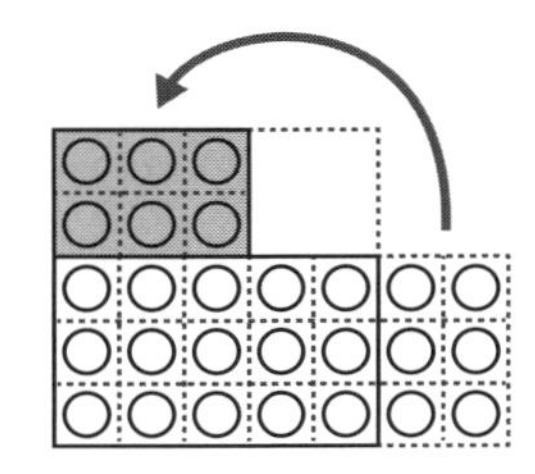

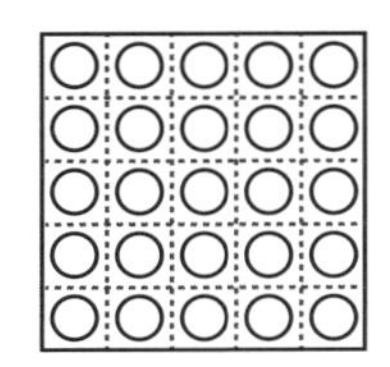

(2) それぞれ下図のようになり，$39 \times 41 = 40 \times 40 - 1 \times 1 =$ $\boxed{1599}$,$38 \times 42 = 40 \times 40 - 2 \times 2 =$ $\boxed{1596}$ であることがわかります。

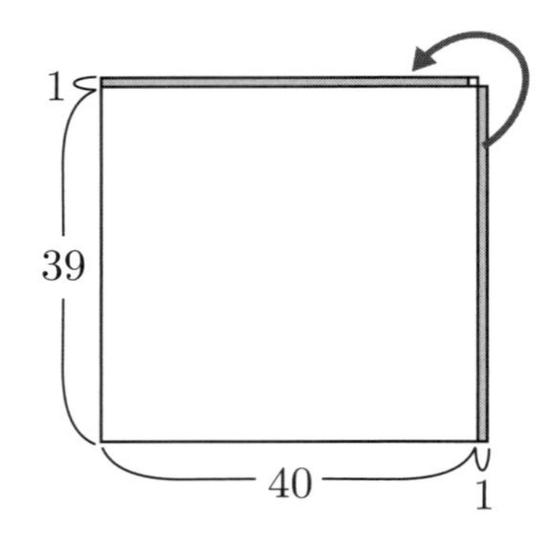

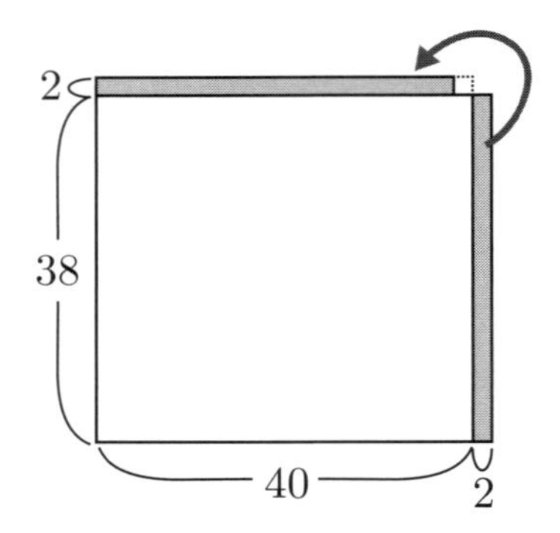

(3) 面積図にすると，右図のように表せます。問題文の式では色塗り部分に相当する 20 × 5 の 2 個分が抜けていることが見てわかります。

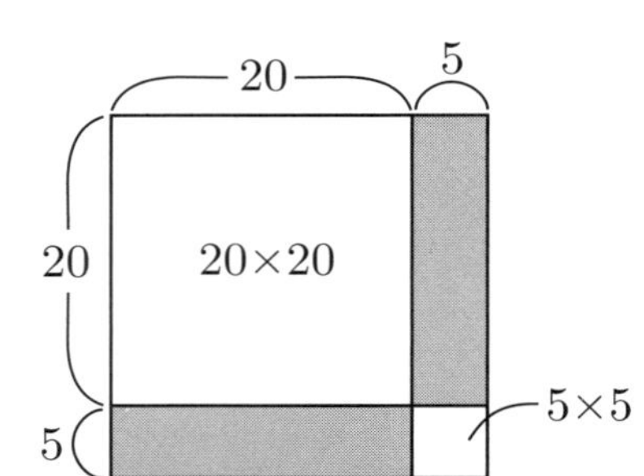

以上の問題の結果から，次の公式が導かれます。

和の 2 乗 (和と和の積) 公式・和と差の公式

a, b を整数とすると，($a^2 = a \times a$ を表します。)

$\boxed{(a+b)^2 = (a+b) \times (a+b) = a^2 + 2 \times a \times b + b^2}$ $\boxed{(a+b) \times (a-b) = a^2 - b^2}$

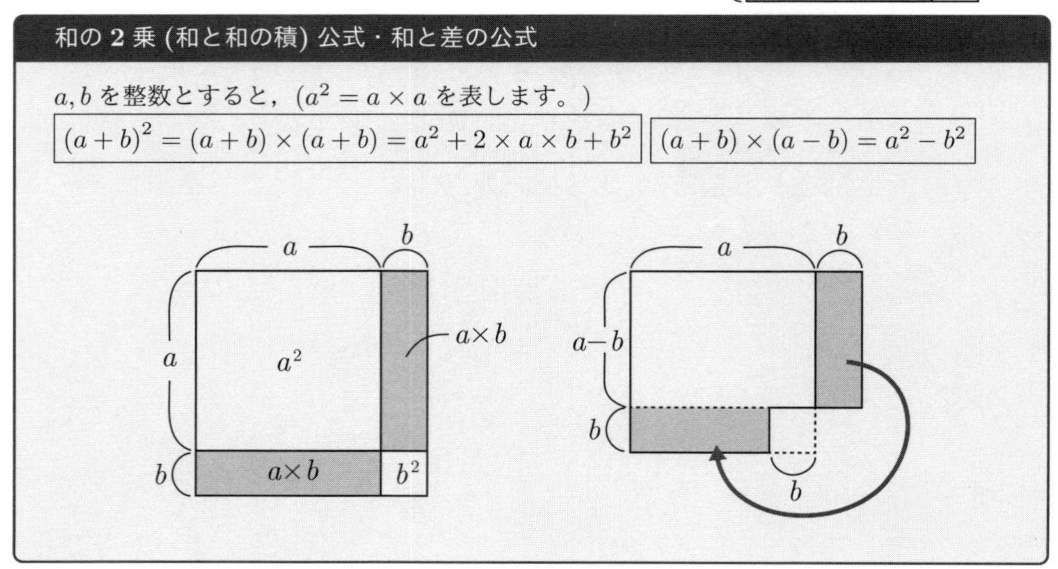

同様の公式として，$\boxed{(a-b)^2 = a^2 - 2 \times a \times b + b^2}$ もあります。面積図を描いて説明してみましょう。

練習問題 5.1: 面積図を用いたかけ算

(1) 9991 を 2 つの整数のかけ算で表すとき，1×9991 以外の表し方を見つけなさい。

(2) $2001 \times 2001 - 1999 \times 1999$ を面積図を利用して，できる限り簡単に計算しなさい。

練習問題 5.2: インド式かけ算の原理

35×35 のように，「1 の位が 5 である 2 けたの数」の 2 乗の（2 回かけ算した）計算は，$5 \times 5 = 25$ に，10 の位の数とその数に 1 を加えた数の積 $3 \times (3+1) = 12$ を並べた 1225 が答えになります。

この計算の原理を面積図を用いて説明しなさい。

※インド式かけ算はパターンごとに方法がいろいろありますが，すべて同様の説明が可能です。興味がある方はオリジナルの計算法を編み出しましょう。

研究問題 5.3: 平方数とピタゴラス数

$1, 4, 9, 16, 25, 36, 49$ のように $a \times a$ (a は整数) で表される整数を**平方数**といい，$a \times a$ を通常 $\boxed{a^2}$ とあらわします。

(1) 平方数を 3 で割るとあまりは必ず 1 か 0 になります。その理由を説明しなさい。

(2) 直角三角形の 3 辺の長さを a, b, c とします（c が最も長い辺の長さ）。このとき $\boxed{c^2 = a^2 + b^2}$ が成り立つことが知られています（ピタゴラスの定理・5.9 節）。a, b, c が整数であると，a と b のどちらか一方は必ず 3 で割り切れることがわかります。その理由を説明しなさい。

(1) まずは $1, 4, 9, 16, 25, 36, 49$ といった平方数を小さい方から順に 3 で割ってみましょう。すると規則性があることに気が付きます。

(2) このような直角三角形の辺の長さ a, b, c の組で，いずれも整数であるとき，(a, b, c) を**ピタゴラス数**といいます。例えば，$(3, 4, 5), (5, 12, 13), (8, 15, 17)$ がその例です。

研究問題 5.4: ちりも積もれば山となる

$1.1^{10} = 1.1 \times 1.1 \times 1.1 \times \cdots \times 1.1$ (10 個の 1.1 の積) は 2 より大きくなることを説明しなさい。

5.3 算数文章題 4〜つるかめ算・過不足算（B）

中学入試の算数でおなじみのつるかめ算の問題を紹介します。

基本問題 5.3: つるかめ算

つるとかめが合計 5 個体いて，足の本数の合計は 14 本でした。このときつるとかめはそれぞれ何個体いたでしょうか。（つるとかめの数え方が異なるので単位は「個体」としています。）

つるの足は 2 本，かめの足が 4 本であることに注目します。これと面積図がどう関連するかを自力で思いつくのは簡単ではありません。（右ページの解答を読んで構いません。）

「足 1 本」を 1×1 のブロックで表し，ブロックを長方形状に並べて足の数を表現します。つまり 1×1 のブロックと面積 1 の正方形を対応づけて考えると，足の本数と面積も対応していることが分かります。

練習問題 5.5: つるかめ算

1 個 100 円のお菓子と 1 個 300 円のお菓子をあわせて 20 個買うと，3200 円かかりました。それぞれ何個ずつ買いましたか。

次は過不足算と呼ばれるもので，これも「もの 1 個」を 1×1 のブロックで表し長方形状に並べて考えます。考え方はつるかめ算とよく似ています。

基本問題　5.4: 過不足算

何人かの子供たちにみかんを配ります。

(1) 4 個ずつ配ると 18 個あまり，6 個ずつ配ると 2 個あまります。みかんの個数と子供たちの人数を答えなさい。

(2) 3 個ずつ配ると 17 個あまり，5 個ずつ配ると 13 個足りません。みかんの個数と子供たちの人数を答えなさい。

基本問題 5.3 の解説

仮にすべてつるだとしましょう。すると足の数は 2×5=10 本です。これを左下図のように長方形状に並べてあらわすことにします。足 1 本を 1×1 のブロック（ポッチ（突起部分）を足と見立てます）で対応づけると，2×5 のブロックで表すことができます。

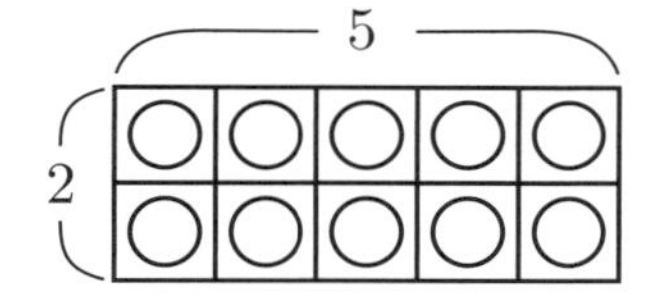

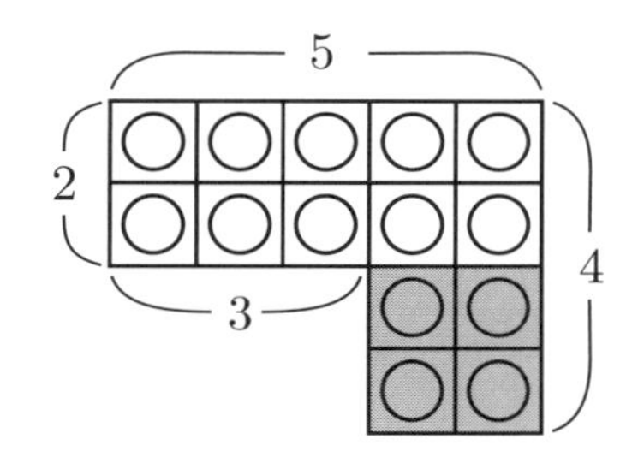

すると足は $14 - 10 = 4$ 本あまりますが，この分はかめとの差の分（1 個体につき $4 - 2 = 2$ 本の差）ということになります。かめの足は 4 本であるので，右上図のようにかめの足の本数 4 が縦に並ぶように L 字型に並べると，かめは $(14 - 10) \div (4 - 2) = 2$ 個体いることがわかります。従って つる：3 個体，かめ：2 個体 いることがわかります。

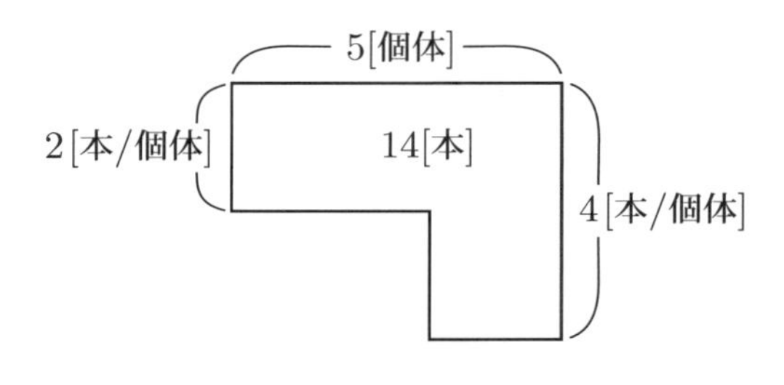

ブロックではなく面積図として表す場合は，上図のように情報を整理して問題を解くことになります。縦の 2 本と 4 本は「1 個体あたりの足の数（**単位量あたりの大きさ（3.4 節参照）**）」を表していることに注目して，図のように単位をつけて表すとより正確な表現になります。

基本問題 5.4 の解説

(1) みかん1個を 1×1 のブロック, または正方形と考えて，みかんを長方形状に並べます。横は子供の人数を表しますが，長さはわかりません。

6個ずつ配った状況を左下図のように表します。2個だけあまるので外に出しておきます。4個ずつ配ると18個あまるので，右下図の色を塗った長方形の中には $18 - 2 = 16$ 個分だけあることがわかります。これが4個ずつ配った場合と6個ずつ配った場合の差を表します。従って右下図から，長方形の横の長さに対応する子供の人数は $16 \div (6 - 4) = 8$ 人であることがわかります。 みかんの個数：50個，子供の人数：8人

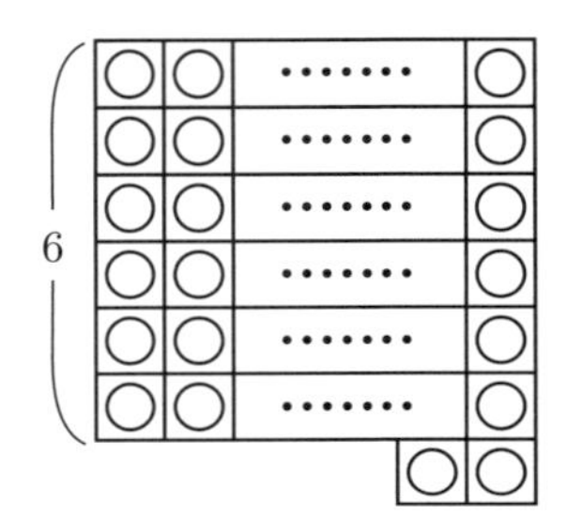

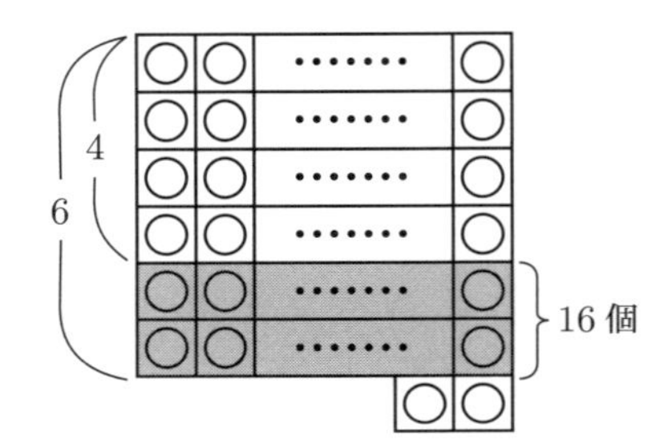

(2) 3個ずつ配った状況を左下図のように表します。17個余るので，配った分のみかんを表す長方形の外に出しておきます。これに5個ずつ配った状況を加えます。今度は5個ずつ配った分のみかんを表す長方形に，13個足りない状況が描かれています。

3個ずつ配った場合と5個ずつ配った場合のみかんの個数の差は $17 + 13 = 30$ 個であるとわかるので，長方形の横の長さ，つまり子供の人数は $30 \div (5 - 3) = 15$ 人であることがわかります。 みかんの個数：62個，子供の人数：15人

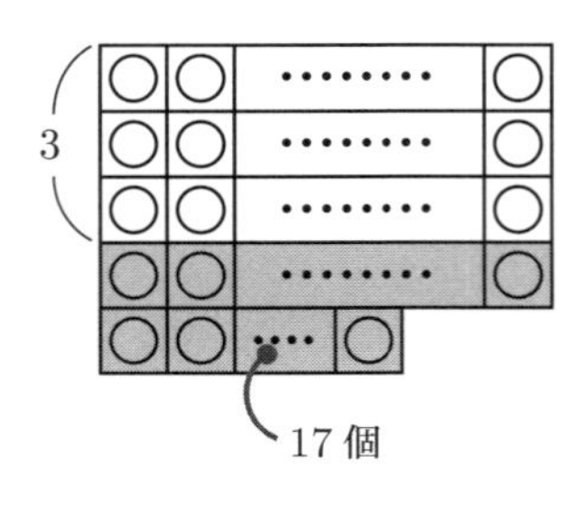

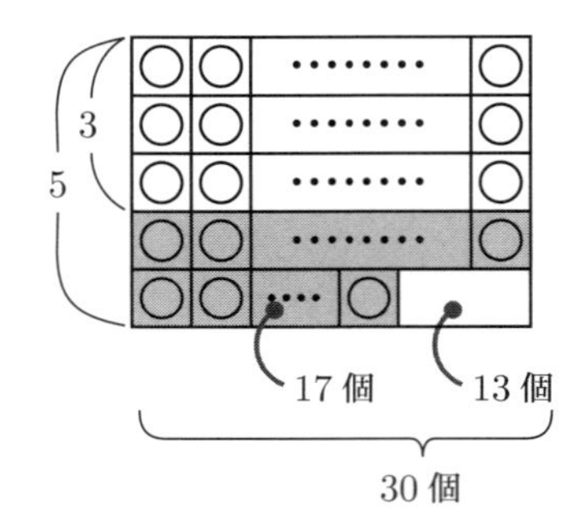

5.4　平均の考え方（A）

平均の考え方も面積図を利用して解釈すると，その有用性について理解しやすくなります。

平均

同種のものに関する数値について，それらを合計した値を，数値の個数でわり算して出てくる値を**平均（値）**といいます。

次の問題を通じて考えてみましょう。

基本問題　5.5: 平均の考え方

A 君と B 君のどちらが，バスケットボールのシュートを決めるのが得意であるかの比較をします。5 日間の練習で毎日 10 回シュートの練習をしたところ，シュートを決めた（ボールが入った）回数は表のようになりました。

A	4	6	7	8	5
B	6	8	1	7	9

(1) A,B のシュートを決めた回数の平均をそれぞれ求めなさい。

(2) シュートの回数 1 回を 1×1 のブロックと対応させて，シュートを決めた回数をブロックで，つまりは長方形の面積で対応させます。この対応のつけ方から，平均はどのような値であると考えられますか。

(3) A と B はどちらがバスケットボールのシュートが得意であると判断できますか。

基本問題 5.5 の解説

(1) A:$(4+6+7+8+5)\div 5=6$ で 6回 B:$(6+8+1+7+9)\div 5=6.2$ で 6.2回

(2) 例えばAのシュートを決めた回数は下の図のように上から順に表すことが出来ます。この回数の合計はブロックの個数，つまり面積に等しくなります。これを5で割った値は，右下図のような長方形状に「ブロックの長さをならし」たときの横の長さに対応していることが分かります。つまり平均値を求めることは，「値の差がなくなるようにならす」ことを意味します。

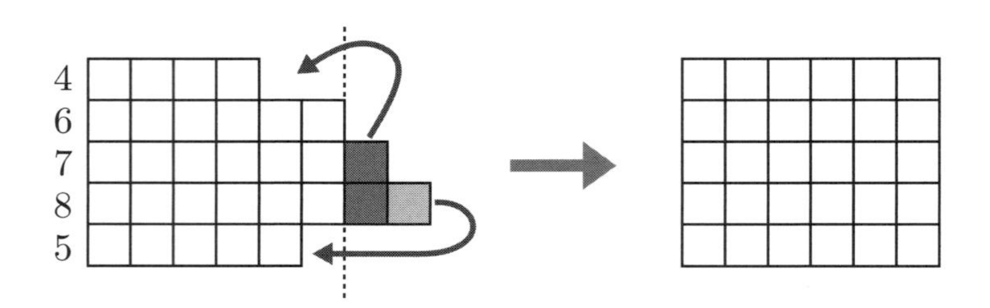

(3) 平均値を比較すると，2人ともそれほど変わらない，Bのほうがやや得意であるという結論になりますが，Bの結果をブロックで表現すると下のようになり，1回だけ極端に結果が悪くなっていることがわかります。6.2という値はこの極端な値1も含めてとった平均ということになりますが，もしこの1を除いた4回について平均値をとると，$(6+7+8+9)\div 4=7.5$ 回と一気に値が大きくなります。平均は「値をならす」という意味があり，極端にほかと違う数値（**外れ値**という）を無視したほうが，その本来の意味に近くなることはよくあります。

(重要) 平均は真ん中の値を表すわけではない

たとえば次のような偏りのあるデータでは，平均の有用性は低くなります。

例 (テストの点数)
あるテストを行ったところ，下のような点数の分布となりました。
10,20,20,30,30,80,80,90,90,100
このテストの平均点は 55 点ですが，この平均点に近い点数の生徒はいません。

このような場合，例えば上位の 5 人と下位の 5 人について平均点をとるなど，**ある程度似通ったグループに分けてから平均を求めるのが適切**です。年収についても同様です。現実も次の状況に近いと言われています。

例 (年収の平均)
日本全国の国民から適当に 10 人を選んで年収を調べたところ，
100,200,200,300,300,500,600,800,1000,3000 (万円)
となった。この 10 人の平均年収は 700 万円となりますが，3 人しかこの平均値を越えていません。3000 万円の人の影響がいかに強いかが分かります。

100 万円をブロック 1 個分とすると，下の図の状況にあることがわかります。

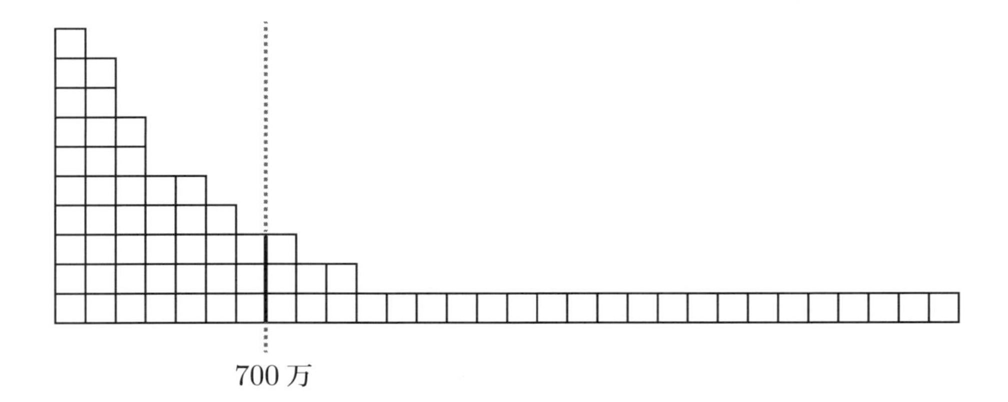

5.5　算数文章題 5〜塩水算（つるかめ算 ＋ 平均）(B)

味の薄い食塩水と濃い食塩水を混ぜると，その中間の濃さになります。このことを計算で考えていくことにします。

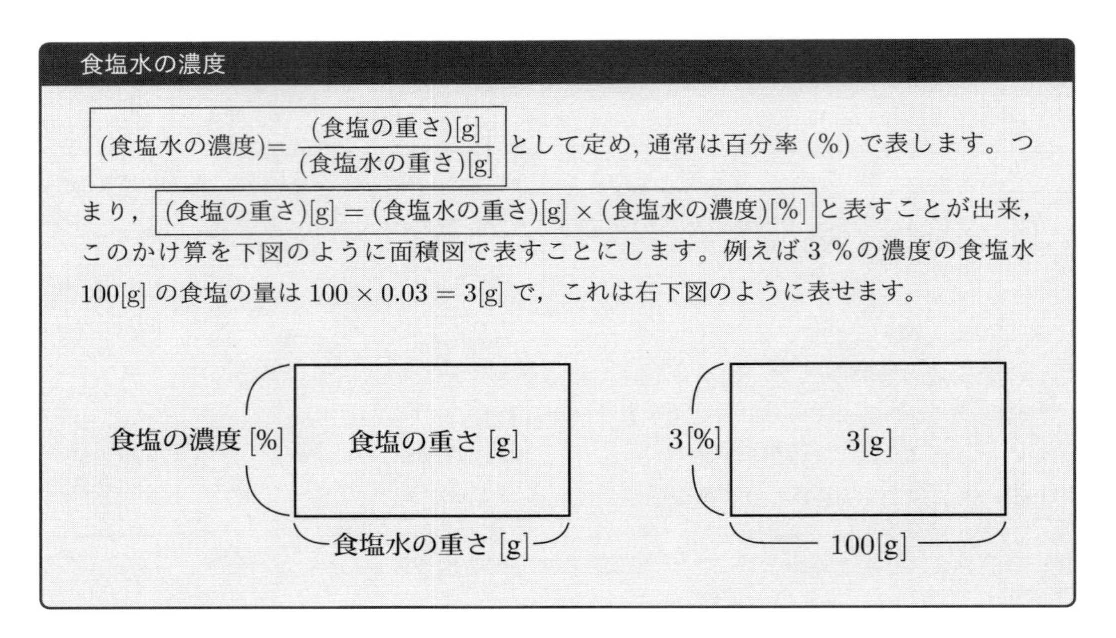

食塩水の濃度

$(食塩水の濃度)= \dfrac{(食塩の重さ)[g]}{(食塩水の重さ)[g]}$ として定め，通常は百分率 (%) で表します。つまり，$(食塩の重さ)[g] = (食塩水の重さ)[g] \times (食塩水の濃度)[\%]$ と表すことが出来，このかけ算を下図のように面積図で表すことにします。例えば 3 %の濃度の食塩水 100[g] の食塩の量は $100 \times 0.03 = 3[g]$ で，これは右下図のように表せます。

次のように異なる濃度の食塩水を混ぜることを考える際に応用するのが，5.3 節で扱った L 字型のつるかめ算の面積図と，その面積図を L 字型から「長方形状にならす」という意味で用いた平均の考え方です。

基本問題　5.6: 食塩水を混ぜる

(1) 2 %の食塩水 300[g] と 4 %の食塩水 100[g] を混ぜると濃度は何%になりますか。また，この状況を面積図で表すとどうなりますか。

(2) 3 %の食塩水と 6 %の食塩水を混ぜると，5 %の食塩水 300[g] ができました。混ぜるのに用いた 3 %の食塩水は何 [g] でしたか。

基本問題 5.6 は，次の長方形の辺の長さの比と面積の比の関係性を利用することで，別の解き方が可能となります。この解き方は基本問題 5.7 の中で取り上げます。

長方形の辺の長さの比と面積の比の関係

2 つの長方形について，縦の長さの比が $A:B$, 横の長さの比が $C:D$ のとき，面積の比は $\boxed{(A \times C):(B \times D)}$ であることがわかります。

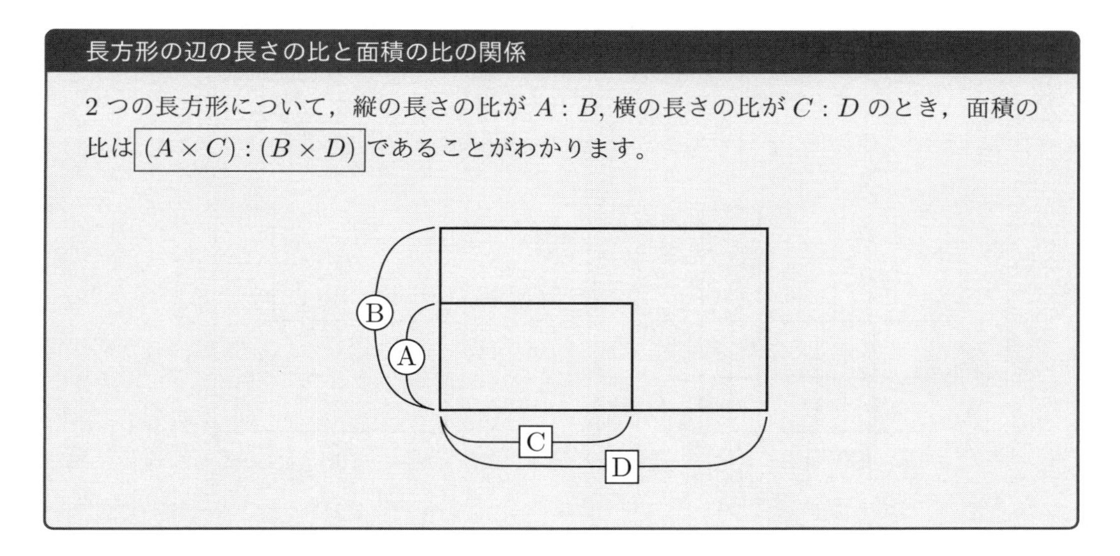

次の問題を通じて，この理由を考えてみましょう。

基本問題 5.7: 長方形の面積図に，辺の長さの比を利用する

(1) 2 つの長方形について，縦の長さの比が 3 : 2, 横の長さの比が 3 : 4 のとき，面積の比が 9 : 8 になることを説明しなさい。

(2) 面積が等しい 2 つの長方形について，縦の長さの比が 3 : 5 のとき，横の長さの比はどうなりますか。

(3) (1) の考え方を利用した方法で，基本問題 5.6(2) を解きなさい。

(4) 3 %の食塩水と 6 %の食塩水を混ぜると，5.2 %の食塩水ができました。混ぜるのに用いた 3 %の食塩水と 6 %の食塩水の重さの比を求めなさい。

※最近はこの手の食塩水の問題には，天秤図を用いることが多いのですが，本旨からそれてしまいますので割愛します。

基本問題 5.6 の解説

(1) 1×1 のブロックの縦を 1 %, 横を 100[g] と対応させて考えると, 2 %の食塩水 300[g] と 4 %の食塩水 100[g] は左下図のように表すことが出来, その面積は食塩の量を表すことが分かります。食塩の量の合計は $300\times0.02+100\times0.04=10$[g] です。すると混ぜ合わせると食塩水は合計 400[g] となるので, 濃度は $10\div400=0.025=$ 2.5 % とわかります。これを表したのが右下図で, 平均の考え方と同じく高さをならしている状況がわかります。

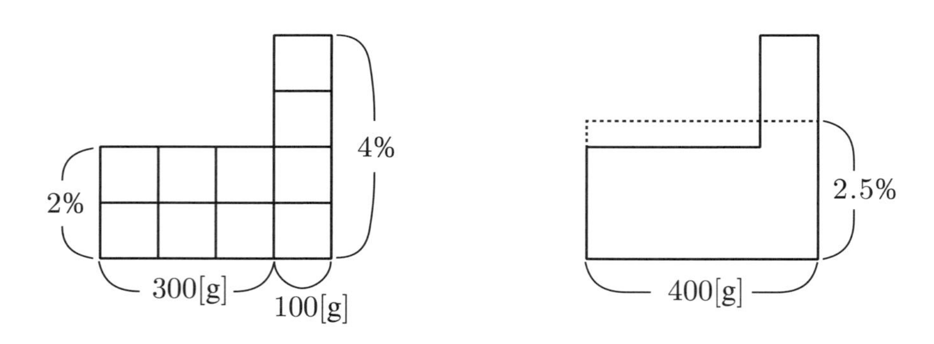

(2) (1) と同じように L 字型の面積図を描きます。混ぜたときの食塩の量は $300\times0.05=15$[g] であるとわかります。つまり L 字型の面積は 15 であることがわかります。あとはつるかめ算の考え方で, 300[g] すべてが 3 %の食塩水だとすると, 食塩の量は $300\times0.03=9$[g] で, 6[g] 足りないこと (色塗り部分) が分かります。これが元の 2 つの食塩水の濃度の差の 3 %に相当します。すると $6\div0.03=200$[g] が 6 %の食塩水の量であることがわかります。したがって最初の 3 %の食塩水の量は 100[g] とわかります。

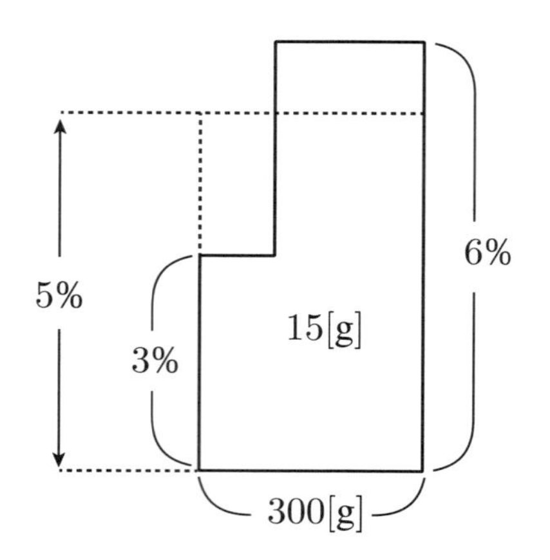

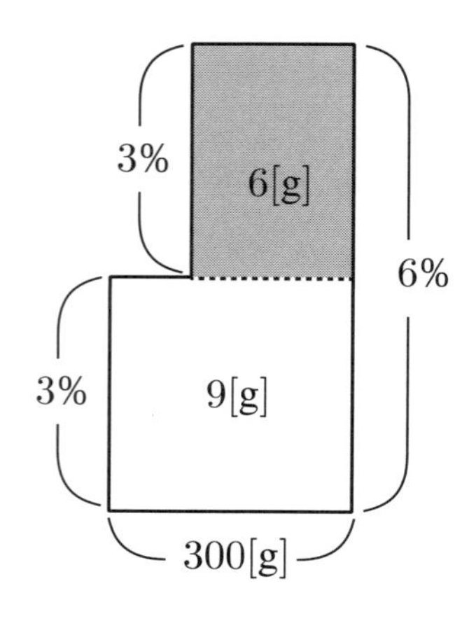

基本問題 5.7 の解説

(1) そもそも比とは，「ある基準量に対して，それぞれ何倍の量にあたるのかを表したもの」です。そこで左下図のように縦の長さがブロック 3 個分，2 個分となるように，横の長さがブロック 3 個分，4 個分となるようにブロックの大きさをあわせるものとします。すると，縦の長さがブロック 3 個分，横の長さがブロック 3 個分の長方形の面積は，ブロック $3 \times 3 = 9$ 個分，縦の長さがブロック 2 個分，横の長さがブロック 4 個分の長方形の面積は，ブロック $2 \times 4 = 8$ 個分 であるとわかります。したがって面積の比は $9 : 8$ であるとわかります。

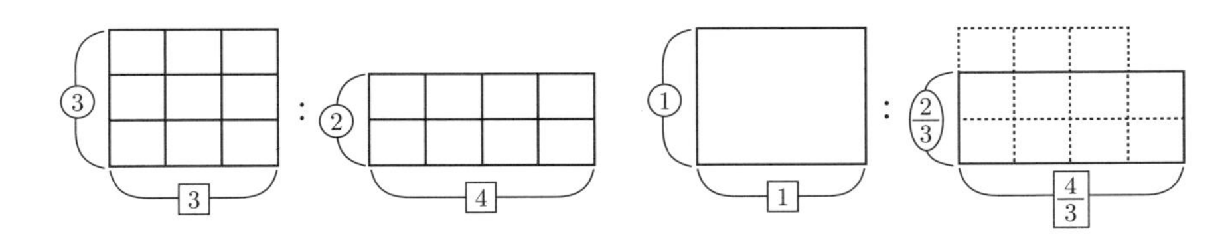

別の説明 右上図のように，縦・横ともに 3 に相当するほうの長方形をブロック 1 個分とします。するともう一方の面積は，まず縦の長さを $\frac{2}{3}$ 倍するので面積も $\frac{2}{3}$ 倍になり，さらに横の長さを $\frac{4}{3}$ 倍するので面積も $\frac{4}{3}$ 倍，従ってもう一方の面積は $\frac{2}{3} \times \frac{4}{3} = \frac{8}{9}$ 倍で，ブロック $\frac{2}{3} \times \frac{4}{3} = \frac{8}{9}$ 個分となります。これから $1 : \frac{8}{9} = 9 : 8$ がわかります。

(2) 下の図のように，縦の長さがブロック 3 個分，5 個分となるように，そして前者の長方形の横の長さに一致するようにブロックの大きさをあわせることにします。つまり縦の長さがブロック 3 個分である長方形の面積をブロック 3 個分とみると，縦の長さがブロック 5 個分の長方形の面積がブロック 3 個分であることから，横の長さはブロック $\frac{3}{5}$ 個分とわかります。つまり横の長さの比は $1 : \frac{3}{5} =$ **5 : 3** であるとわかります。つまり縦の長さの比の数字を逆にしたものと一致することが分かります。

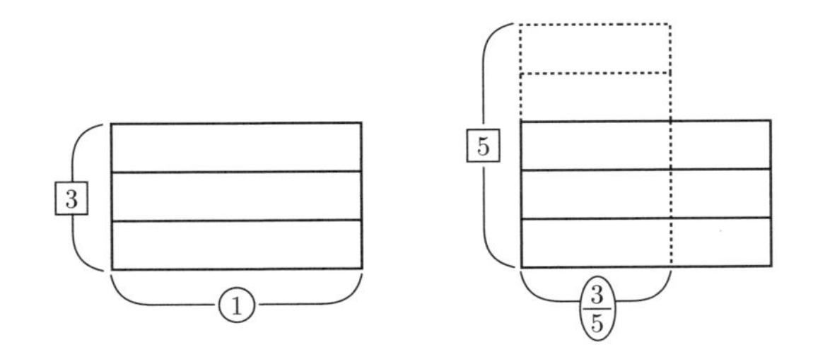

別の説明 縦の長さの比が $3 : 5$ で，面積の比が $1 : 1$ になるのは，横の長さの比が $\frac{1}{3} : \frac{1}{5}$ のとき，つまり（15 倍して）**5 : 3**

(3) 元の2つの食塩水を表すL字型の面積図と，混ぜた後の食塩水を表す長方形の図を重ねます。すると混ぜる前後の食塩の量は等しいので，図の色塗り部分の2つの長方形の面積は等しいことがわかります。色塗り部分の2つの長方形の縦の長さの比は2％：1％＝2：1であるから，横の長さの比は1：2とわかります。これはもとの3％と6％の食塩水の量の比を表していることになるので，3％の食塩水の量は $300 \times \frac{1}{1+2} = \boxed{100[\mathrm{g}]}$ とわかります。

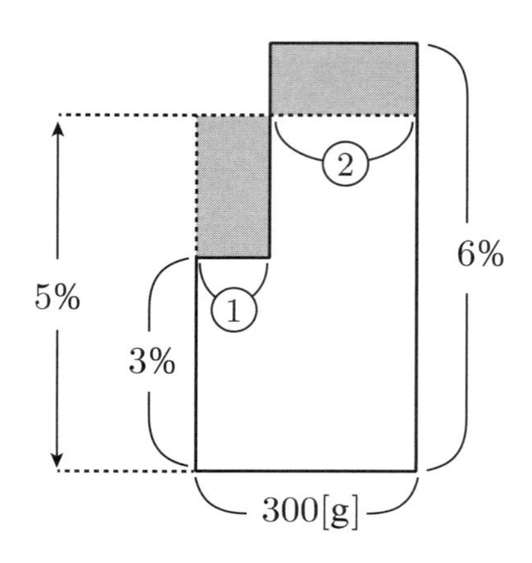

(4) 元の2つの食塩水を表すL字型の面積図と, 混ぜた後の食塩水を表す長方形の図を重ねます。すると, 混ぜる前後の食塩の量は等しいので，図の斜線部分の2つの長方形の面積は等しいことがわかります。色塗り部分の2つの長方形の縦の長さの比は2.2％：0.8％＝11：4であるから，横の長さの比は $\frac{1}{11} : \frac{1}{4} = \boxed{4:11}$ とわかります。

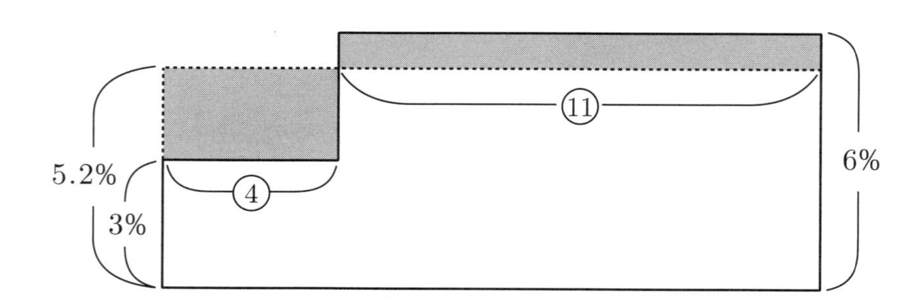

5.6　算数文章題 6〜ニュートン算（C）

面積図の考え方のさらなる応用例として，ニュートン算というものを取り上げます。

基本問題　5.8: ニュートン算

ある牧場で牛を 9 頭放牧すると 12 日間で草がなくなり，牛を 10 頭放牧すると 9 日間で草がなくなります。牛を 12 頭放牧すると何日間で草がなくなりますか。

ただし牛 1 頭が 1 日に食べる草の量はすべて同じであるとします。また，草が 1 日に生える量は常に等しいものとします。

牛 1 頭が 1 日で食べる草の量を 1 つのブロック（長方形の面積・基準量）で表して考えましょう。それぞれの場合で，牛が食べた草の総量はブロック何個分になるでしょうか。日数がかかると，それだけ多くの草が生えていくことに注意します。

次のような，チケット売り場での行列がなくなるまでの時間を考える問題も，全く同じ考え方でできます。

あるチケット売り場では開店前から行列ができていて，窓口を 9 か所にすると 12 分間で行列がなくなり，窓口を 10 か所にすると 9 分間で行列がなくなります。窓口を 12 か所にすると何分間で行列はなくなるでしょうか。ただし，窓口での対応時間はすべて同じであるものとします。また，1 分あたりの新たに列に並び始める人の割合は常に等しいものとします。

基本問題 5.8 の解説

牛 1 頭が 1 日で食べる草の量を 1 つのブロックで表すと，12 日間で牛が食べた草の量はブロック $9 \times 12 = 108$ 個分，9 日間で牛が食べた草の量はブロック $10 \times 9 = 90$ 個分です。この差のブロック 18 個分は 3 日間で生えた草の量に相当するので，1 日に生えた草の量はブロック 6 個分とわかります。

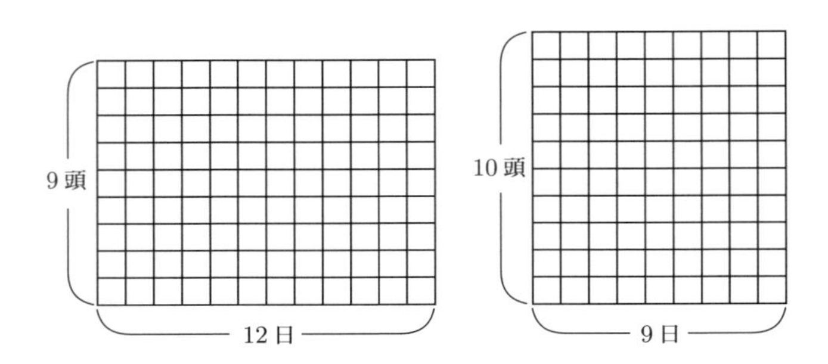

すると，最初に生えていた草の量はブロック $90 - 9 \times 6 = 36$ 個分 とわかります。

12 頭放牧すると，1 日につきブロック 12 個分草がなくなる一方で 6 個分生えるので，最初に生えていた草のブロック 36 個分は，1 日につき 6 個分ずつなくなります。したがって $36 \div 6 =$ 6 日 でなくなることが分かります。

5.7　円の面積の近似（A）

円周率と円の面積の公式

円周率とは，$\boxed{\dfrac{(\text{円周の長さ})}{(\text{直径の長さ})}}$の値のことで，中学以降の数学では$\boxed{\pi}$で表されます。円周率は $3.1415926\cdots$ という値であることが知られ，3.14 や $\dfrac{22}{7}$ を近似値として用います。

円の面積はあとで述べるように$\boxed{(\text{半径})\times(\text{半径})\times(\text{円周率})}$で求められます。

基本問題　5.9: 円の面積をブロックで近似的に求める

下の図は半径の長さが 4 cm の円です。レゴ®ブロックの上面の正方形の 1 辺は 8 mm であることを利用して，この円をブロックで敷き詰めて（円からはみ出してもよい），円の面積を近似的に求めなさい。また実際はだいたい $4 \times 4 \times 3.14 = 50.24\ \text{cm}^2$ であることから，$\dfrac{(\text{ブロックで求めた面積})}{(\text{実際の円の面積})}$ の値を計算し，近似の精度を確認しなさい。

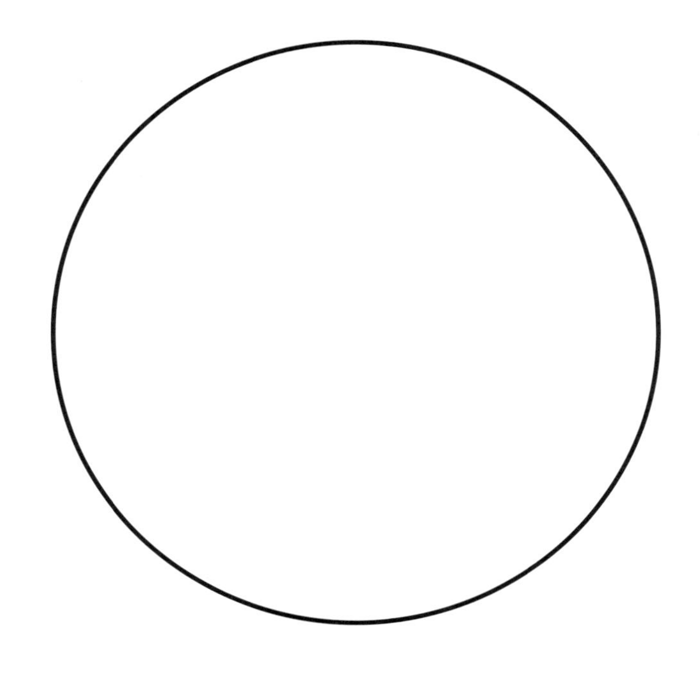

基本問題 5.9 の考え方

より簡単で似たような話としては，「直角二等辺三角形をブロックで覆う」ことで面積を近似してみるというものです。直角をはさむ 2 辺の長さが 8 cm の場合に試してみてください。

余裕があれば半径を 8 cm にした場合で求めてみましょう。円のサイズが大きくなればなるほど，円の周囲に置いたブロックの凹凸が小さく感じられ，精度をあげることが可能です。

教科書に書かれている円の面積の公式の説明

円をできる限り多くの同じサイズのおうぎ形に分割して，右下図のように上下交互になるように並べます。するとほぼ**平行四辺形**とみなすことができ，縦の長さが (半径)，横の長さが (円周の長さの半分) にほぼ等しくなります。従ってその面積は，

$$(\text{半径}) \times (\text{円周の長さの半分}) = (\text{半径}) \times \{(\text{直径}) \times (\text{円周率}) \div 2\} = (\text{半径})^2 \times (\text{円周率})$$

となります。

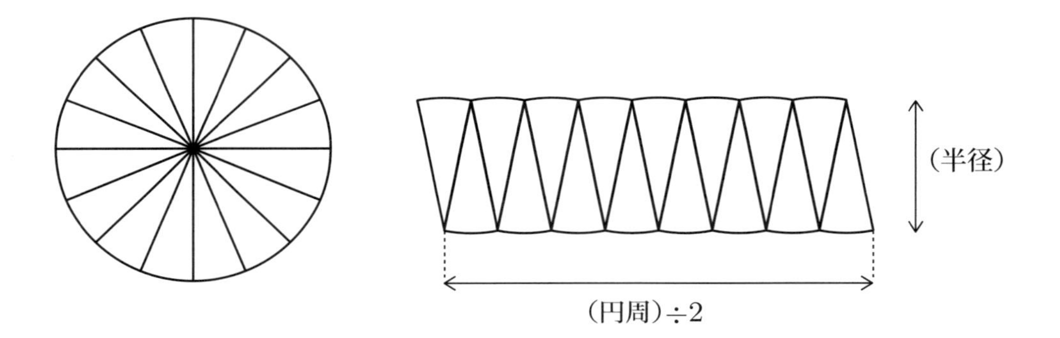

重要なコメント

小学校ではそもそも円周率を 3.14 で近似している時点で，正確な円の面積を出しているわけではないことになります。上のような近似に違和感を覚える人も多いとは思いますが，近似と割り切ることになっているので，特に支障をきたすことはありません。

いずれにしても，**公式というものは「きれいな図形」にしか存在しません**。一般的にはここで行ったように，**図形をメッシュマップのようなもので覆って（ブロックで敷き詰めるのと同じ）**，正方形の個数を数えることで近似的に求めることになります。きれいに求められることの方がまれで，**近似して求めるほうが実用上は普通**であることを頭に入れておいてください。

10.5 節では球や錘体の体積を同じような方法で近似的に求めていきます。この近似の話は，東京大学をはじめ大学入試問題でもしばしば取りあげられます。

研究問題　5.6: 直角三角形の角度をおうぎ形の面積で近似する

AB = 4 cm, BC = 3 cm の直角三角形 ABC について，∠CAB の大きさは [ア] 度より大きく ([ア] +1) 度より小さいことがわかります。[ア] にあてはまる整数を答えなさい。ただし円周率は 3.14 とします。

（2017 年聖光学院中学校第 2 回入学試験問題・類題）

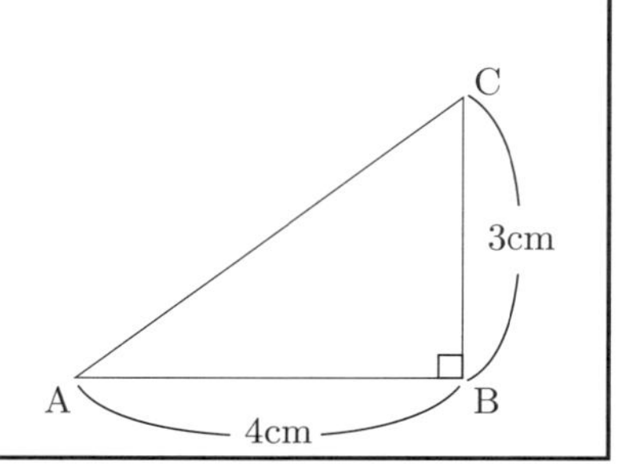

実際の入試問題は AB = 5 cm,BC = 4 cm でしたが，上の場合は有名な 3 : 4 : 5 の辺の長さを持つ直角三角形です。また入試問題にはヒントとして，1 辺 1 cm の正方形のマス目で覆いおうぎ形の面積を利用して考えるということが図で示されていました。「マス目で覆う」という発想は出てこないかと思います。面積の本質は「マス目の個数」を数えることであり，それはブロックと関連付けられるということから着想を得た問題です。

基本問題 5.9 の解説

まず問題のあとに記した考え方にある「直角をはさむ 2 辺の長さが 8 cm の直角二等辺三角形をブロックで敷き詰めて」面積を近似してみましょう。

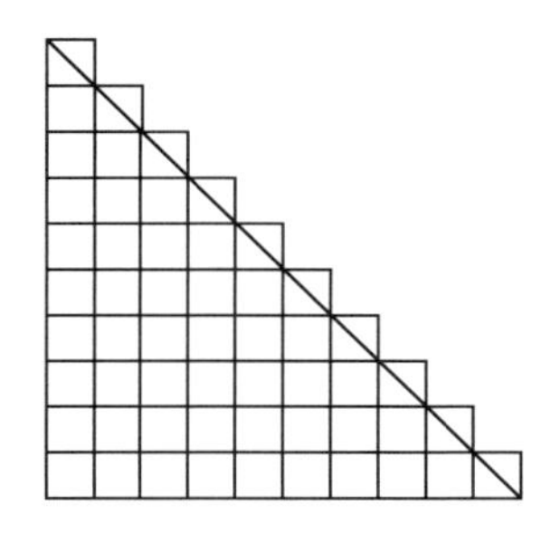

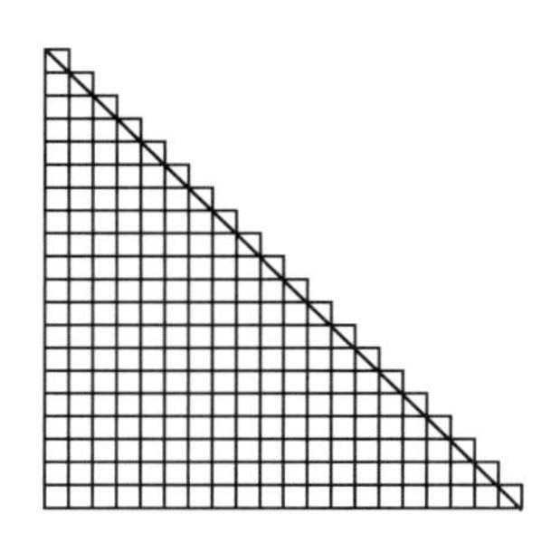

左上図のように，辺に沿って 10 個のブロックを敷き詰めることができます。敷き詰めたブロックの個数は $1+2+3+\cdots+10=55$ 個となり，面積は $0.8\times0.8\times55=0.64\times55\,[\mathrm{cm}^2]$ です。実際は $8\times8\div2=32\,[\mathrm{cm}^2]$ なので，ブロックで求めた面積と実際の面積の比は，$\dfrac{0.64\times55}{32}=1.1$ で，$1.1-1=0.1=10\,\%$の誤差があります。

しかし 16 cm の直角二等辺三角形にすると，右上図のようにブロックが相対的に小さく見えます。ブロックの個数は $1+2+\cdots+20=210$ 個，面積は $0.8\times0.8\times210=0.64\times210\,[\mathrm{cm}^2]$. 実際の面積は $16\times16\div2=128\,[\mathrm{cm}^2]$ なので，ブロックで求めた面積と実際の面積の比は，$\dfrac{0.64\times210}{128}=1.05$ で $1.05-1=0.05=5\,\%$の誤差に縮まることがわかります。

本題の円の解説

例えば半径 4 cm の円に左下図のように敷き詰めると，ブロックは 76 個使います。面積は $76 \times 0.8 \times 0.8 = 48.64\,[\mathrm{cm}^2]$ で，実際の面積 $4^2 \times 3.14 = 50.24\,[\mathrm{cm}^2]$ との誤差は $\dfrac{48.64}{50.24} = 0.968\cdots$ なので，誤差は $1 - 0.968 = 0.032$ で 3 %程度です。半径 8 cm の円に右下図のように敷き詰めると，ブロックは 316 個使います。面積は $316 \times 0.8 \times 0.8 = 202.24\,[\mathrm{cm}^2]$ で，実際の面積 $8^2 \times 3.14 = 200.96\,[\mathrm{cm}^2]$ との誤差は $\dfrac{202.04}{200.96} = 1.006\cdots$ なので，誤差は 0.6 %まで縮まります。

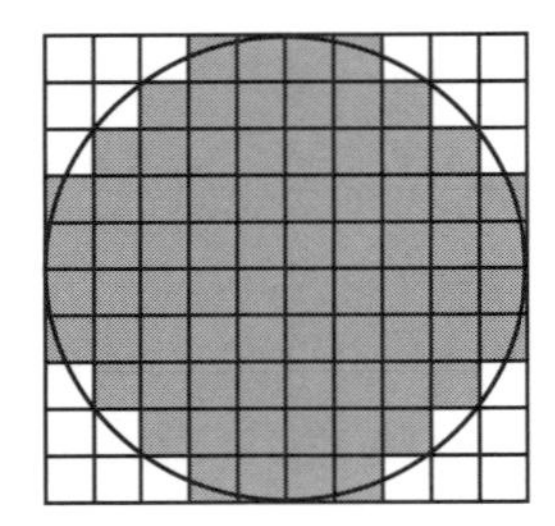

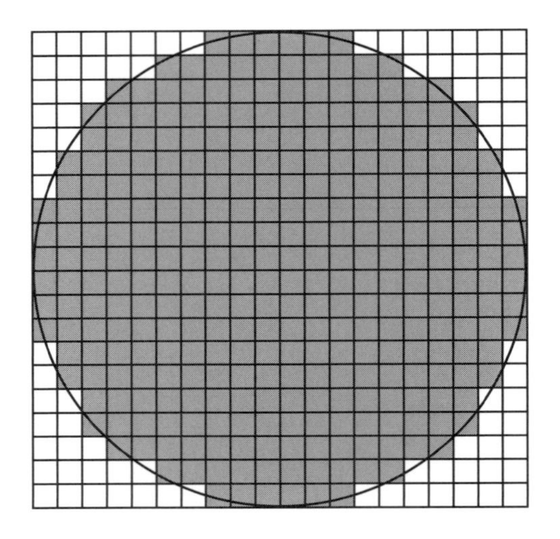

ブロックが用意できなくても，表計算ソフトの **Excel** や **Google** スプレッドシートを利用することで考えることができますし，むしろこのほうが楽かもしれません。画面の構成単位であるセルは，縦横の幅を調整することができるほか，色を塗ることができます。また円や多角形などの図形をセルの上に挿入することもできます。

これらの機能を活かすことで，円をマス目で近似した様子をパソコン画面上に描くことができます。

5.8　平方完成（D）

次の問題を考えてみましょう。

基本問題　5.10: □^{2} の形を含む式

縦の長さより横の長さが 6 cm 長い長方形があり，その面積は 40 cm^2 となります。この長方形の縦の長さを求めなさい。

図で表すと下のようになります。勘で答えは出てしまうのですが，正式にはこの図形を面積を変えずに変形して正方形に近い状態にして考えます。

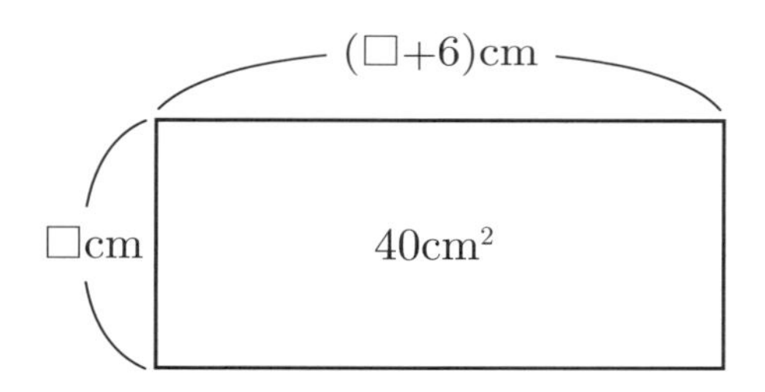

これまでと違うのは，わからない縦の長さを□ cm（または x cm）で表すと，条件式は，□$^2 + 6 \times$ □ $= 40$ ($x^2 + 6 \times x = 40$) というように □^{2}(= □ × □) を含む式になることです。これまで登場した問題には □^{2} が含まれることはありませんでした。（このような式を中学以降の数学では **2 次方程式**といいます。）

応用問題　5.7: □^{2} の形を含む式

縦の長さより横の長さが 6 cm 短い長方形があり，その面積は 40 cm^2 となります。この長方形の縦の長さを求めなさい。

縦横逆にすれば同じ問題ではありますが，縦の長さを□ cm とおいて，考えましょう。

基本問題 5.10 の解説

まず縦の長さを□ cm として，左下図のような面積図を考えます。このうち横の長さが 6 cm の長方形を縦に割って，2 つの長方形に分割します。分割した一方を右下図のように移動させることで，1 辺の長さが (□ + 3) cm で表される正方形を作ることが出来ます。

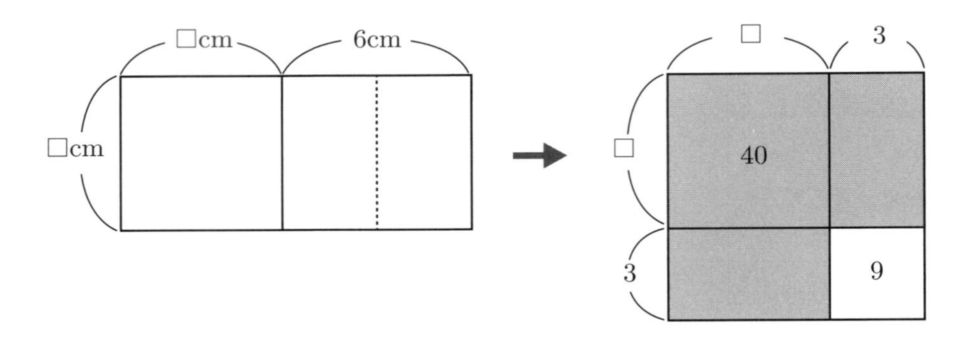

この正方形の面積から分かる式は $(\square + 3)^2 = 40 + 3^2 = 49$ であるとわかり，$\square + 3 = 7$，つまり $\square = \boxed{4\,[\mathrm{cm}]}$ とわかります。

以上のように長方形の面積を正方形に変形して考える手法のことを**平方完成**といい，中学以降の数学では頻繁に用いられる手法です。「平方」とは $\square^2$ のように「2 乗」ということです（面積の単位 cm^2 が「平方 cm」と呼ばれていることと同じです）。公式化すると次のようになります。

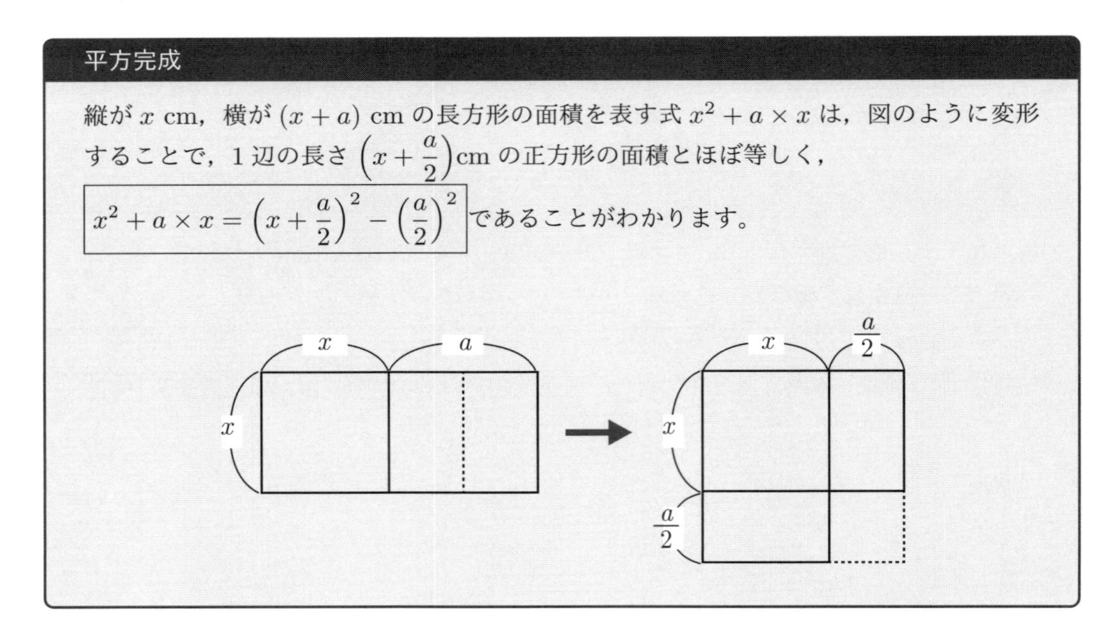

平方完成

縦が x cm，横が $(x + a)$ cm の長方形の面積を表す式 $x^2 + a \times x$ は，図のように変形することで，1 辺の長さ $\left(x + \dfrac{a}{2}\right)$ cm の正方形の面積とほぼ等しく，

$\boxed{x^2 + a \times x = \left(x + \dfrac{a}{2}\right)^2 - \left(\dfrac{a}{2}\right)^2}$ であることがわかります。

5.9　ピタゴラスの定理と平方根（CD）

まず有名なピタゴラス（三平方）の定理を紹介します。（定理とは，これまで知られている事実から証明された性質のことをいいます。）

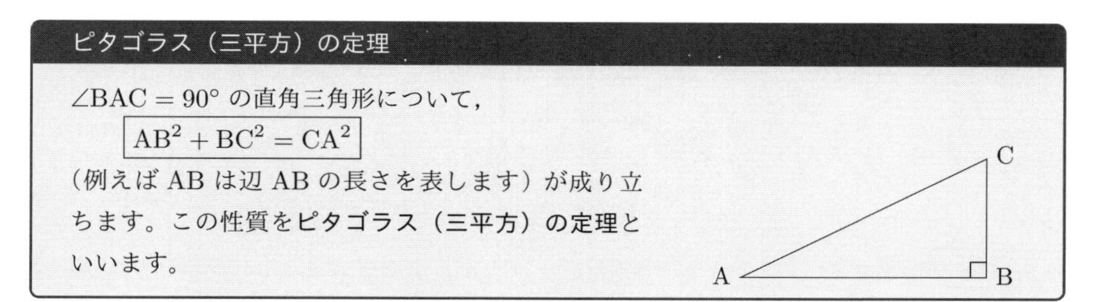

ピタゴラス（三平方）の定理

$\angle \mathrm{BAC} = 90^\circ$ の直角三角形について，

$$\boxed{\mathrm{AB}^2 + \mathrm{BC}^2 = \mathrm{CA}^2}$$

（例えば AB は辺 AB の長さを表します）が成り立ちます。この性質を**ピタゴラス（三平方）の定理**といいます。

ピタゴラスはこの事実を発見したとされる（実際にはその弟子が発見したとも言われます）数学者の名前で，「三平方」は上の式で，辺の長さの 2 乗（平方）が 3 つ出ていることに由来します。この証明（説明）だけで 200 通り以上知られています。その中でも簡単なものを紹介します。

基本問題　5.11: ピタゴラスの定理の説明

右図のような 3 つの辺の長さが a[cm],b[cm],c[cm] である直角三角形を 4 枚用いて，$c^2 = a^2 + b^2$ が成り立つことを説明しなさい。

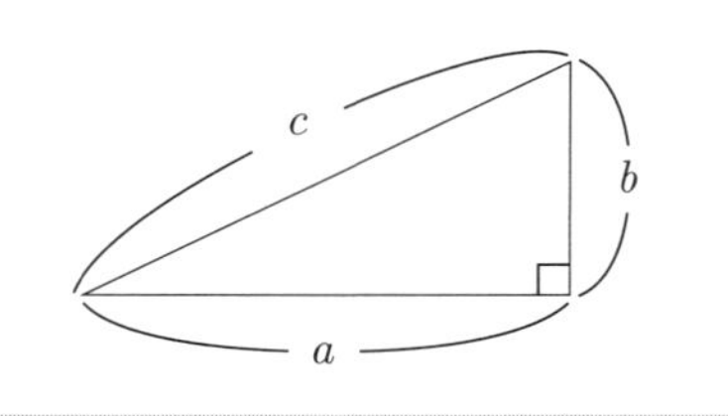

考え方 例えば a^2 は 1 辺の長さが a[cm] の正方形の面積を表すことに注目して，4 枚の直角三角形をうまく平面上に配置して正方形をいくつか作ることを考えます。5.2 節で導入した公式が大いに関連することがわかります。

研究問題　5.8: 正方形の移動

下の図1のような1辺2cmの正方形を並べてつくったマス目と点Pがあります。

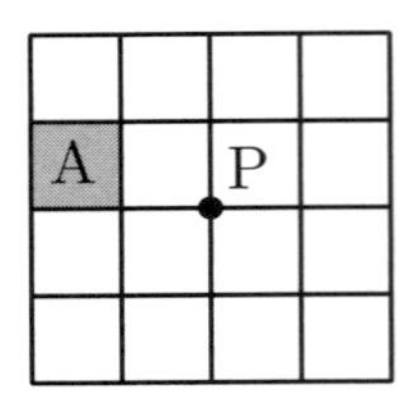

図 5.1

(1) 図1のマス目にある1辺2cmの正方形Aを，点Pを中心として時計回りに90度, 180度, 270度回転させてできる正方形をそれぞれB, C, Dとします。正方形の2本の対角線の交点を「正方形の中心」とよぶことにするとき，4つの正方形A, B, C, Dの中心を結んでできる正方形の面積は何 cm^2 ですか。

(2) 図2のマス目にある1辺2cmの正方形Aと，ある点Qを中心として時計回りに90度回転させると，正方形Eに重なります。

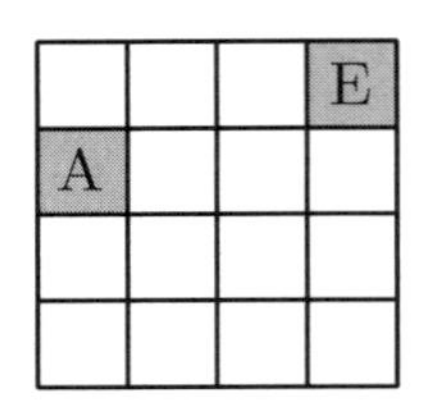

図 5.2

(a) 点Qの位置を図2に記入しなさい。さらに，正方形Aが回転して正方形Eに移動するとき，正方形Aが通過した部分を図2に斜線で示しなさい。

(b) (a)の正方形が通過した部分の面積は何 cm^2 ですか。ただし円周率は3.14とします。

(2019年聖光学院中学校第2回入学試験問題)

基本問題 5.11 の解説

図の 2 通りの方法で，1 辺の長さが $(a+b)$ [cm] の正方形をつくります。2 つの図で，並べた 4 枚の直角三角形以外の部分の面積は等しいことから，$a^2+b^2=c^2$ であることがわかります。

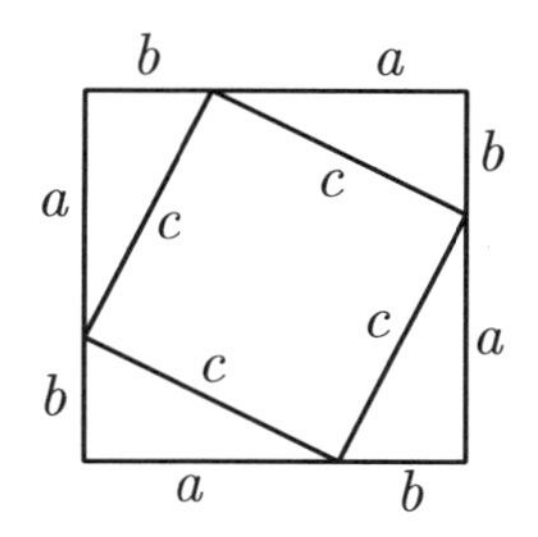

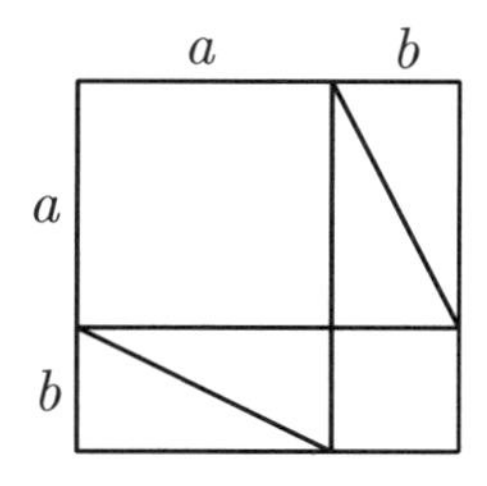

◎平方根とその近似値の求め方

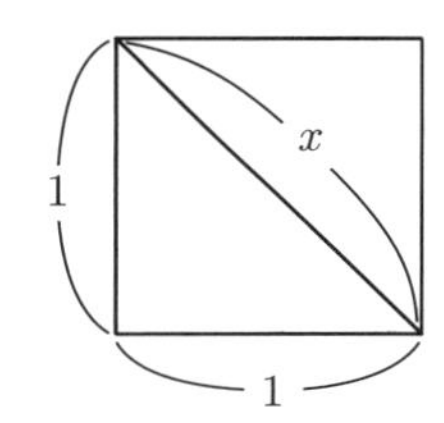

ピタゴラスの定理によって，様々な線の長さを求めることが可能になります。例えば右図の直角二等辺三角形の斜辺（直角に向かい合う辺）の長さ，あるいは 1 辺の長さが 1[cm] の正方形の対角線の長さ x[cm] は，$1^2+1^2=x^2$ で，<u>$x^2=2$ になる数</u>であるとわかりますが，この数はこれまで学んだ小数や分数で正確に表すことは出来ない数となります（理由はこの後で紹介します）。

そこで，新しく数を導入することにします。

平方根とルート

a を 2 乗すると x になるとき，a を x の**平方根（へいほうこん）**といい，

$\boxed{\sqrt{x}\ （ルート\ x）}$ と表します。

例えば上の例では，2 乗すると 2 になるので $x=\sqrt{2}$ となります。

さて $\sqrt{2}$ はいくつくらいの値になるでしょうか。$1=1^2<2<2^2=4$ であることから，$1<\sqrt{2}<2$ であることがわかります。次に $1.3^2=1.69, 1.4^2=1.96, 1.5^2=2.25$ であるから，$1.96<2<2.25$ つまり，<u>$1.4<\sqrt{2}<1.5$</u>とわかります。さらに $1.41^2=1.9881, 1.42^2=2.0164$ であるから，<u>$1.41<\sqrt{2}<1.42$</u> とわかります。つまり約 1.41 です。

次の問題の図形は，3 : 4 : 5 の直角三角形が持っている性質（研究問題 5.6）と勘違いしやすいものです。十分注意しましょう。

応用問題　5.9: 有名直角三角形の辺の長さ

$30°, 60°, 90°$ を角度にもつ直角三角形で，直角に向かい合う辺の長さが 2 cm のとき，残りの辺の長さを求めなさい。また 2 つの長さのうち，√で表される値の近似値を小数第 2 位まで求めなさい。

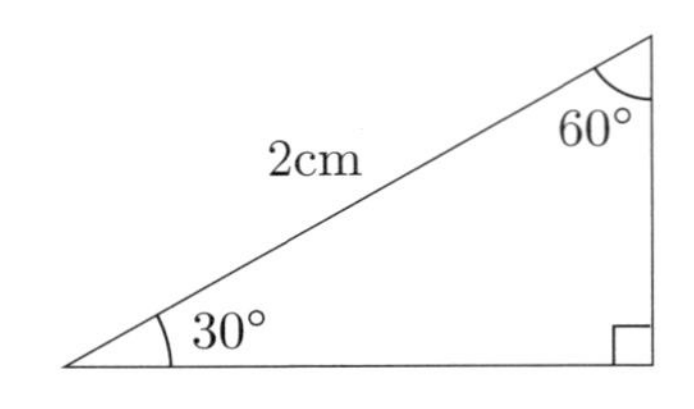

$\sqrt{2}$や$\sqrt{3}$は有限小数で表すことはできるのか？

有限小数で表せるということは，分数で表せるということを意味します。結論から言えば，$\sqrt{2}$や$\sqrt{3}$，さらに円周率といった数 は分数で表すことができません。また小数で表すと無限に続いていく数であり，しかも規則性（周期性）はない（研究問題 3.2）ことがわかります。

このように分数で表せない数のことを**無理数**, 分数で表せる数を**有理数**といいます。この「理」という言葉は”rational”という「合理的」「理性的」という意味の単語に由来しますが，語源が同じ言葉に”ratio”という言葉があり「比」を意味します。従ってこの場合”rational”は「比」と訳す，つまり有比数，無比数という方が適切であったともいわれています。

$\sqrt{2}, \sqrt{3}$ が無理数であることの説明はやや難しいので，7.5 節で触れることにします。

2ページ前のようにしてルートの値を求めるのはやや面倒であるので，次のような求め方を紹介します。

開平法（筆算）によるルートの近似値の求め方

例として，$\sqrt{522.3}$ について説明します。

手順

①：522.3 を小数点を基準に 2 桁ずつに分ける。
（5 は 1 桁のまま, 小数点以下は $.30|00|00|\cdots$ とする。）

②：一番左の 5 を超えない平方数の平方根を求め，両方の図の 2 箇所に記入。
（5 を超えない平方数は 4 で，その平方根は 2 なので，2 を 2 箇所に記入。）

③：5 から②の平方数 4 を引いた値 1 に，上部の 22 をつけた値 122 を右図のように記入。

④：②の左側に書いた 2 に同じ数 2 を加えた値 4 を左図のように記入。

⑤：④で記入した値 4 にある値□をつけた 2 桁の数 4 □に，□をかけて③の 122 を超えない最も大きな値□を求め，両方の図の 2 箇所に記入。
（$4\boxed{2} \times \boxed{2} = 84 < 122$,$4\boxed{3} \times \boxed{3} = 129 > 122$ で，□は 2）

⑥：③の 122 の下に，⑤の 4 □ × □の値 84 を記入して，122 から引いた値 38 に上部の 30 をつけた値 3830 を右図のように記入。

⑦：4 □に□を足した値 44 を左図のように記入。（次は 44 □ × □で 3830 を超えない最も大きな値□を求める。）
（以下，⑤〜⑦と同様の操作を繰り返していき，筆算右側の上部の値 $\boxed{22.85\cdots}$ が求めたい近似値になります。）

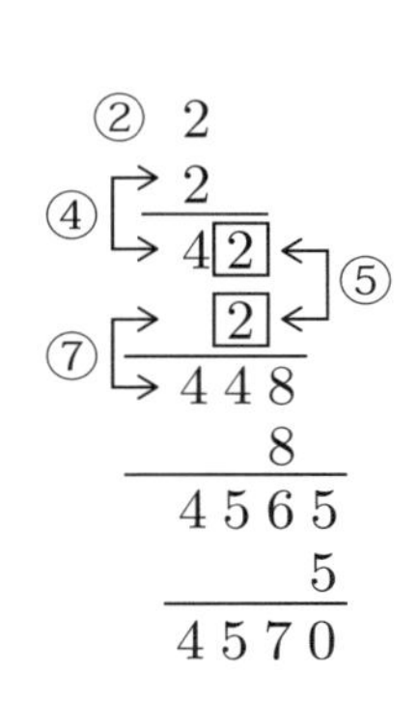

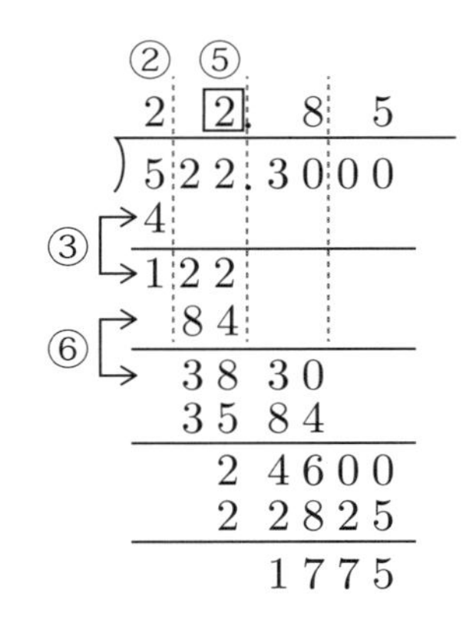

研究問題 5.10: 開平法の原理

(1) $\sqrt{2}$ の近似値を開平法の筆算により，小数第3位まで求めなさい。

(2) 下図は開平法の原理を説明するために必要なものを表しています。

最初に面積が2の正方形を描き，まず1辺の長さが1の正方形を取り除きます。次に幅が0.4のL字型の図形を取り除き，さらに幅が0.01のL字型の図形を取り除きます。

この図と(1)で書いた筆算がどのように対応しているのかを観察し，開平法の原理について説明しなさい。

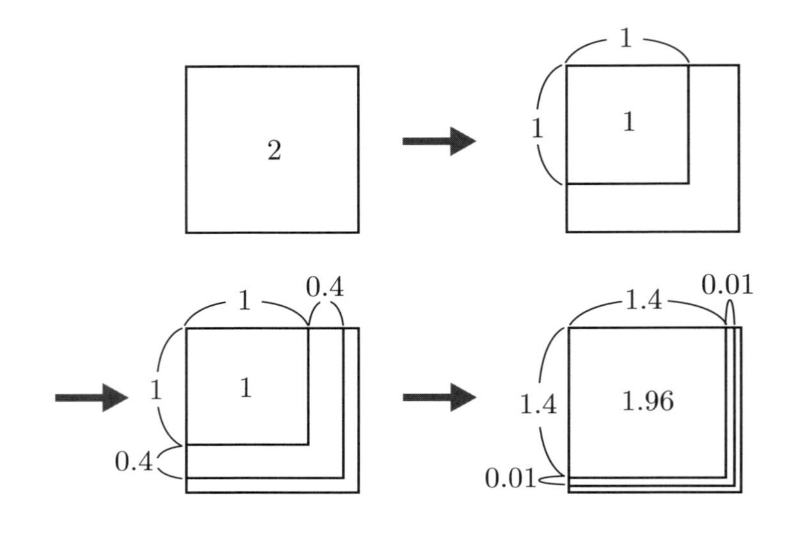

第6章

移動をブロックで表現する1 ～速さが一定の移動

物の移動を表現する手段は，線の図（線分図），面積図，そして新たに導入するグラフと様々で，状況に応じて使い分けることが必要になります。中学入試でも頻繁に出題されるほか，物理学の基礎として，あるいはプログラミングの基礎としても必要な内容になります。実際に動くものをブロックと見立てて動かして考えることはもちろんのこと，さまざまな図の使い方においても，ブロックを用いて考えると説明しやすい部分が多く出てきます。

※本章は，前半部分で学んだことをすべて活用しますので，これまでの内容をある程度理解できていることが前提となります。

6.1　速さ・時間・移動距離（B）

3.4 節の割合で学んだ考え方を，物が移動する速さに適用して考えます。

基本問題　6.1: 速さの概念

2時間で 60 km 進む車と，20 分で 10 km 進む車はどちらのスピードが速いでしょうか。

速さの概念

一定のペースで移動しているものの速さを，$(\text{速さ}) = \dfrac{(\text{移動距離})}{(\text{移動時間})}$ で定めます。移動距離の単位を [km]，移動時間の単位を [時間] または [h] (時間を表す hour の頭文字) を用いるとき，速さの単位は $\dfrac{[\text{km}]}{[\text{時間}]}$ となることから，[km/時] または [km/h] と表します。算数では時速○ km, 毎時○ km と表すことのほうが多くあります。

速さの式を書き換えると (移動距離) = (速さ) × (移動時間) と表すことが出来るので，これを左下図のように長方形の面積図で表すことができます。基準となるのは，縦が 1[km/時]，横が 1[時間] で面積が 1[km] であるブロック（長方形）で，移動時間が 3 時間，移動距離が 6km の場合，右下図のように表せて速さは時速 2 km とわかります。

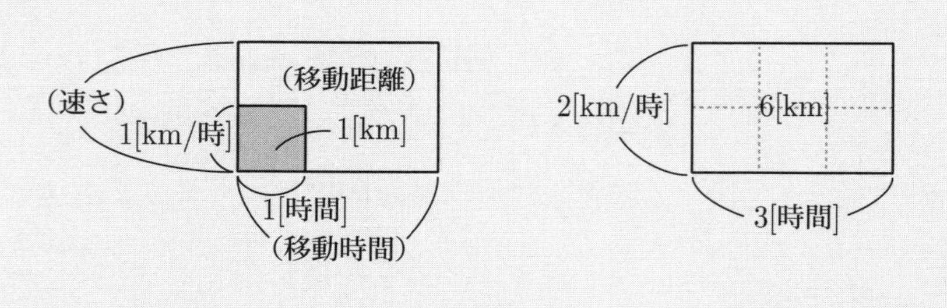

距離の単位は [m] や [cm], 時間の単位は [分](または [m]),[秒](または [s]) とすることもあるので，速さを [m/分] や [cm/s] などと表します。(m：minute(分)，s：second(秒) の頭文字)。

「時速 1 km」と「1 時間で 1 km 進んだ」の違い

「時速 1 km」は割合を表し，長方形の面積図の「縦の長さ」で表されます。それに対して，「1 時間で 1 km 進んだ」の 1 km は，**結果として進んだ移動距離**を表し，長方形の面積図の「面積」で表されるという明確な違いがあり，面積図を通して理解することができます。**割合としての速さは，移動という変化を起こす要因とみるのがよいでしょう。**

この面積図は第 5 章で考えたつるかめ算や平均の考え方と同じであることがわかります。次の問題を通じて，5.2 節や 5.4 節の復習をしましょう。

基本問題　6.2: 速さの面積図・つるかめ算・平均の速さ

A さんは最初時速 3 km で移動します。

(1) 最初の 10 分間で何 km 移動しましたか。
(2) 600 m 移動するのに何分かかりましたか。
(3) 途中から移動の速さを時速 5 km に変えたところ，9.5 km の距離を移動するのに合計 2 時間 10 分かかりました。速さを変えたのは出発してから何分後ですか。
(4) (3) のとき，移動の速さの平均は時速何 km と考えられますか。

基本問題 6.1 の解説

両方とも 1 時間ではどれだけ進むかを考えます。
2 時間で 60 km 進む車は，1 時間では $60 \div 2 = 30$ [km] 進むことがわかります。
（赤のブロックで 1 時間で進んだ距離を表すと，2 時間で進む距離は左下図のように表せます。）

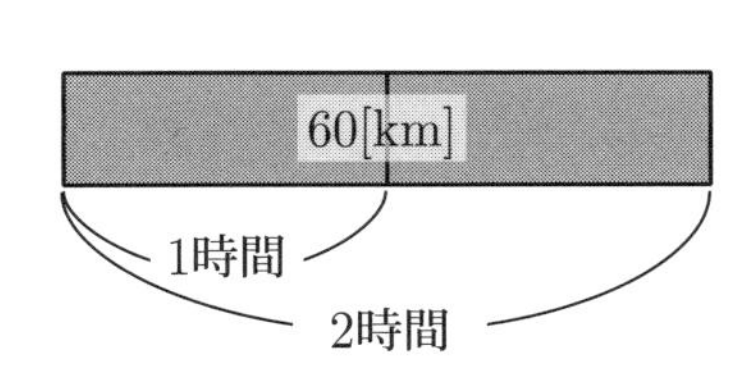

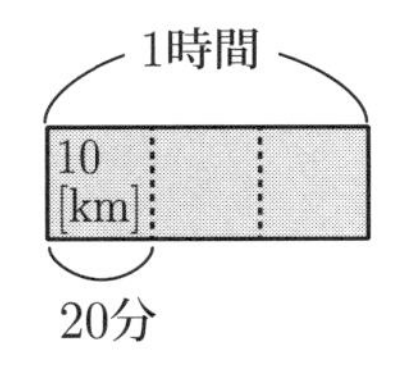

一方で，20 分で 10 km 進む車はどのように考えればよいでしょうか。まず $60 \div 20 = 3$ なので，20 分は 60 分の $\frac{1}{3}$ 倍 $\left(\frac{1}{3}\text{[時間]}\right)$ であることがわかります。黄色のブロックで 1 時間で進んだ距離を表すと，10 km はその $\frac{1}{3}$ 倍，つまりブロック $\frac{1}{3}$ 個分にあたります（右上図）。従って黄色のブロック 1 個分は $10 \div \frac{1}{3}$ または $10 \times 3 = 30$ [km] とわかります。

以上から，1 時間あたりの車の進む距離はともに 30 km であるとわかり，スピードは同じであることがわかります。

基本問題 6.2 の解説

(1) 3 km は 1 時間つまり 60 分で移動する距離を表すので，10 分間では（下図），
$3[\mathrm{km/時}] \times \dfrac{10}{60}[時間] = \boxed{0.5[\mathrm{km}]}$

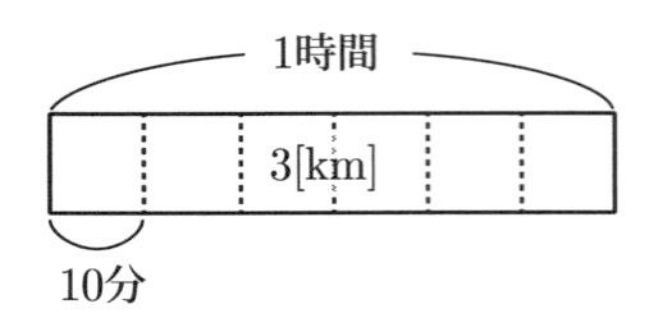

(2) **3 km を速さ 3 [km/時] とみる解法**　左下図のように，
$0.6[\mathrm{km}] \div 3[\mathrm{km/時}] = 0.2[時間] = 0.2 \times 60[分] = \boxed{12[分]}$ とわかります。
3 km を 1 時間で移動した距離とみる別解　右下図のように 1 時間で 3 km 進むから，
600 [m]= 0.6 [km] では，$1[時間] \times \dfrac{0.6}{3} = \dfrac{1}{5}[時間] = \dfrac{1}{5} \times 60[分] = \boxed{12[分]}$ とわかります。

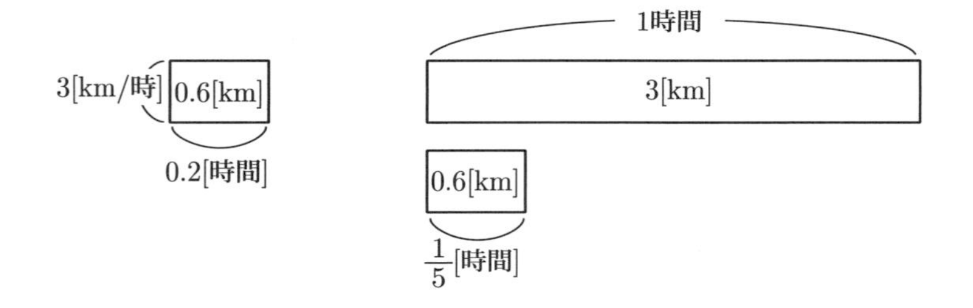

(3) つるかめ算で利用した L 字型の面積図（下図）で表します。すべて時速 3 km で 2 時間 10 分，つまり $2\frac{1}{6}$時間 移動したとすると，$3 \times \dfrac{13}{6} = 6.5[\mathrm{km}]$ 移動したことになります。不足の 3 km（下図の塗り部分）を時速 2 km で移動したから，$3[\mathrm{km}] \div 2[\mathrm{km/時}] = 1.5[時間]$ を時速 5 km で移動したことが分かります。したがって速さを変えたのは，
$2\dfrac{1}{6} - 1.5 = \dfrac{2}{3}[時間] = \dfrac{2}{3} \times 60[分] = \boxed{40[分]}$ 後。

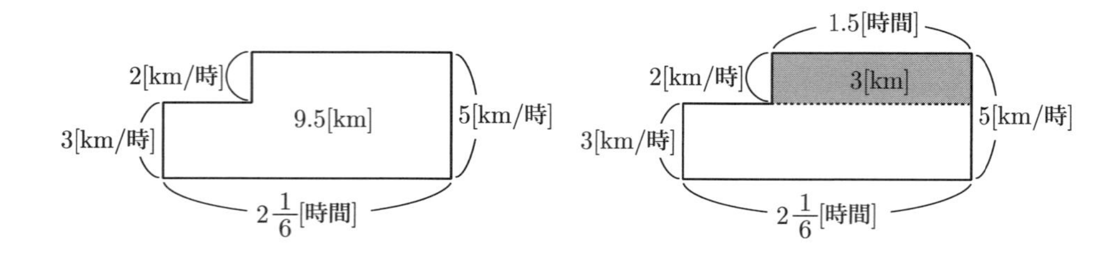

(4) 誤答例 時速の平均 $(3+5) \div 2 =$ 4 [km/時].

→平均は，面積図を「長方形状にならす」（下図）ことを意味します。時速 5 km で移動している時間が長いことからも，4 km よりも大きな値とみるのが妥当です。

正しい答 9.5 km を $2\frac{1}{6}$時間 一定の速さで移動したと考えて，$9.5[\text{km}] \div 2\frac{1}{6}[\text{時間}] = 9.5 \times \frac{6}{13} = \frac{57}{13}[\text{km/時}]$. つまり 時速 $4\frac{5}{13}$[km] が平均の速さと考えられます。

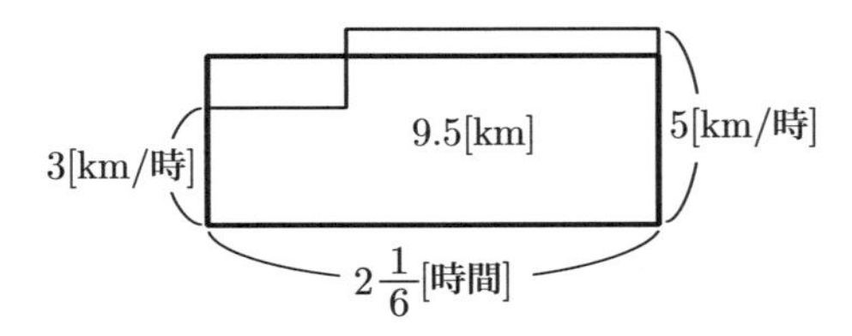

移動距離と時間のグラフと比例関係

例えば常に分速 200 m で移動している自転車について，出発してからの時間と移動距離の関係は下のようになります。

出発してからの時間 [分]	1	2	3	4	5	6
移動距離 [m]	200	400	600	800	1000	1200

このように 2 つの量（この場合は時間と移動距離）が，一方が 2 倍, 3 倍, 4 倍, ⋯ となると他方も 2 倍, 3 倍, 4 倍, ⋯ と変わる関係にあるとき，**（一方が他方に）比例する，比例関係にある**などといいます。別の言い方をすると，**2 つの量の比の値（3.5 節参照）が常に一定**（この場合は $\frac{(\text{移動距離})}{(\text{時間})} = 200$）ということになります。

時間と移動距離の関係を**グラフ**で表すことを考えます。横軸に移動時間 [分], 縦軸に移動距離 [m] をとって，各移動時間に対応する移動距離の値の位置に点を取っていきます。上表の値について，図示したものが下図です。（1 つのマス目（ブロック）は縦が 200[m], 横が 1[分] を表します。）すると，これら 6 個の点と，2 つの軸の交点（ともに 0 を表す）が一直線上に並ぶことがわかります。これが**比例関係**の特徴です。

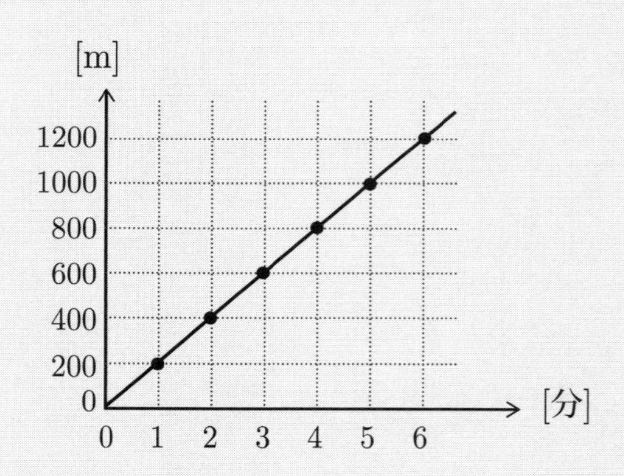

グラフについて，次の疑問を抱いた人もいるかと思います。理由を考えてみてください。

基本問題　6.3: 速さが一定の場合のグラフの特徴（重要）

常に分速 200 m で移動している自転車について，出発してからの時間と移動距離のグラフは次のようになりました。

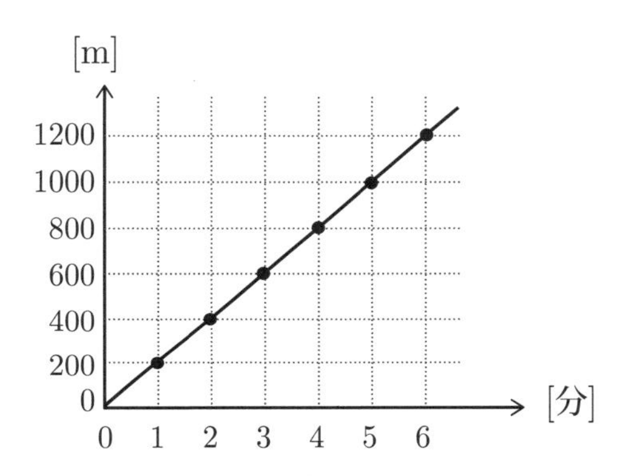

(1) 分速 100 m で歩いて移動している人についてのグラフを，上のグラフに書き加えなさい。またこのことから，移動の速さの特徴をグラフを用いて説明しなさい。
(2) 比例関係にある 2 量（時間と距離）のグラフはなぜ一直線で表せるのでしょうか。前のページの表の 6 つの値の組について説明しなさい。（マス目をブロックや図形とみて考えましょう。）
(3) 前のページの表の 6 つの値の組がそれぞれ表す点を直線で結びましたが，それ以外の移動時間と移動距離を表す点もこの直線上にあるといえるのはなぜでしょうか。例えば 2.5 分後，3 分 15 秒後 についてはどうなるか考えてみてください。

これらは慣れてしまえば当たり前のように思えてしまうことですが，逆に慣れてしまうことで疑問に感じなくなってしまうものの代表例です。

（参考）中学で学ぶ直線の式の表し方

分速 200 m で移動している自転車について，出発してからの時間を x[分]，移動距離を y[m] と表すと，(移動距離) = (速さ) × (時間) と考えて，$\boxed{y = 200 \times x}$ と書けることがわかります。

基本問題 6.3 の解説

(1) 下図のように描けます。分速 100 m で歩く人を表す線のほうが傾斜が緩やかになっているのが特徴です。また1分間で進む距離は 2 : 1 であることから，同じ移動時間における自転車のグラフの高さは，歩く人のグラフの高さの2倍に位置していることがわかります。

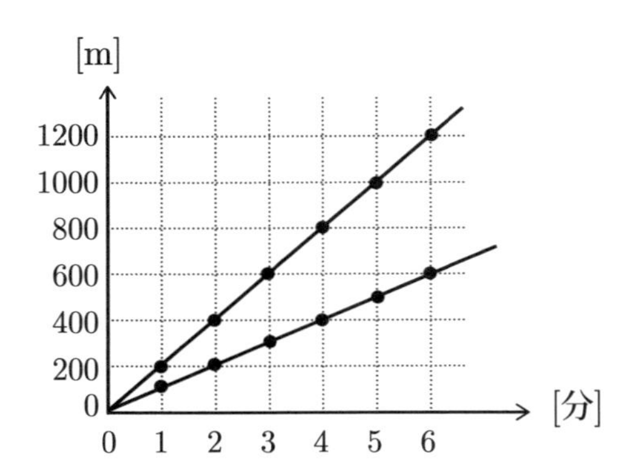

(2) 1分ごとに 200 m 進むことは，左下図の直角三角形で表されていることがわかります。この直角三角形が右下図のグラフのように現れていて，合同な関係（形も大きさもすべて同じ）にあります。特に対応する三角形の角度が等しいことから，傾斜が常に同じであることがわかります。このことから, グラフは直線で表されることがわかります。

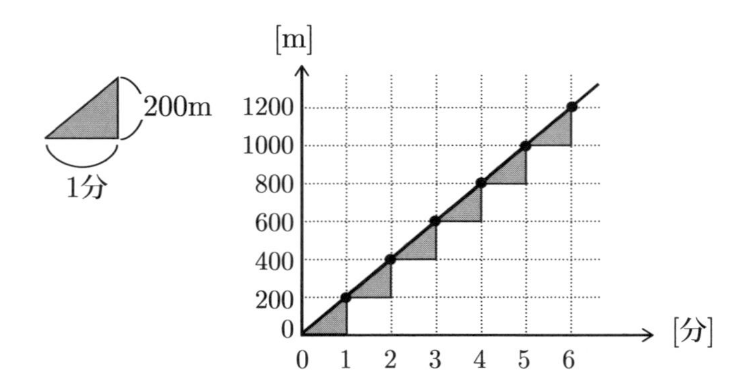

(3) 2.5 分間の移動距離は $200[\mathrm{m}/分] \times 2.5[分] = 500[\mathrm{m}]$ で，これは 2 分，3 分間の移動距離 400 m,600 m の真ん中の値であり，左下図のようにグラフの直線上にのることが確認できます。これも 2 分後と 3 分後 の間の変化を表す直角三角形について，右下図のような横の長さが「0.5 分」を表す 2 つの合同な直角三角形を考えると，いずれも傾斜が一致することから説明できます。

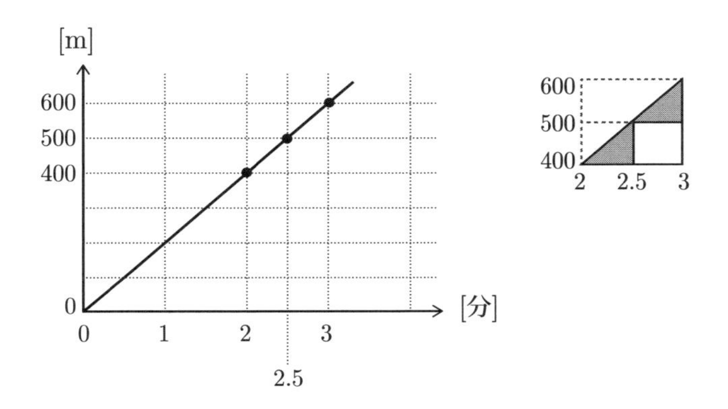

3 分 15 秒つまり $3\frac{1}{4}$ 分間の移動距離は $200[\mathrm{m}/分] \times \frac{13}{4}[分] = 650[\mathrm{m}]$ で，3 分,4 分間の移動距離 600 m, 800 m の間にあり，$(650-600):(800-650) = 1:3$，つまりこの区間を 4 つに分けたうちの 1 つ分ということがわかります。この $\left(3\frac{1}{4}[分], 650[\mathrm{m}]\right)$ を表す点も左下図のようにグラフの直線上にのることが確認できます。3 分後と 4 分後 の間の変化を表す直角三角形について，右下図のような横の長さが「$\frac{1}{4}$ 分」を表す 4 つの合同な直角三角形を考えると，いずれも傾斜が一致することから説明できます。

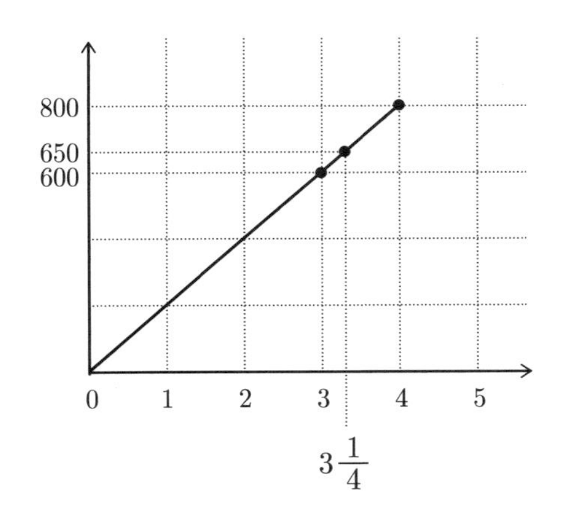

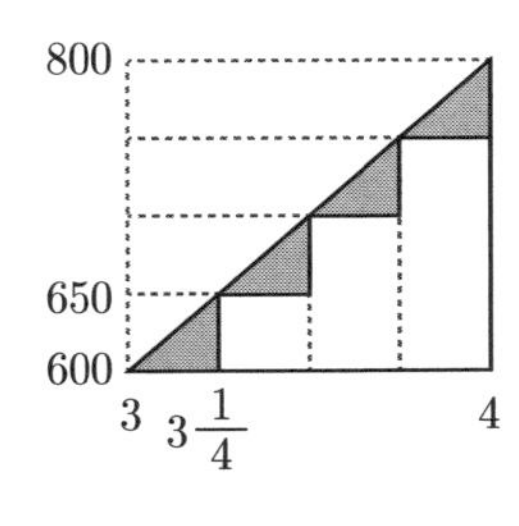

面積図とグラフの使い分けについて

本節の冒頭で考えた面積図は，速さ・時間・移動距離の関係が明確に表現できるのが利点ですが，複数の人や物の移動について考えるのは向きません。また時刻とそのときの位置の関係を把握するのは困難で，時刻ではなくあくまで移動「時間」と移動距離の把握に留まります。一方，グラフは複数の人や物の移動の様子が一目で分かるのに対し，「速さ」の具体的な値が分かりにくく，直線の傾斜によって速いか遅いかが分かる程度です。このあとでも触れますが，状況に応じて図を使いわける必要があります。

グラフが直線で表せることと直角三角形の関係性についてもう少し練習しておきます。

練習問題 6.1: 速さが一定の移動のグラフの分析

A さんは自宅から 100 m の P 地点にいて，同じ方向で自宅から 900 m 離れた Q 地点に 10 分かけて一定の速さで向かいます。P 地点から 420 m のところにある途中の R 地点を通過するのは, 出発してから何分後ですか。移動の様子をグラフで描いて答えなさい。

6.2 算数文章題 7〜旅人算・流水算・仕事算・相対速度（B）

速さに関する文章題は，次のような「2 人がすれ違う・出会う」「追い抜く」といった状況をもとにした問題が主で，「旅人算」や「出会い算」などと呼ばれています。実際にブロックを人に見立てて，動かしながら考えてみるとよいでしょう。

基本問題 6.4: 旅人算

兄は分速 100 m で，弟は分速 80 m で移動します。歩いている途中で速さは変えないものとします。

(1) 1800 m 離れた 2 地点から，2 人が相手のいる地点に向けて同時に歩き始めます。2 人は出発して何分後に出会いますか。
(2) 3000 m 離れた 2 地点から，2 人が相手のいる地点に向けて同時に歩き始めます。2 人は出発して何分後に出会いますか。
(3) 弟は兄より先にある地点に向けて家を出ました。兄は弟が出発してから 10 分後に出発し，弟を追いかけました。兄が弟に追いつくのは何分後ですか。

考え方　1 分たつとどうなるか，2 分だとどうなるか，と順に考えていくと見当がつくでしょう。

基本問題 6.5: 旅人算

ある池の周りを，A さん，B さん，C さんが同じ地点から同じ方向に向かって移動を開始します。A さんは歩いて分速 70 m，B さんは走って分速 150 m で，C さんは自転車で移動します。C さんは 5 分後に A さんを追い抜き，その 4 分後に C さんは B さんを追い越しました。C さんの速さと，池の周りの長さを求めなさい。

考え方　C さんは池を一周して，A さん B さんを追い越すことに注意しましょう。速さは A さんと B さんしかわかっていないので，C さんが A さんを追い越してから，B さんを追い越すまでの様子に注目します。

基本問題 6.4 の解説

(1) 下図のように，線（線分図）を用いて状況を表します。1 分ごとに 2 人の間の距離は 180 m だけ短くなる（1800 から 180 を取り除いていくイメージ）ことに注目します。1800 m 離れているので，$1800[\mathrm{m}] \div 180[\mathrm{m}/分] = 10[分]$ で，2 人がすれ違うのは 10 分後 とわかります。

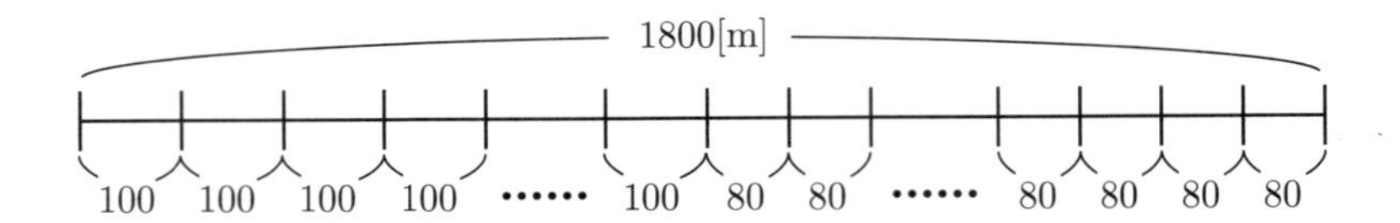

(2) 3000 m の場合も同じで，$3000[\mathrm{m}] \div 180[\mathrm{m}/分] = 16\frac{2}{3}[分]$ で，$16\frac{2}{3}$分後 とわかります。

補足 もちろん答えは整数でなくても問題ありません。3000[m] から 100[m],80[m] を 16 個取り除くと残りは 120[m] です。これを 2 人の速さの比 5 : 4 で分けると，$120 \times \frac{5}{9} = \frac{200}{3}[\mathrm{m}]$ 分は兄が歩いて，時間でいうと $\frac{200}{3} \div 100 = \frac{2}{3}[分]$ になることがわかります。

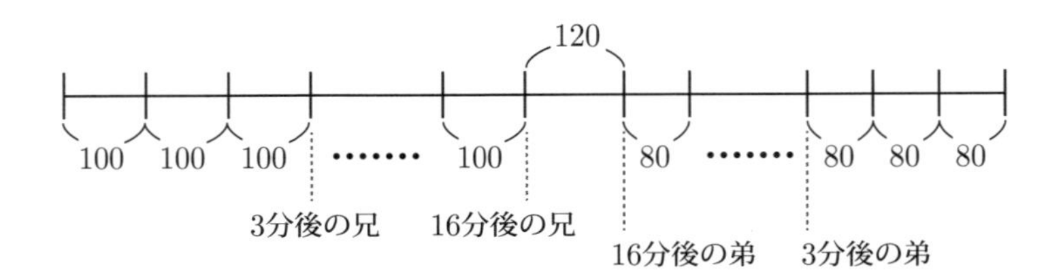

(3) 10 分たつと弟は 800[m] 先にいることになります。その後 1 分たつと兄は 100[m], 弟は 80[m] 進むので，2 人の距離は 20[m] 短くなることが分かります。このことから兄が弟に追いつくのは，$800[\mathrm{m}] \div 20[\mathrm{m}/分] = 40[分]$ で，40 分後 と分かります。

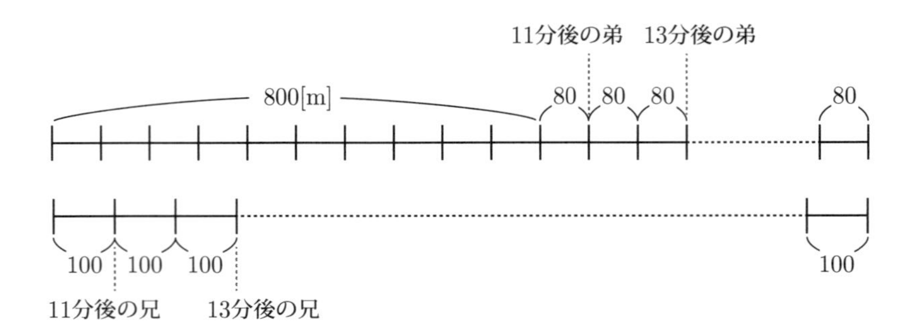

（発展）相対速度としての見方

(1) について移動している兄の視点で考える，つまり「自分が動いているのではなく周りの景色が動いている」と考えると，「弟が分速 180[m] で向かってきている」と考えることが出来ます。日常生活でも電車や車で移動するときに特にそのように感じることができます。同様に (3) については，移動しているはずの弟が止まっているように兄の視点をあわせると，兄は弟に分速 20[m] で近づいていると考えることが出来ます。このように動いている人や物の視点からみた速さのことを**相対速度**といいます。

基本問題 6.5 の解説

C さんが A さんを追い越すまでの様子を描いたのが左下図，B さんを追い越すまでの様子を描いたのが右図です。

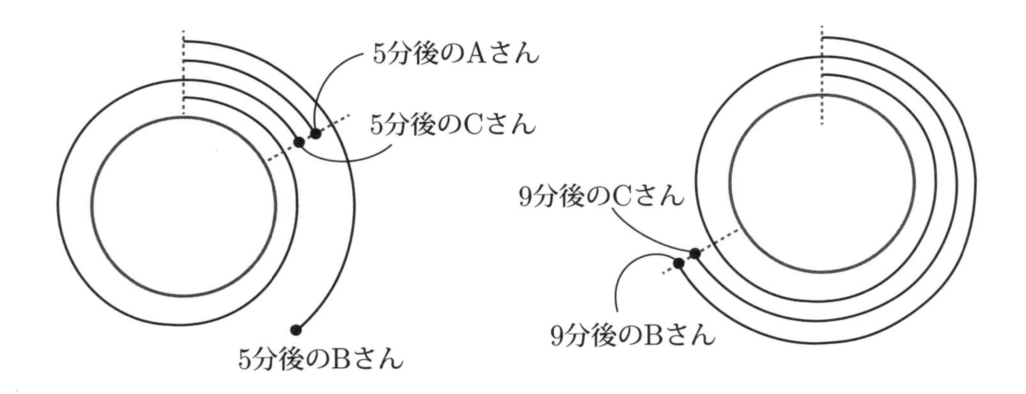

C さんが A さんを追い越したときの A さんと B さんの距離を求めます。開始 5 分間でこれだけの距離ができ，1 分間で A さんと B さんは $150-70=80$[m] だけ距離が出来るので，$80\times 5=400$[m] とわかります。

この距離が 4 分間で C さんによって縮められるので，1 分間では $400\div 4=100$[m] 縮まることがわかります。これが B さんと C さんの速さの差であるから，C さんは 分速 250 m であるとわかります。

また左上図から，最初の 5 分間での A さんと C さんの移動距離の差は，池の周の長さに等しいことがわかります。A さんと C さんの速さの差は 1 分あたり $250-70=180$[m] であるから，5 分間での距離の差は $180\times 5=900$[m] であるとわかり，これが池の周の長さであるとわかります。したがって 900 m

次は応用問題です。少し長いですが，線を用いた図（線分図）を描いて考えてみましょう。

応用問題 6.2: 旅人算

P 地点から Q 地点に向けて，A さん，B さん，C さんが同時に出発します。A さんは Q 地点に着くとすぐに折り返して P 地点に向かったところ，途中の R 地点で B さんとすれ違いました。PR 間と RQ 間の距離の比は 2 : 1 です。さらにその 4 分後，A さんは C さんとすれ違いました。B さんは分速 100[m]，C さんは分速 50[m] で移動し，3 人とも常に速さは変えることなく移動します。

(1) A さんと B さんの移動する速さの比を求めなさい。また，A さんの移動する速さは分速何 m ですか。
(2) A さんと B さんがすれ違ったのは，3 人が出発してから何分後ですか。
(3) PQ 間は何 m ですか。

続いて, 川を行き来する船に関する問題を扱う「流水算」を取り上げます。

基本問題 6.6: 流水算

川の 2 地点 A,B をボートが移動します。A 地点は B 地点の上流にあり，AB 間の距離は 12 km です。ボートの静水時の速さは時速 9 km で川の流れの速さは時速 3 km です。

(1) ボートが地点 A から地点 B に向かうと何時間かかりますか。また，B 地点から A 地点に向かうと何時間かかりますか。
(2) ボートが A 地点から B 地点に向かって移動します。途中エンジンを止めて川の流れに任せて移動したところ，B 地点まで 1 時間半かかりました。エンジンを止めていた時間は何分間でしたか。

流水算の暗黙の了解事項（重要）

「**静水時の速さ**」とは，川の流れがないところでのボートの速さのことを表します。実際の「ボートの速さ」は，これに川の流れの速さを考慮したもののことを意味します。つまり**上流から下流に向かうとき**は，「(静水時のボートの速さ) + (川の流れの速さ)」がボートの速さとなり，下流から上流に向かうときは流れに逆らいながら進むことになるので，「(静水時の速さ) − (川の流れの速さ)」が，ボートの速さとなります。つまり川の流れの速さよりもボートの静水時の速さが遅いと，ボートは流されてしまうことになります。

「ボートの静水時の速さ」の実態が見えないのがやっかいな点です。似た話として，駅や空港で長い距離を歩かなければならない箇所に設置されている「動く歩道」があります。動く歩道の上を人が普通の感覚で歩くと，ベルトの動く速さと自分が歩く速さを足した速さで歩くことが出来ます。これこそ「相対速度」の考え方が表れています。

もし流水算のイメージをブロックで表現するのであれば，川の流れを青のプレートに車輪をつけて表して，その青のプレートを動かしながら，プレートの上をボート (車で代用) が進んでいく状況を考えるとよいでしょう。((株) ソニー・グローバルエデュケーション製品の KOOV ®を使用して作成)

いずれにしても静水時の速さが目で見える形で表現されないので，上の暗黙の了解事項はルールとして納得するものと割り切ることも得策です。

基本問題 6.6 の解説

(1) 上流から下流に向かうときのボートの速さは (静水時) + (川の流れ) = 9 + 3 = 12[km/時] であるから，12[km] ÷ 12[km/時] = 1[時間]， 1時間

下流から上流に向かうときのボートの速さは (静水時) − (川の流れ) = 9 − 3 = 6[km/時] であるから，12[km] ÷ 6[km/時] = 2[時間]. 2時間

(2) 時速 12 km と 3 km で 1 時間半かけて 12km 進んだことになります。これを L 字型の面積図で表すと下図のようになります。すべて川の流れに任せて移動すると，$3 \times 1.5 = 4.5$[km] しか進めず，残り 7.5km 分は時速 $12 - 3 = 9$[km] で進んだ（色塗り部分）と考えます。すると時速 12[km] で進んだ時間は，7.5 [km] ÷ 9[km/時] = $\frac{5}{6}$[時間] = 50[分] かかったことになります。従ってエンジンを止めていたのは 40分 とわかります。

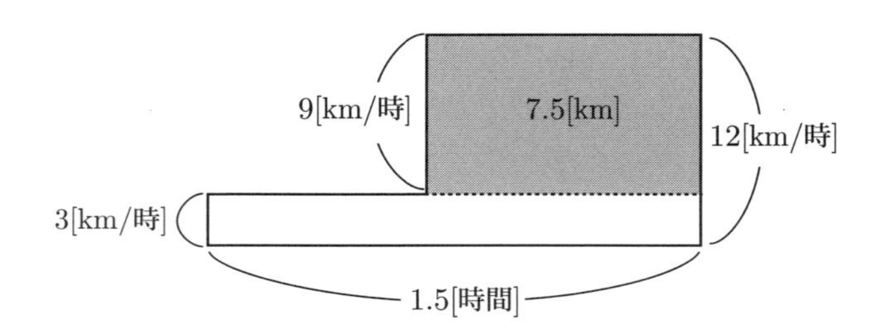

次は数字が一切出ない問題です。旅人算と流水算の考え方が分かっているかが確認できます。

応用問題 6.3: 旅人算・流水算の考え方

船 P が川の上流の A 地点から下流の B 地点に向かって進み，船 Q は B 地点から A 地点に向けて移動します。2 つの船はそれぞれの地点を同時に出発しましたが，途中から川の流れが速くなり予定より下流の地点で 2 つの船はすれ違いました。不思議なことにすれ違った時刻は予定通りでした。静水時の船の速さはともに常に一定であったとして，この理由を説明しなさい。

（2017 年聖光学院中学校入学試験問題・改題）

最後に紹介するのは「仕事算」と呼ばれる問題で，割合と比の考え方と速さの概念を組み合わせたものです。（解説は次ページ）

基本問題　6.7: 仕事算

A,B,C の 3 人がパソコンで情報の入力作業をします。A さんがこの仕事をひとりで行うと 3 時間で終わります。B さんがひとりで行うと 4 時間，C さんがひとりで行うと 2 時間で終わります。この仕事を 3 人で協力して行うと何時間で終わりますか。

6.3　移動の変化を表すグラフを活用する（C）

速さと移動距離だけがポイントとなる移動については線を用いた図（線分図）で解決できますが，出発または到着時間が登場人物で異なるという情報や，途中で休憩するという情報が入ると，線を用いた図だけでは整理が困難になっていきます。そこで 6.1 節で導入した位置と時刻の関係を示したグラフの活用を考えていくことにします。

まずは前節までの内容の復習を兼ねた下の問題を考えてみましょう。

基本問題　6.8: グラフで整理する

A さんは P 地点から Q 地点に向かって，B さんは Q 地点から P 地点に向かって移動します。2 人はそれぞれの地点を同時に出発し，A さんは毎分 120 m，B さんは毎分 80 m で常に移動します。PQ 間の距離は 3000 m であるとき，次の問いに答えなさい。

(1) 2 人が到着したのは出発してからそれぞれ何分後ですか。
(2) 横軸に出発してからの時間（分），縦軸に P 地点からの距離（m）をとったグラフに，2 人の移動の様子を表しなさい。
(3) 2 人がすれ違ったのは出発してから何分後ですか。またその場所 R 地点は P 地点から何 m のところですか。
(4) (3) の結果を (1) のグラフに記入しなさい。さらに, そのグラフに登場する数値や線の長さの比に関してわかることを説明しなさい。

基本問題 6.7 の解説

A,B,C の 3 人の 1 時間あたりに入力できる量は，それぞれ全体の $\frac{1}{3}, \frac{1}{4}, \frac{1}{2}$（時速に相当します）で，これらの合計は $\frac{1}{3}+\frac{1}{4}+\frac{1}{2}=\frac{13}{12}$ です。つまり 3 人で行うと 1 時間で全体の $\frac{13}{12}$ の量をこなせます。したがって $1 \div \frac{13}{12} = \boxed{\frac{12}{13}[時間]}$ で終わらすことができます。

基本問題 6.8 の解説

(1) A さんは毎分 120 m で 3000 m 進むので, かかった時間は $3000 \div 120 = \boxed{25[分]}$ 後。

B さんは毎分 80 m で 3000 m 進むので, かかった時間は $3000 \div 80 = \boxed{37.5[分]\ (37分30秒)}$ 後。

(2) $\boxed{\text{A さん}}$ まず (25 分後，3000 m) の位置に点を取って，左下の両軸の交点 (0 分後，0 m) とを直線で結びます。

$\boxed{\text{B さん}}$ (0 分後 (縦軸上)，3000 m) の位置と，(37.5 分後，0 m) の位置に点を取って，2 つの点を直線で結びます。（25 : 37.5 = 2 : 3 であることに注意して長さをだいたいあわせると考えやすくなります。）

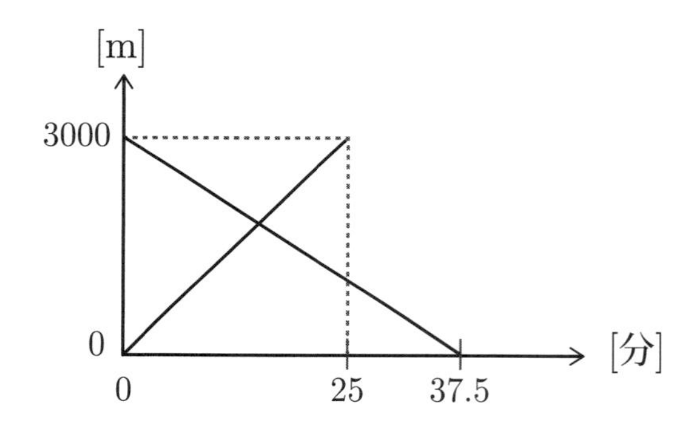

グラフは線分図と違い，移動の状況すべてを（連続したものとして）表現しているのが利点

(3) 旅人算の考え方です。1 分間で $120+80=200$[m] ずつ 2 人の距離は縮まるので，
$3000 \div (120+80) = 15$[分後] に 2 人はすれちがうことがわかります。また A さんは 15 分間で歩く距離が求める距離で，$120 \times 15 = 1800$[m] であることがわかります。$\boxed{15分後, 1800[m]}$

(4) 2 人がすれ違った R 地点は，PR : RQ = 1800 : 1200 = 3 : 2 と PQ を 3 : 2 に分ける点です。また A さんが R 地点に着くまでにかかった時間は 1800 ÷ 120 = 15[分] であり，R 地点から Q 地点までかかった時間は 25 − 15 = 10[分] で，15 : 10 = 3 : 2 となります（**移動距離とかかった時間は比例するので，比が同じになるのは当然のことです**）。この事実を表したのが左下図で，直角三角形の形が同じ（対応する 3 組の内角が等しい）で大きさだけが異なる（**相似であるといいます**）ことがわかります。B さんについて表したグラフ（右下図）についても全く同様のことがわかります。

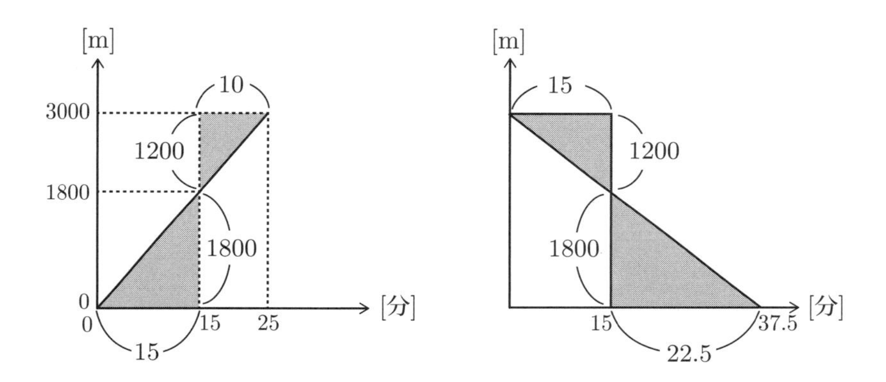

さて上の二つの図をつなげた部分，つまり A さん,B さんの移動を表す直線と，グラフの横軸，Q 地点を表す横軸に平行な直線で囲まれてできる 2 つの三角形（砂時計の形）も同じ形であり，これら 2 つの三角形の横の長さは 25[分] : 37.5[分] = 2 : 3，縦の長さは 1200[m] : 1800[m] = 2 : 3 で等しくなっていることが確認できます。この事実は「平行線と線の比の関係」として常に成り立つことが知られていて，速さの問題を解く際には欠かせない性質です。（次ページにまとめます。）

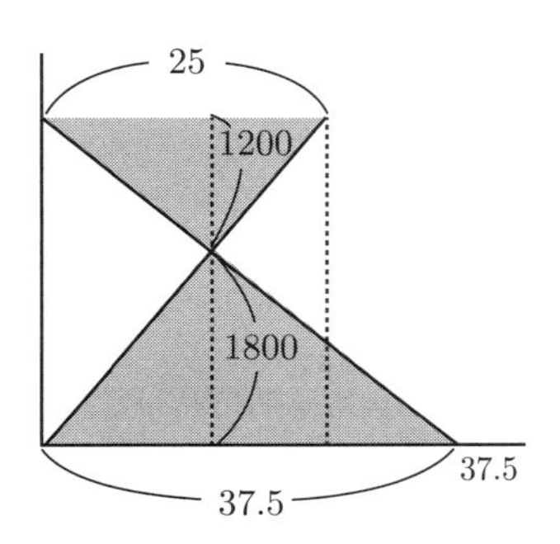

前ページで出てきた図形の性質は以下のようにまとめられます。

平行線と線の長さの比の関係

いずれの図についても AB//CD（平行）で，AB 上の H について $\angle\mathrm{OHA} = 90°$，CD 上の K について $\angle\mathrm{OKC} = 90°$ であるとき，長さの比について，

$\boxed{\mathrm{OH : OK = AH : CK = BH : DK = AB : CD}}$

が成り立ちます。（実際にはさらに OA : OC とも等しくなりますが，速さの問題では不要です。）

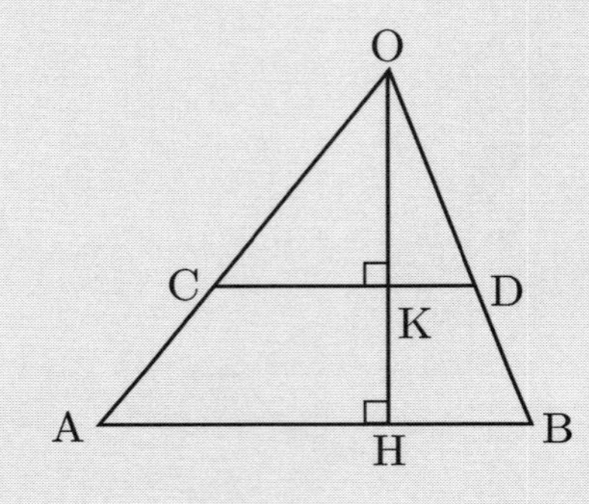

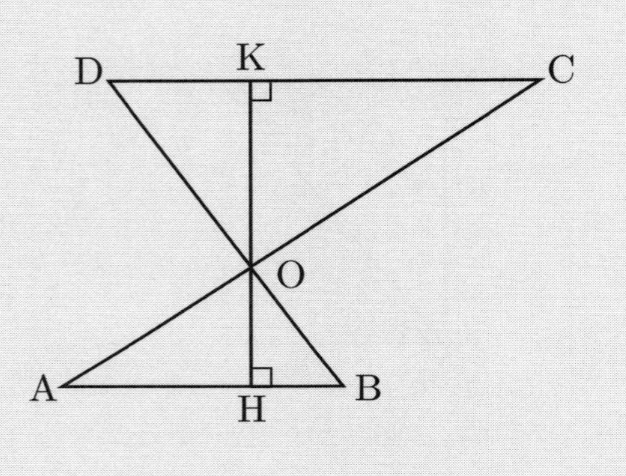

一般の場合でも成り立つ理由は速さのときと同じように直角三角形を利用します。
$\mathrm{OH : OK} = m : n$ であるとき，OC の長さを n 等分して，その 1 つ分の長さにあう直角三角形を下図のように並べていくことで説明できます。
（左図は $m : n = 5 : 3$ のとき，右図は $m : n = 2 : 3$ のとき）

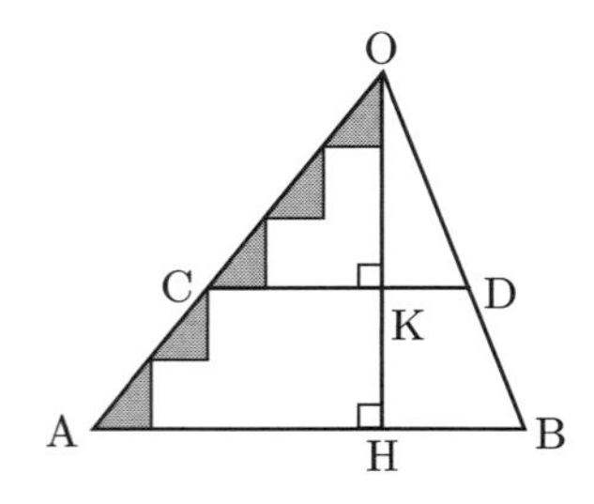

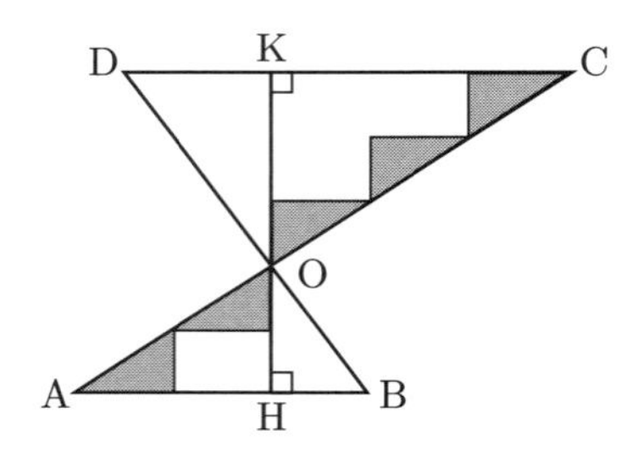

前ページの性質を応用して考えてみてください。

基本問題　6.9: グラフで整理する

P 地点から Q 地点に向かって A さんは歩き出し，その 10 分後に B さんが Q 地点から P 地点に向かって歩き出しました。途中 2 人は P 地点から 1280 m の R 地点ですれ違い，A さんが Q 地点についた 8 分後に B さんは P 地点に着きました。PQ 間の距離は 1600 m で，2 人は常に一定の速さで歩いたものとします。

(1) PR 間と RQ 間の距離の比を求めなさい。
(2) A さんが出発してから，B さんが到着するまでにかかった時間は何分ですか。
(3) 2 人の歩く速さはそれぞれ毎分何 m ですか。

次は少し難しくなりますが，どの 2 つの直角三角形に注目するかがポイントになります。

応用問題　6.4: グラフで整理する

P 地点から Q 地点に向かって A さんと B さんは同時に出発しました。出発してから 10 分後に A さんは途中の R 地点で歩く速さを変え，その 10 分後 S 地点で B さんは A さんを追い越しました。さらにその 10 分後に B さんは Q 地点に着き，その 2 分 30 秒後に A さんが Q 地点につきました。RS 間の距離は 800 m であり，A さんが途中で速さを変えた以外は，2 人とも常に一定の速さで歩くものとします。

(1) PQ 間の距離は何 m ですか。
(2) 出発したときの 2 人の歩く速さは，それぞれ毎分何 m ですか。

基本問題 6.9 の解説

(1) PR : RQ = 1280 : (1600 − 1280) = $\boxed{4:1}$

(2) 横軸を A さんが出発してからの時間 [分]，縦軸を P 地点からの距離 [m] として，2 人の移動の様子を描くと下図のようになります。

この色塗り部分の 2 つの三角形に注目すると，底辺の長さの比つまり，(A が出発して B が着くまでの時間 X[分]) : (B が出発して A がつくまでの時間 Y[分]) は PR : RQ = 1280 : 320 = 4 : 1 に等しく，グラフから X[分] − Y[分] = 10 + 8 = 18[分] であることがわかります。従ってこれが図の③に相当するから，① = (B が出発して A がつくまでの時間 Y[分]) = 18 ÷ 3 = 6[分]，さらに ④ = (A が出発して B がつくまでの時間 X[分]) = 6 × 4 = $\boxed{24[分]}$ とわかります。

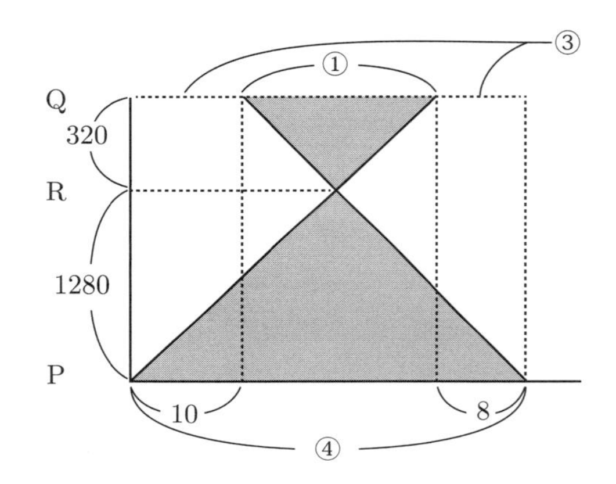

(3) A さんは P 地点を出発して Q 地点に到着するまでに 10 + 6 = 16[分] かかっているので，1600[m] ÷ 16[分] = 100[m/分]. B さんは Q 地点を出発して P 地点に到着するまでに 6 + 8 = 14[分] かかっているので，1600[m] ÷ 14[分] = $\frac{800}{7}$[m/分] = $114\frac{2}{7}$[m/分]. 従って

$\boxed{\text{A さん：毎分 } 100\,\text{m, B さん：毎分 } 114\frac{2}{7}\text{m}}$

6.4　負（マイナス）の数と計算法（D）

これまで人の移動に関する問題を扱ってきましたが，必ずある基準となる時刻と場所があって，その時刻の後，そしてその人の進行方向のみの話に限られていました。しかしその基準の時刻より前の話，そして進行方向と逆方向の話を扱うことも可能なはずです。

まず時間に限定して考えてみます。例えば午前8時を基準に，それよりあとの時刻については「8時から何分経ったか」を，数直線で下のように表します。8時1分は「1」，8時10分は「10」を対応させ，8時ちょうどは「0」を対応させます。では7時59分はどうすればよいでしょうか。8時1分前であることから，これを「$-$（マイナス）」の符号をつけて「-1（マイナス1)」と名づけることにします。同じように7時55分は5分前なので「-5」とします。

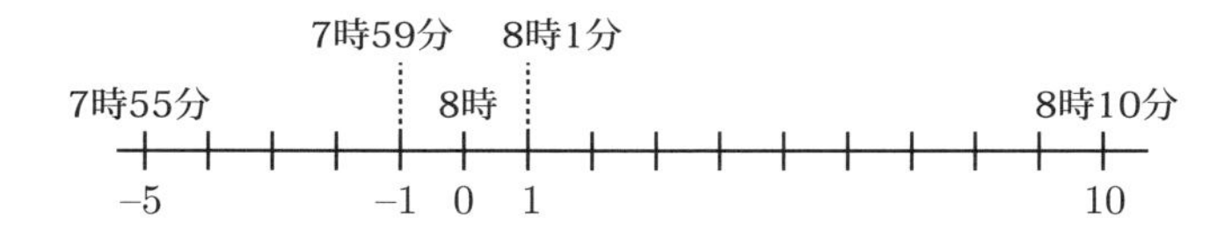

このことから0より小さい数を次のように定めます。

負の数

0より a だけ小さい数を $\boxed{-a\ (\text{マイナス}\ a)}$ と呼ぶことにします。このように0より小さい数を**負（ふ）の数**といい，逆に0より大きな数を**正（せい）の数**といいます。
※0は正の数でも負の数でもありません。

負の数のたし算・ひき算

問　次の時刻を先ほどの8時を基準に何分後になるかを考えて，たし算とひき算で表しなさい。

- 8時2分の5分前
- 7時59分の4分後
- 7時58分の4分前

「8時2分の5分前」は $2-5$ という計算と対応し，8時の3分前を表すので，$\boxed{2-5=-3}$
「7時59分の4分後」は $-1+4$ という計算と対応し，8時3分を表すので，$\boxed{-1+4=3}$
「7時58分の4分前」は $-2-4$ という計算と対応し，8時の6分前を表すので，$\boxed{-2-4=-6}$

とそれぞれ表せます。

同じように次は移動の方向に注目します。
あるP地点から「北の方向」に進んだことをそのまま距離に等しい正の数で表し，「南の方向」に進んだことを距離にマイナスをつけた負の数で表すことにします。（ここでの単位は[m]とします。）

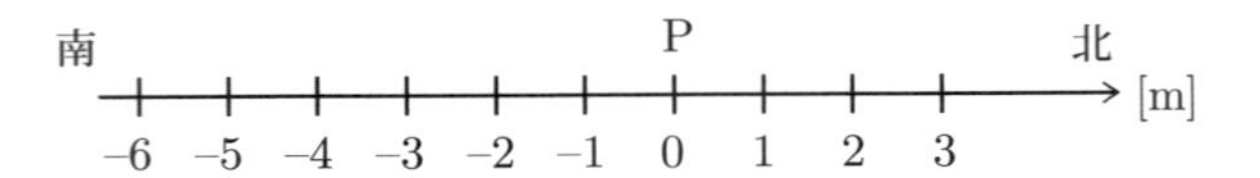

すると「$2-5=-3$」は「北の方向に2[m]の地点から5[m]戻った地点」に対応し，
「$-1+4=3$」は「南の方向1[m]の地点から北の方向に4[m]進んだ地点」に対応し，
「$-2-4=-6$」は「南の方向2[m]の地点からさらに南の方向に4[m]進んだ地点」に対応していることがわかります。

負の数のかけ算（マイナスどうしのかけ算はなぜプラスになるのか？）

まずは速さの考え方を用いて，かけ算について考えてみましょう。

基本問題 6.10: 負の数のかけ算

南北に一直線に延びる道路を車が秒速10mで移動しています。この車はある地点Oを午前8時ちょうどに通過しました。地点Oから北の位置にある点を，点Oからの距離（正の数）で表し，南の位置にある点を，点Oからの距離にマイナスの符号をつけて負の数で表すことにします。また8時より後の時刻を，8時からの経過時間（正の数）で表し，8時より前の時刻を，8時までの時間にマイナスの符号をつけて負の数で表すことにします。

(1) 車が北の方向に進んでいるとき，8時を基準にした次の時刻では車はどこにありますか。また求めるためのかけ算の式はどのように表せるでしょうか。
　(a) 5秒後 (b) 3秒前
(2) 車が南の方向に進んでいるとき，8時を基準にした次の時刻では車はどこにありますか。また求めるためのかけ算の式はどのように表せるでしょうか。
　(a) 5秒後 (b) 3秒前

次はゲームをしたときの得失点に注目することで，負の数のかけ算の意味を考えましょう。

基本問題 6.11: 負の数のかけ算

1×1 の赤のブロックが 5 個と青のブロックが 5 個入った袋が 2 つあります。A さんと B さんがこの袋を 1 つずつ持ち，B さんが自分の袋の中からブロックを取り出して A さんに渡し，A さんはもらったブロックを自分の袋の中に入れます。2 人は袋の中にあるブロックの数を数えて，赤のブロックは 1 個につき 10 点，青のブロックは 1 個につき -10 点として得点を計算します。

最初 2 人のブロックの数はいずれも赤が 5 個, 青が 5 個であったことから，得点は 0 点であることが分かります。B さんが袋から取り出したブロックが次の場合について，2 人の得点の変化をかけ算で表して説明しなさい。

(1) 赤のブロック 3 個を取り出す。
(2) 青のブロック 2 個を取り出す。

ブロックの受け渡しがあっても，2 人のブロックの個数の合計は常に一定であることから，得点の合計も変わらないことが分かります。このことに注意して考えると楽にできます。

基本問題 6.10 の解説

(1)(a) 点 O から北の方向に 10[m/秒] $\times$ 5[秒] $=$ 50[m] の位置にいることになります。

$\boxed{10 \times 5 = 50}$

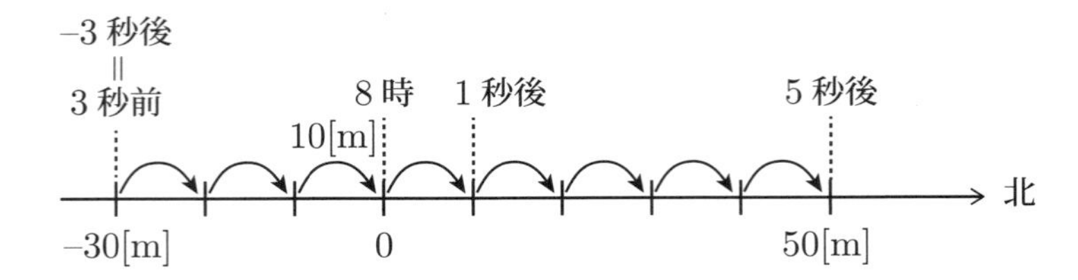

(b) 車が 3 秒前にいた位置を「−3 秒後にいる位置」と考えます。すると車の位置は点 O から南の方向に 10[m/秒] $\times$ 3[秒] $=$ 30[m] 進んだ位置と考えればよいので，「−30[m] の位置」となります。これを式で表すと， $\boxed{10 \times (-3) = -30}$ と考えるのが適切ということになります。

(2)(a) 車が南方向に秒速 10[m] で進むことを「北方向に秒速 −10[m] で進む」と解釈することができます。すると車の位置は点 O から南の方向に 10[m/秒] $\times$ 5[秒] $=$ 50[m] 進んだ位置と考えればよいので，「−50[m] の位置」となります。これを式で表すと， $\boxed{(-10) \times 5 = -50}$ と考えるのが適切ということになります。

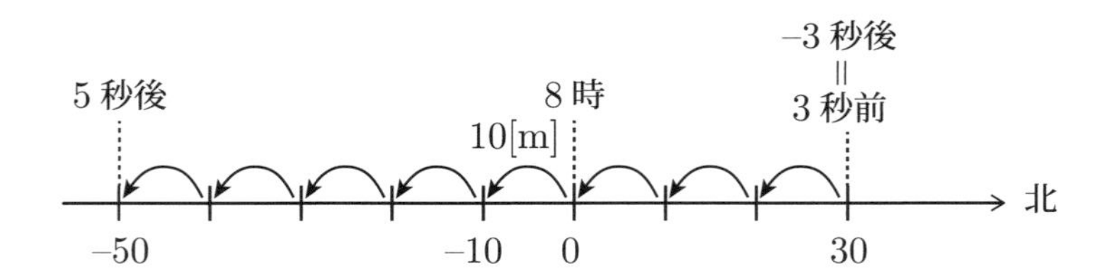

(b) 車の位置は点 O から北の方向に 10[m/秒] $\times$ 3[秒] $=$ 30[m] 戻ったところにあります。これは「北の方向に秒速 −10[m] で進む車が −3 秒後にいる位置」と解釈できるので，

$\boxed{(-10) \times (-3) = 30}$ と考えるのが適切ということになります。

基本問題 6.11 の解説

赤のブロックと青のブロックをそれぞれ順に下のように表します。

(1) A さんは赤のブロックを 3 個受け取るので，$\boxed{10 \times 3 = 30\text{（点）}}$ 増えます。

逆に B さんは赤のブロックを 3 個失い点数を 30 点失います。ブロックが 3 個減ることは「−3 個 増える」と考えられるので，得点の変化を表す式は，$\boxed{10 \times (-3) = -30\text{（点）}}$ と表せます。

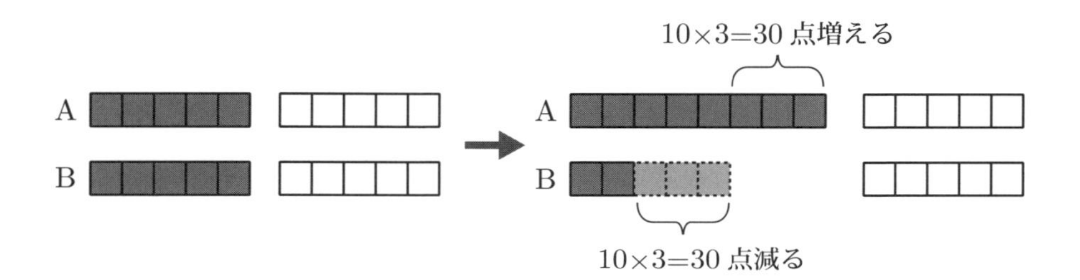

(2) A さんは 1 個あたり −10 点となる青のブロックを 2 個受け取るので，

$\boxed{(-10) \times 2 = -20\text{（点）}}$ となります。

逆に B さんは青のブロックを 2 個失いますが，点数は 20 点増えます。ブロックが 2 個減ることは「−2 個 増える」と考えられるので，得点の変化を表す式は，$\boxed{(-10) \times (-2) = 20\text{（点）}}$ と表せます。

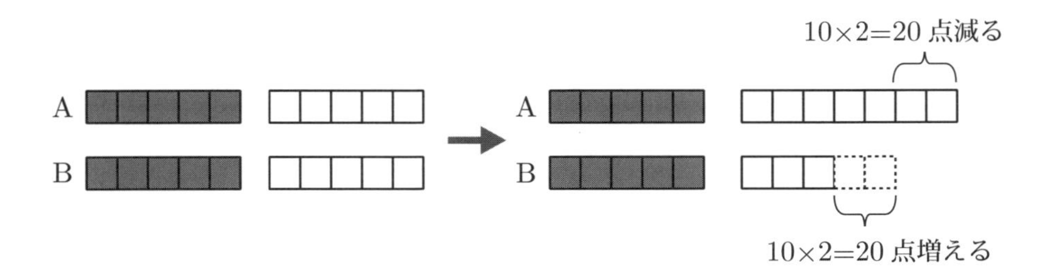

第7章

素数をブロックで表現する

この章では，整数をかけ算であらわしたときの構成要素である素数をブロックと見立てることにします。素数とは 2 や 7 や 13 のように，約数が 2 個しかない数のことをいいます。すべての整数は $12 = 2 \times 2 \times 3$（$= 2^2 \times 3$），$300 = 2 \times 2 \times 3 \times 5 \times 5$（$= 2^2 \times 3 \times 5^2$）のように素数のかけ算で表すこと（素因数分解）ができます。これをブロックを使って表すことで，整数がもつ性質について考えていくことにします。

※本章は，これまでの章を読んでいなくても取り組むことができます。

7.1　約数と倍数・素因数分解（B）

まずは登場する基本用語を整理しておきます。

自然数と整数

$1, 2, 3, 4, \cdots$ を**自然数**といい，自然数に 0 と自然数に $-$(マイナス) をつけた
$\cdots -3, -2, -1, 0, 1, 2, 3, \cdots$ を**整数**といいます。
注意　小学校では 0 より小さい負（マイナス）の数（6.4 節参照）は扱わないことになっています。小学生にとって（第 6 章までは）整数は $0, 1, 2, 3, \cdots$ を表します。

約数と倍数

自然数 a が自然数 b で割り切れる，つまりある自然数 k があって $a = k \times b$ と書けるとき，b は a の**約数**といいます。一方で a は b の**倍数**といいます。

例えば $12 = 2 \times 6$ であるから，6 は 12 の約数の 1 つ，12 は 6 の倍数の 1 つであることがわかります。6 の約数は $6, 3, 2, 1$ の 4 個であり，6 の倍数は $6, 12, 18, 24, \cdots$ と無数に存在します。

素数

素数とは，$2, 3, 5, 7, \cdots$ のように約数の個数が 2 個の自然数（自分自身と 1 以外に約数を持たない数）のこととします。**※1 は約数が 1 個なので素数ではありません。**

指数

a, n が自然数であるとき，$\overbrace{a \times a \times a \times \cdots \times a}^{n\text{個}}$ を $\boxed{a^n}$ と表し，n を a の**指数**といいます。例えば $2 \times 2 \times 2 \times 3 \times 3$ は，$2^3 \times 3^2$ と表します。

素因数分解

自然数を素数の積で表すことを**素因数分解**といいます。
例えば 360 の素因数分解は，$360 = 2 \times 2 \times 2 \times 3 \times 3 \times 5 = 2^3 \times 3^2 \times 5$ で表せます。

360 の素因数分解は右図のように計算できます。まず 360 を一番小さい素数 2 で割ると 180，さらに 2 で割ると 90，もう一度割ると 45 となります。次に小さい素数 3 で割ると 15，もう一度割ると 5 で，5 は素数であるから以上まとめて，$360 = 2 \times 2 \times 2 \times 3 \times 3 \times 5 = 2^3 \times 3^2 \times 5$ と表されることが分かります。

```
2) 360
2) 180
2)  90
3)  45
3)  15
     5
 → 2×2×2×3×3×5
```

整数を素因数分解して，ブロックで表現

素数 2, 3, 5, 7 をそれぞれ 3 色（例えば順に赤，白，黄色，青）のブロックで表すことにします。

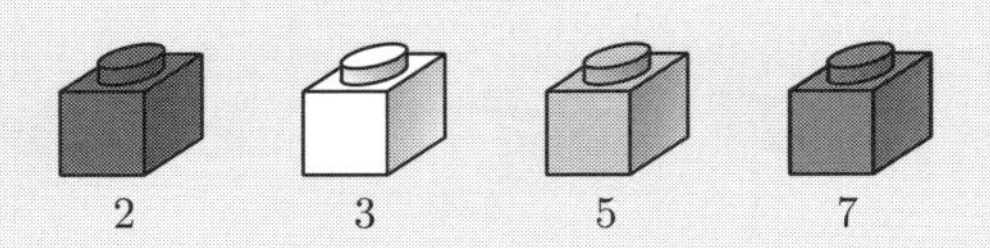

例えば 360 は $2^3 \times 3^2 \times 5$ のように素因数分解できますが，

のように赤 3 個，白 2 個，黄色 1 個のブロックで表せます。

ブロックで素因数分解を表す練習問題

素数 2, 3, 5, 7 を 4 色（例えば順に赤，白，黄色，青）のブロックで表すことにします。30，175，504 の素因数分解は，ブロックを使うとどのように表せるでしょうか。

基本問題　7.1: 約数の特徴

素数 2, 3, 5 を 3 色のブロックで表して，次の問いに答えなさい。

(1) 60 を素因数分解して，ブロックを用いて表しなさい。
(2) 60 の約数をいくつか素因数分解して，ブロックを用いて表しなさい。
(3) (1)(2) の結果から，60 の約数の素因数分解について特徴を説明しなさい。
(4) 216 の約数の素因数分解について，特徴を説明しなさい。

ブロックで素因数分解を表す練習課題の解答

30 は $30 = 2 \times 3 \times 5$ であるから，**赤 1 個, 白 1 個, 黄色 1 個** で表せます。

175 は $175 = 5 \times 5 \times 7$ であるから，**黄色 2 個, 青 1 個** で表せます。

504 は $504 = 2 \times 2 \times 2 \times 3 \times 3 \times 7$ であるから，**赤 3 個, 白 2 個, 青 1 個** で表せます。

基本問題 7.1 の解説

2, 3, 5 をそれぞれ右のようにブロックで表すことにします。

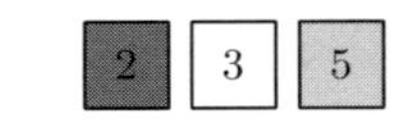

(1) 60 = $2^2 \times 3 \times 5$ と素因数分解できるので，下図のように表せます。

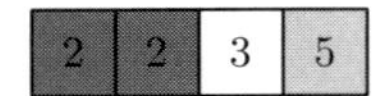

(2) 例えば $15 = 3 \times 5$ で左下図のように，$12 = 2^2 \times 3$ で右下図のように表せます。他にも試してみましょう。

(3) 60 の約数はすべて，60 を表していた 4 個のブロックからいくつかを選んで表せることがわかります。このことは 60 の約数の素因数分解において，素数 2 については全く使わないか指数が 1 か 2 のいずれか，3 については全く使わないか指数が 1 のいずれか，5 については全く使わないか指数が 1 のいずれかということを意味します。従って，$60 = 2^2 \times 3 \times 5$ と表されるのに対し，60 の約数は必ず $2^a \times 3^b \times 5^c$ $(0 \leqq a \leqq 2, 0 \leqq b \leqq 1, 0 \leqq c \leqq 1)$ の形で表されることが分かります。(2, 1, 1 は 60 の素因数分解の指数に由来します。) つまり，

60 の約数を素因数分解したとき，各指数は元の 60 の素因数分解の各指数以下になる ことがわかります。

(4) $216 = 2^3 \times 3^3$ であるから，216 の約数は $2^a \times 3^b$ $(0 \leqq a \leqq 3, 0 \leqq b \leqq 3)$ の形で表せます。

研究（指数が 0 とは？） 上の素因数分解で 2 や 3 を用いないことを $2^0, 3^0$ と表していますが，これは $2^0 = 1, 3^0 = 1$ であることによります。この等式が成り立つ理由はあとの 7.3 節で説明しますが，考えてみてください。

研究（約数の個数は？） 上の約数の素因数分解の指数に注目すると，約数の個数が計算で求められることが分かります。これもあとの 7.3 節で説明しますが，考えてみてください。

7.2　最大公約数と最小公倍数（B）

最大公約数・最小公倍数

2 つ以上の自然数が共通してある約数を持つとき，その約数を**公約数**といい，
2 つ以上の自然数が共通してある倍数を持つとき，その倍数を**公倍数**といいます。公約数の中で最大のものを**最大公約数**といいます。

また公倍数の中で最小のものを**最小公倍数**といいます。特に **2** つの自然数の最大公約数が 1 であるとき，その 2 数は**互いに素である**といいます。

例えば 24 と 60 の公約数は $1, 2, 3, 4, 6, 12$ で，12 が最大公約数となります。また $24, 60$ の公倍数は $120, 240, 360 \cdots$ で，120 が最小公倍数となります。

さらに $24, 35$ は互いに素で，1 はすべての 2 以上の整数と互いに素となります。

読者の中にはこのあとで紹介する最大公約数・最小公倍数の計算法をすでに知っている人もいらっしゃるかと思いますが，今説明した用語の意味に基づいて考えるようにしてください。

基本問題　7.2: 最大公約数と素因数分解の関連性の発見

(1) $120, 216$ の公約数の意味に基づいて，最大公約数を求めなさい。
(2) $120, 216$ の最大公約数と，元の 2 数 $120, 216$ のそれぞれの素因数分解に見られる特徴を説明しなさい。**素因数分解をブロックで表現して考えましょう!**
(3) $3150, 1260$ をそれぞれ素因数分解し，2 数の最大公約数を求めなさい。

基本問題　7.3: 最小公倍数と素因数分解の関連性

(1) $60, 36$ の公倍数の意味に基づいて，最小公倍数を求めなさい。
(2) $60, 36$ の最小公倍数と，元の 2 数 $60, 36$ のそれぞれの素因数分解に見られる特徴を説明しなさい。**素因数分解をブロックで表現して考えましょう!**
(3) $180, 864$ をそれぞれ素因数分解し，2 数の最小公倍数を求めなさい。

似たような練習問題を求めている方へ

いずれの問題も最大公約数・最小公倍数の言葉の意味に基づく方法と，素因数分解に基づく方法の 2 通りで考えました。ご自身で数字を決めて練習問題を作成し，解くことをおすすめします。2 通りの方法で解いて答えが一致すれば，正しいと判断できます。

基本問題 7.2 の解説

(1) 120 の約数と 216 の約数の両方にあてはまる数が公約数です。

ここでは地道に約数を書き出すことで求めることにします。

120 の約数は,$1, 2, 3, 4, 5, 6, 8, 10, 12, 15, 20, 24, 30, 40, 60, 120$.

216 の約数は,$1, 2, 3, 4, 6, 8, 9, 12, 18, 24, 27, 36, 54, 72, 144, 216$.

従って共通して現れている数が公約数で，$1, 2, 3, 4, 6, 8, 12, 24$. これらの中で最大なものが最大公約数で $\boxed{24}$ であるとわかります。

(2) 素数 2 と 3 と 5 をそれぞれ順に下図で表すことにします。

基本問題 7.1 で学んだように，$120, 216$ の約数はこれらの素因数分解から求めることが出来ます。$120 = 2^3 \times 3 \times 5, 216 = 2^3 \times 3^3$ で，ブロックで表すと, 下のようになります。

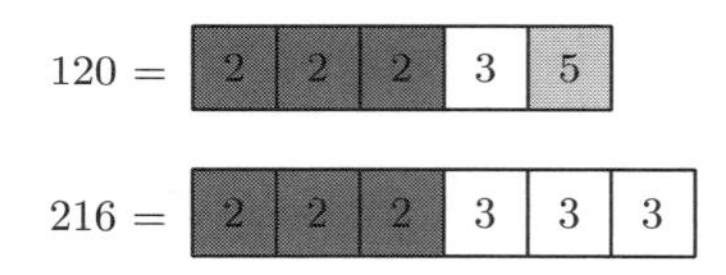

$120, 216$ の約数はそれぞれの素因数分解で用いたブロックから選んで表される数で，特に公約数は両方に共通する数です。2 のブロックは $120, 216$ 両方とも 3 個ずつあるから最大 3 個まで使え，3 のブロックは 120 に 1 個，216 に 3 個あるので最大でも 1 個まで使えます。5 のブロックは 120 に 1 個，216 にはないので使うことは出来ません。従って公約数で使えるブロックは，2 のブロックが 3 個，3 のブロックが 1 個なので，最大公約数は $2^3 \times 3 = \boxed{24}$ であるとわかります。

つまり最大公約数は，2 数で使われている各素数のブロックで個数が小さい方を選んできて作られる数であることがわかります。

指数で言い換えると，2 数の最大公約数は 2 数の素因数分解において，**各素数の指数の小さいものをとってかけ合わせた数**ということがわかります。

(3) $3150 = 2 \times 3^2 \times 5^2 \times 7, 1260 = 2^2 \times 3^2 \times 5 \times 7$ です。各素数 $2, 3, 5, 7$ の指数で小さいほうを選んでかけ合わせると，$2 \times 3^2 \times 5 \times 7 = \boxed{630}$ であることがわかります。

基本問題 7.3 の解説

(1) $60, 36$ の倍数を順に書き出して，共通して出てくるものが公倍数です。

60 の倍数は，$60, 120, 180, 240, 300, 360, 420, \cdots$

36 の倍数は，$36, 72, 108, 144, 180, 216, 252, 288, 324, 360, \cdots$

従って最小公倍数は $\boxed{180}$ とわかります。

(2) 素数 2 と 3 と 5 をそれぞれ順に下図のように表すことにします。

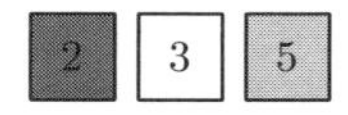

まず $36 = 2^2 \times 3^2, 60 = 2^2 \times 3 \times 5$ で，これらをブロックで表すと下のようになります。

$36, 60$ の倍数はこれらにブロックを追加して表せる数であり，公倍数は両方に共通するものです。素数 2 のブロックについてはどちらも 2 個ずつあるので，公倍数の 2 のブロックは 2 個以上となります。素数 3 のブロックについては 36 が 2 個，60 が 1 個なので，公倍数は 3 のブロックが 2 個以上となります。素数 5 のブロックについては 36 が 0 個，60 が 1 個なので，公倍数は 5 のブロックが 1 個以上となります。

従って公倍数で必要なブロックは最低でも 2 のブロックが 2 個，3 のブロックが 2 個，5 のブロックが 1 個なので，最小公倍数は $2^2 \times 3^2 \times 5 = \boxed{180}$ であるとわかります。つまり最小公倍数は，2 数で使われている素数のブロックで個数が大きい方を選んできて作られる最小の数であることがわかります。

指数の言葉で言い換えると，2 数の最小公倍数は，2 数の素因数分解において**各素数の指数の大きいものをとってかけ合わせた数**ということがわかります。

(3) $180 = 2^2 \times 3^2 \times 5,\ 864 = 2^5 \times 3^3$ です。各素数 $2, 3, 5$ の指数で大きいほうを選んでかけ合わせると，$2^5 \times 3^3 \times 5 = \boxed{4320}$ とわかります。

3数以上の最大公約数・最小公倍数の求め方として，以下のような求め方をご存知の読者も多いことと思います。この原理をブロックで暴いてみましょう。（次ページにヒントを掲載）

研究問題 7.1: 一斉わり算による最大公約数・最小公倍数の求め方の原理 (やや難)

$60, 120, 108, 450$ の4数について，最大公約数・最小公倍数を次のように求めます。

2	60	120	108	450	①
3	30	60	54	225	②
	10	20	18	75	③

まず4数は共通して2で割れるので2で割り，それらの商を一段下に書きます（②）。次に②の4数は共通して3で割れるので3で割り，それらの商を一段下に書きます（③）。これ以上公約数はないので，**最大公約数**は①②の左端の2数の積 $\boxed{2 \times 3 = 6}$ とわかります。

一方最小公倍数については，この一斉わり算をさらに強引に続けます。**つまり4数すべてでなくても，2数以上に公約数があればそれで割り算してもよしとするのです。**

2	60	120	108	450	①
3	30	60	54	225	②
2	10	20	18	75	③
3	5	10	9	75	④
5	5	10	3	25	⑤
	1	2	3	5	⑥

③で出てきた4数のうち左から3数 $10, 20, 18$ はまだ2で割れるので，これらについては2で割り，それらの商を一段下に書き，75はそのまま一段下に書きます（④）。次に④の右2数は3で割れるので，3で割りそれらの商を一段下に書き，$5, 10$ はそのまま一段下に書きます。最後に $5, 10, 25$ が5で割れて4数は⑥のようになり，これ以上はどの2数を選んでも割れません。これでわり算は終了し，①〜⑤で割った数（左端の数）$2, 3, 2, 3, 5$ と⑥の $1, 2, 3, 5$ の積 $\boxed{2 \times 3 \times 2 \times 3 \times 5 \times 1 \times 2 \times 3 \times 5 = 5400}$ が最小公倍数となります。

問 特に最小公倍数についてはこの手法で正しく計算できているか疑問に思うことでしょう。そこでこの一斉わり算による最小公倍数の求め方が正しいことを説明してください。（最初の4数を素因数分解してブロックで表します。一斉わり算の経過をブロックで表現してみましょう。これまで学んできた方法と比べると原理は解明できます。）

研究問題 7.1 のヒント

まず 4 つの数を素因数分解した上で，基本問題 7.2,7.3 で学んだことを活かして最大公約数，最小公倍数を求めましょう。

次に 4 つの数の素因数分解をブロックで表現します。

$60=2^2\times3\times5,\ 120=2^3\times3\times5,\ 108=2^2\times3^3,\ 450=2\times3^2\times5^2$

ここで各素数 $2,3,5$ を右図のようにブロックで表すことにします。

4 つの数は，ブロックの色別に分けると下図のように表すことができます。

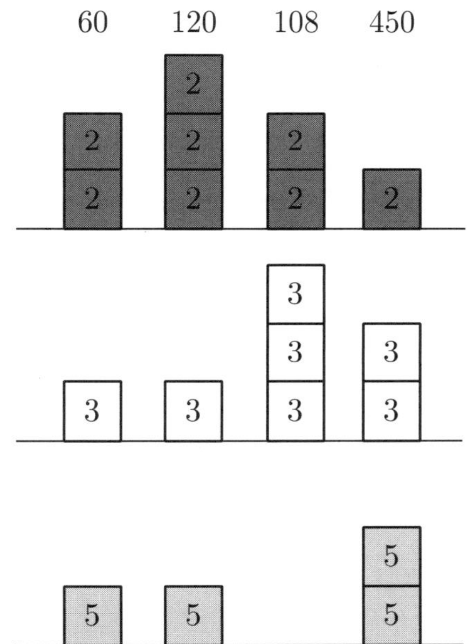

ここで ①〜⑥ に対応する操作を上のブロックに対して施してみましょう。例えば ① は 2 のブロックの最下段をすべて取り去ることを意味します。

特に最小公倍数については，同様の操作を行った結果 ⑥ で残った数と，一斉わり算の左端の 2,3,2,3,5 が何をあらわすのかをよく観察する必要があります。基本問題 7.2,7.3 で学んだ素因数分解を活かす方法と照らし合わせてみると，解明できるでしょう。

次は素数をブロックで見立てると解きやすい中学入試問題です。

研究問題　7.2: ブロックを用いると解きやすくなる中学入試問題

2以上の整数Aを素数だけの積で表したとき，

- 用いた素数の種類の数を【A】
- 用いた素数の個数を <A>
- 用いた素数のうち，最も大きなものを [A]

で表します。たとえば $420 = 2 \times 2 \times 3 \times 5 \times 7$ と表せるので，

$$【420】= 4, < 420 >= 5, [420] = 7,【420】+ < 420 > +[420] = 16$$

とわかります。このとき次の問いに答えなさい。

(1) 【86400】+ <86400> + [86400] はいくつですか。

(2) 【A】= 3 である2桁の整数Aのうち，1番大きい数と2番目に大きい数を求めなさい。

(3) 2桁の整数Aで，

- 【A】+1 = <A>
- 【5 × A】=【A】

の2つの条件すべてにあてはまるものは全部で何個ありますか。

(4) 2以上の整数Aで，

- 【105 × A】=【A】+ 2
- <A> = 5
- [A] = 11

の3つの条件すべてにあてはまるもののうち，1番小さいものを答えなさい。

（2016年聖光学院中学校第2回入学試験問題）

7.3　指数法則・約数の個数と総和（D）

中学1年生が文字式でつまづく原因の1つが，ここで考える指数法則です。文字そのものが数のメタファーとしての表現であるのですが，ここでは文字で書かれた数をブロックとして見立てていきます。前ページまでは「素数」を「ブロック」と見立てましたが，ここでは一般的な「自然数」を「ブロック」と考えることにします。小学生でもある程度は分かると思います。

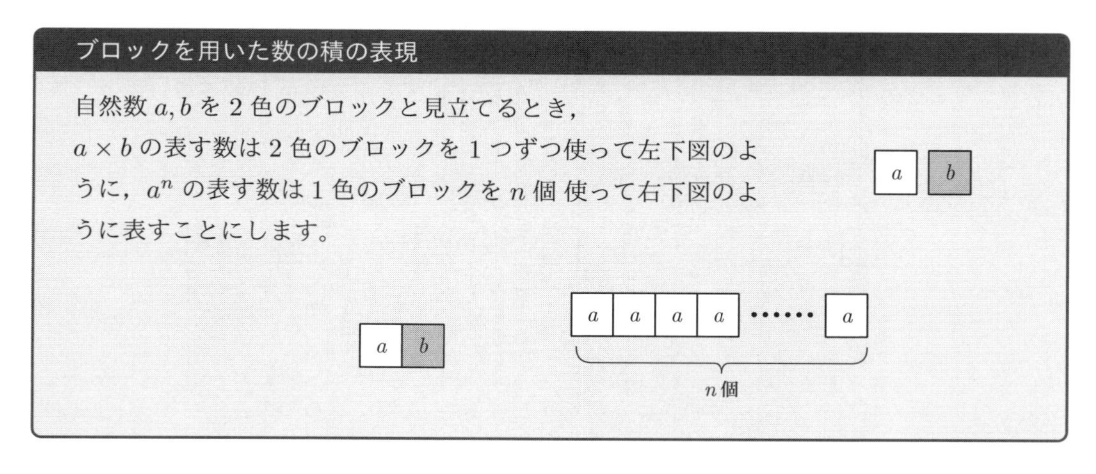

積の表現であることには素数の場合と変わりはありません。これまでの考え方を応用して取り組んでください。

基本問題 7.4: 指数法則

a, b を自然数，m, n を 0 以上の整数とします。a, b を 2 色のブロックで順に下のように表すとき，次の問いに答えなさい。

a　b

(1) a^{m+n} と a^m とで一般に成り立つ関係を式で表しなさい。

(2) $m > n$ であるとき，a^{m-n} と a^m とで一般に成り立つ関係を式で表しなさい。

(3) a^1, a^0 の値はそれぞれいくつと考えると都合がいいでしょうか。

(4) a^{-m} と a^m とで一般に成り立つ関係はどのように考えると都合がよいでしょうか。

(5) $a^{m \times n}$ と a^m とで一般に成り立つ関係を式で表しなさい。

(6) $(a \times b)^n = a^n \times b^n$ であることを説明しなさい。

(7) $a^m + a^n$ については特に法則化されてはいませんが，$\boxed{a^m + a^n = a^{m+n}}$ と計算してしまう人が非常に多くいます。これが誤りであることを説明し，さらに $a^m + a^n$ についてわかることを考えなさい。

（文字だと難しく感じる人は，$a = 2,\ b = 3$ と具体的な数で考えると分かりやすくなります。）

基本問題 7.4 の解説

(1) a^{m+n} は a のブロックが $m+n$ 個，a^m は a のブロックが m 個ある状態を表します。

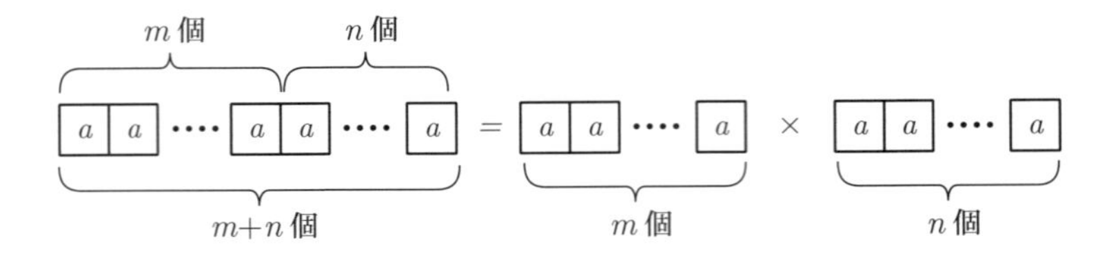

従って m 個のブロックに n 個のブロックを足せば $m+n$ 個になるので，
$\boxed{a^{m+n} = a^m \times a^n}$ となります。

(2) a^{m-n} は a のブロックが $m-n$ 個ある状態で，これは a のブロックが m 個ある状態から n 個取り去ったと考えることが出来ます。

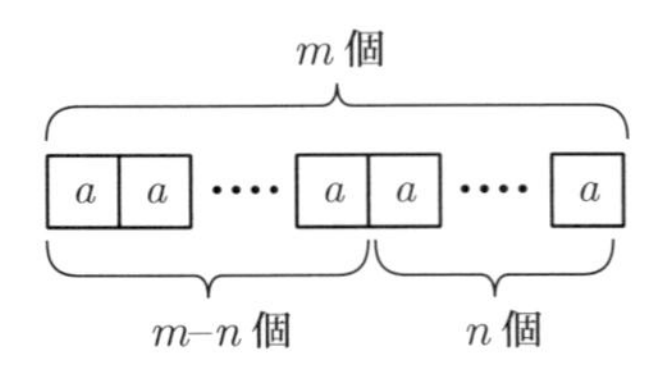

「ブロックを追加する」ことが「かけ算」であると考えるので，「ブロックを取り去る」ことは，逆演算の「わり算」と考えることが出来ます。従って，$\boxed{a^{m-n} = a^m \div a^n}$ となります。

(3) a^1 は, 指数の定義から a が1個だけある状態を表しているので，$\boxed{a^1 = a}$

a^0 については (2) の法則を $m=n$ に適用すると，$a^m \div a^m = a^{m-m}$ で，これから $1 = a^0$ であると考えるのが妥当であるとわかります。従って $\boxed{a^0 = 1}$

素因数分解の観点からの説明 素因数分解での考え方に基づくと例えば $36 = 2^2 \times 3^2$ ですが，数5が含まれないことを反映させるのであれば $36 = 2^2 \times 3^2 \times 5^0$ と表すことになります。5^0 をかけ算しても効果が変わらないようにするには，$5^0 = 1$ とみなす必要があります。これはほかの数についても同様であるとわかります。

(4) (1)(3) の結果を組み合わせて考えます。

(1) から $a^{m+(-m)} = a^m \times a^{-m}$ が成り立つと考えます。すると $a^0 = a^m \times a^{-m}$, つまり $a^m \times a^{-m} = 1$. したがって $\boxed{a^{-m} = \dfrac{1}{a^m}}$ であると考えるのが妥当であることがわかります。

負（マイナス）の数は目に見えないので，残念ながらブロックで表現するのは困難です。

(5) $a^{m\times n}$ は a のブロックが $m\times n$ 個ある状態です。a^m はブロックが m 個ある状態であることから，$m\times n$ 個のブロックは「m 個のブロック」の塊が n 個あると解釈できます。

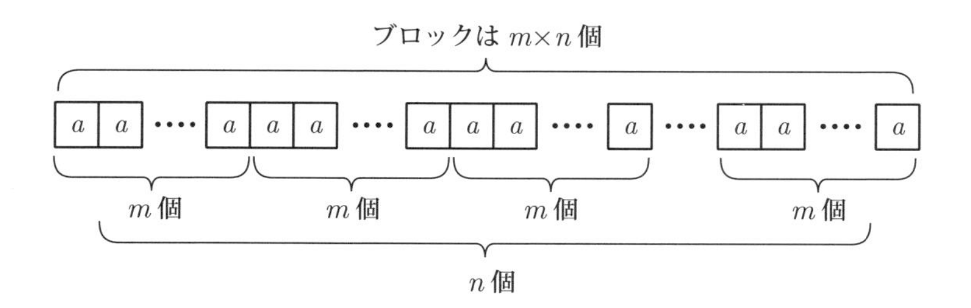

したがってこれを式で表せば，$a^{m\times n} = \underbrace{a^m \times a^m \times a^m \times \cdots \times a^m}_{n\text{ 個}} = (a^m)^n$。つまり $\boxed{a^{m\times n} = (a^m)^n}$ となることがわかります。

(6) $(a\times b)^n$ は，結果的に a のブロックが n 個，b のブロックが n 個あることになる。

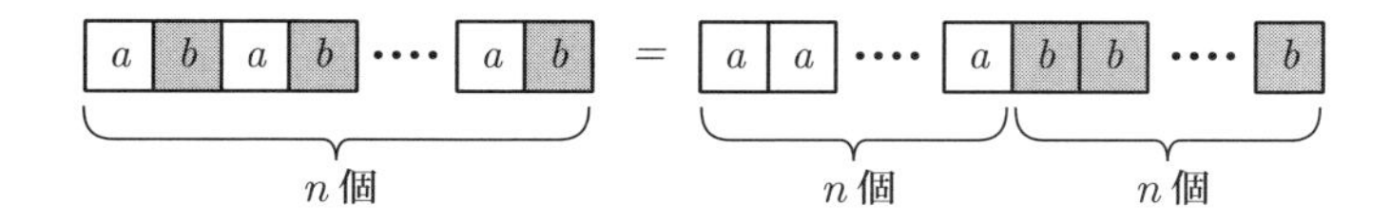

したがってこれを式で表せば，$\boxed{(a\times b)^n = a^n \times b^n}$ であるとわかります。

(7) (1) の法則から，$a^{m+n} = a^m \times a^n$ です。一般に a が自然数では $a^m + a^n < a^m \times a^n$ となる（$2^1 + 2^1 = 2^1 \times 2^1$ という例外もありますが）ので誤りと分かります。

> **a^{m+n} を $a^m \times a^n$ とすることは少なく，逆に $a^m \times a^n$ や $a^m + a^n$ を簡単な式にしようとすることはよくありますが，本問は典型的な誤答例です。注意しましょう。**

例えば $m = n$ であるとすると，$a^m + a^n = a^n + a^n = 2\times a^n$ となります。
また $2^2 + 2^{10}$ を考えると，$2^{10} = 1024, 2^2 = 4$ で指数は 8 しか違いがないのですが，実際は $1024 \div 4 = 256$ 倍の違いがあります。つまり $\boxed{2^2 + 2^{10}\text{ は「ほぼ }2^{10}\text{」}}$ といっても過言ではありません。つまり $\boxed{a^m + a^n\text{ は足しているのにたいして増えない}}$ ことになります。もし強引に考えるのであれば，$\boxed{(m \geqq n\text{ のとき})\ a^m + a^n = a^n(a^{m-n} + 1)}$ とするしかありません。

以下の問題を解く際はブロックを用いないほうがよいでしょう。法則（とその理屈）が十分ブロックを通じてイメージできているかが試されます。

応用問題　7.3: 指数法則の練習問題

次の□にあてはまる自然数をそれぞれ答えなさい。((1)(6) はそれぞれに)

(1) $6^3 \times 12^5 \times 15^4 = 2^{\square} \times 3^{\square} \times 5^{\square}$

(2) $2^{(2^{(2^2)})} = 2^{\square}$

(3) $\left((2^2)^2\right)^2 = 2^{\square}$

(4) $69^2 + 92^2 = \square^2$

(5) $2^{11} + 2^{11} + 2^{12} = 2^{\square}$

(6) $2^{16} \times 3^{33} \times 5^{23} = 6^{\square} \times 15^{\square} \times 10^{\square}$

応用問題　7.4: 工夫して考えよう!

(1) 2^{300} と 3^{200} は等しいでしょうか？あるいはどちらが大きいでしょうか？

(2) 125×6400 を計算しなさい。

(3) $432 \times 3125 + 450 \times 120 \times 75$ を計算しなさい。

(4) $\left((3^3)^3\right)^3$ と $3^{(3^{(3^3)})}$ は等しいでしょうか？あるいはどちらが大きいでしょうか？

応用問題　7.5: 指数法則を強引に拡張してみよう!

(1) 指数法則を利用すると，$4^{\frac{1}{2}}, 27^{\frac{2}{3}}$ の値はそれぞれいくつと考えるのが適当でしょうか？

(2) 0^0 の値はいくつと考えるのが適当でしょうか？

（応用例）約数の個数と総和（面積図の考え方）

基本問題　7.5: 約数の個数と総和

(1) 144 を素因数分解して，約数の個数を求めなさい。
(2) $2^a \times 3^b$ (a, b は自然数) で表される数の約数の総和を求める公式は，面積図を利用して簡単な形で表すことが出来ます。それを発見してください。
(3) 約数の個数が奇数である自然数はどのような数であるか説明しなさい。
(4) 360 の約数の総和を求めなさい。

約数の総和は 5.2 節の考え方を応用します。まず $2^2 \times 3$ の約数の総和が面積図でどのように表されるのか考えてみましょう。約数を素因数分解して，長方形の面積として表します。

指数や素因数分解の考え方を活かした応用問題を用意します。色々考えて楽しんでください。

研究問題　7.6: かけ算の魔方陣

(1) 右の 9 個の□に 1 つずつ異なる自然数を入れて，縦，横，斜めのどの 3 つの積も等しくなるようにしなさい。
(2) 連続する 9 個の自然数をどのように入れても，(1) のような状況にすることは不可能であることを説明しなさい。

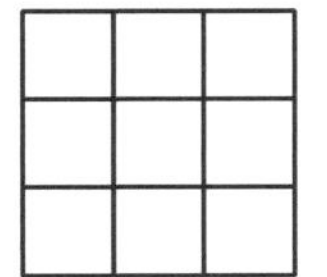

研究問題　7.7: 巨大な数の和

$2^a + 2^b + 2^c + 2^d = 2^{100} \quad (a \leqq b \leqq c \leqq d)$ を満たすような自然数 (a, b, c, d) の組をすべて求めなさい。（「すべて求めなさい」ということは，それ以外には絶対に存在しないことを説明しなければなりません。）

基本問題 7.5 の解説

(1) $144 = 2^4 \times 3^2$ であり基本問題 7.1 で考えたことから，144 の約数は $2^a \times 3^b$ $(0 \leqq a \leqq 4, 0 \leqq b \leqq 2)$ で表せることがわかります。すると 2 の指数 a は 0〜4 の 5 通り，3 の指数 b は 0〜2 の 3 通り あることから，組合せは $5 \times 3 = 15$ 通り となります。その指数 a, b の組合せに対して約数が 1 つ対応することから，約数の個数は 15 個 とわかります。

(2) まず，$2^2 \times 3 = 12$ の約数について考えてみましょう。この約数を素因数分解すると，

$$12 = 2^2 \times 3,\ 6 = 2^1 \times 3^1,\ 4 = 2^2 \times 1 = 2^2 \times 3^0,$$

$$3 = 1 \times 3 = 2^0 \times 3^1,\ 2 = 2^1 \times 3^0,\ 1 = 2^0 \times 3^0$$

これらのかけ算に対応する長方形の面積図を考えます。縦の長さが 2^a, 横の長さが 3^b になるように描いて，すべて整理して右図のように並べます。

	3^0	3^1
2^0	1	3
2^1	2	6
2^2	4	12

この 6 個の小長方形の面積の総和が約数の総和に等しく，全体の長方形の面積は縦が $2^0 + 2^1 + 2^2$，横が $3^0 + 3^1$ と表されることから，面積は $(2^0 + 2^1 + 2^2) \times (3^0 + 3^1) = 7 \times 4 = 28$ と計算できます。ちなみに約数の個数についても (1) で考えた方法が正しいことが確認できます。

次に一般化して，$2^a \times 3^b$ の約数の個数と総和について考えます。
$2^a \times 3^b$ の約数は $2^p \times 3^q$ $(0 \leqq p \leqq a, 0 \leqq q \leqq b)$ の形で表せます。約数は p, q の組合せの数だけあり， $(a+1) \times (b+1)$ 個であることがわかります。

また各約数を縦が 2^a, 横が 3^b の長さをもつ長方形の面積で対応させると，下図のように並べることが出来ます。**この長方形の個数が約数の個数に等しくなっている**ことにも気がつきます。

	3^0	3^1		3^b
2^0			……	
2^1			……	
	⋮	⋮	⋱	⋮
2^a			……	

したがってこの長方形の面積の総和が約数の総和に等しく，それは
縦の長さが $2^0+2^1+\cdots+2^a$，横の長さが $3^0+3^1+\cdots+3^b$ の長方形の面積
$\boxed{(2^0+2^1+\cdots+2^a)\times(3^0+3^1+\cdots+3^b)}$ に等しく，これが約数の総和となります。
(3) ある自然数の素因数分解が $2^a\times3^b\times5^c\times\cdots$ であるとき，その約数は，
$2^p\times3^q\times5^r\times\cdots$ $(0\leqq p\leqq a,\ 0\leqq q\leqq b,\ 0\leqq r\leqq c,\ \cdots)$ と表せます。したがって約数の個数は $(a+1)\times(b+1)\times(c+1)\cdots$ であるとわかります。これが奇数であるということは，$a+1, b+1, c+1\cdots$ がすべて奇数である可能性以外考えられません。（もし 1 つでも偶数があれば，かけ算すると偶数になってしまいます)。従って $a, b, c\cdots$ はすべて偶数であることがわかります。つまり約数が奇数個の自然数は，$\boxed{\text{ある整数を 2 乗した数（平方数）}}$ であることがわかります。
(4) $360=2^3\times3^2\times5^1$ で，その約数は $2^a\times3^b\times5^c$ $(0\leqq a\leqq3, 0\leqq b\leqq2, 0\leqq c\leqq1)$ と表せます。今度は素因数が 3 種類あるので，各約数を 3 辺の長さがそれぞれ $2^a, 3^b, 5^c$ の直方体の体積で表すことを考えます。これらの直方体を整理すると，下図のように並べることができます。この大きな直方体の体積が約数の総和に等しいとわかり，$(2^0+2^1+2^2+2^3)\times(3^0+3^1+3^2)\times(5^0+5^1)=15\times13\times6$
$=\boxed{1170}$.

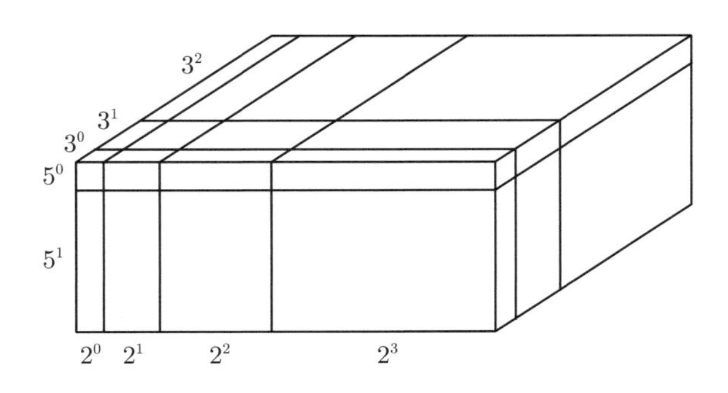

7.4 巨大な数を近似・推定する（フェルミ推定）(D)

素因数分解は，大きな数を小さな素数の積に分解して考えることがポイントでした。この考え方を応用して，日常の光景に潜んでいる普段意識することのない数を数えることに挑戦してみましょう。

基本問題 7.6: ざっくり数える方法

カップの中に同じ形をしたブロックが多量に入っています。ざっくり何個くらいあるかを調べる効率のよい方法を考えなさい。（水族館でイワシの群れが何匹くらいいるのかを 5 秒で判断する方法も同じようにしてできます。）

基本問題 7.7: ざっくり数える方法〜フェルミ推定

日本全国にマクドナルドはおよそ何店舗あるでしょうか。5 分で推定してください。

研究問題　7.8: バイバイン・ドラえもんは宇宙の最終兵器？

ドラえもんの道具で「バイバイン」という薬があります。これを一滴，「もの」に振り掛けると 5 分 ごとにその「もの」が倍に増えていくというものです。ここで，1 個の栗まんじゅうにバイバインをかけることを考えます。すると 5 分後に 2 個，10 分後には 4 個，15 分後には 8 個 という具合に増えていきます。

(1) 1 時間後に栗まんじゅうは何個になっているか，具体的数値で求めなさい。

(2) $2^{10} = 1024$ を簡単のため，1000 と近似します。10 時間後には栗まんじゅうは約 10 の何乗個になっているか求めなさい。

(3) 宇宙は半径が 100 億光年（ 光の速さ ＝ 毎秒 3×10^8[m] でも 100 億年かかる距離 ）の球体であり，かつ宇宙空間の星の体積は無視できるものとして，この宇宙が栗まんじゅうによって埋め尽くされるまでの時間はおよそどれくらいか考えます。予想して最も近いものを次から選び，正しいかどうか検証しなさい。ただし栗まんじゅう 1 個は 100[cm^3] とします。
(1) 約 1 日 (2) 約 1 ヶ月 (3) 約 1 年 (4) 約 10 年 (5) 約 100 年 (6) その他

※半径 r の球の体積は $\dfrac{4}{3} \times$ (円周率) $\times r^3$ です。

基本問題 7.6 の解説

まず10個がどのくらいのサイズであるか（あるいは握りこぶし1個分のブロックの数）を把握します。あとはカップの容器がそのサイズの何倍か（握りこぶし何個分か）をざっと見積もって，かけ算をします。

基本問題 7.7 の解説

利用者数で考えます。以下のように推定します。

・マクドナルドを定期的に利用するのは, 国民全体の 3/4（高齢者以外）。

・利用する人の平均利用回数は月2回ほど（つまり15日間は違う客が利用する）。

・一日の来客数は，各店舗の座席数が100，平均滞在時間1時間，全て埋まるのは7時，8時台，11時半〜13時半，17時〜19時台の計6時間で600人，それ以外の時間帯をあわせて1000人と考えます。またテイクアウトは店内利用者とほぼ同数とみて，1日の来客数は2000人と考えます。

→ 15日間での利用者は30000人=ある店舗の利用者。全国で9000万人が利用していると見ているから，9000 ÷ 3 = 約3000店 と推定できます。

このような推定法は**フェルミ推定**とよばれ，物理学者のエリンコ・フェルミがよく用いていたことに由来します。日本ではGoogleの入社試験問題に出題されたことで話題になりました。「日本にある電柱の数はいくつか」「シカゴにピアノの調律師は何人いるか（フェルミ自身が出題したといわれている）」が有名な例題で，欧米の大学や企業等で思考力を鍛える方法として採用されているといわれています。まずは**「けた数」が正しければ十分**です。

7.5　無理数の証明と互除法（D）

この節の前半部分の応用について紹介します。

$\sqrt{2}$ が無理数であることの証明（5.9 節参照）

以下の背理法（はいりほう）を用います。

背理法

結論が正しくなかったと仮定すると，何か矛盾が生じてしまうことで示すべき事実が正しいと結論づける論証法を**背理法**といいます。この論証法が可能なのは，数学で扱う事実や性質が「正しいか誤っているかのいずれか明確に定まる」という前提があることによります。このような事実のことを**命題**といいます。

証明 $\sqrt{2}$ が無理数でない，つまり有理数であったと仮定します。有理数なので，$\sqrt{2}=\dfrac{b}{a}$ $(a, b$ は自然数) と表せます。2 乗すると，$2=\dfrac{b^2}{a^2}$, つまり $\underline{2\times a^2=b^2}$ となります。

ここで $2\times a^2$ と b^2 の素因数分解を考えます。特に 2 の指数（個数）に注目します。a^2 には 2 が全く含まれていないか，含まれているとすると 2 乗しているので必ず 2 の指数は偶数であることがわかります。従って，$2\times a^2$ の 2 の指数は奇数であるとわかります。同様に，b^2 の 2 の指数は偶数とわかります。

しかし本来この 2 つの値 $2a^2, b^2$ は等しいので，素因数分解したときの 2 の指数は等しくなります。これは上の結論と矛盾します。

従って最初の仮定が誤りで，$\sqrt{2}$ は無理数であることがわかります。

ユークリッドの互除法

基本問題 7.8: 互除法のしくみ

横が 731 [cm]，縦が 153 [cm] の長方形があります。この長方形を一辺 a[cm] の正方形だけで敷き詰めていくことを考えます。整数 a の最大値を，以下の長方形を利用して求めなさい。（ブロックで考える際は，まず 9×12 の長方形を考えましょう。）

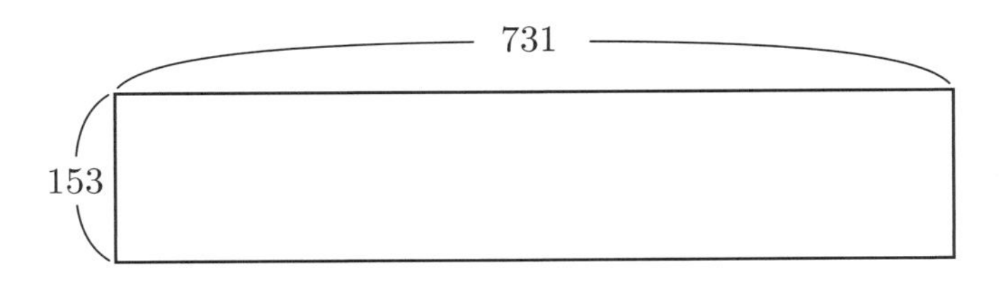

勿論これは 731 と 153 の最大公約数が答えになりますが，公約数となる素数はすぐには見つかりません。そこで考え出されたのが**互除法 (ごじょほう)** というものです。それはこの問題の操作そのものに当たります。

基本問題 7.17 の解説

まず1辺153[cm] の正方形について考えます。この正方形も一辺 a [cm] の正方形で敷き詰められることになります。従って 153×731 の長方形から，この正方形1つ取り除いたものを考えても，a の値に影響は与えないと考えられます。

さらに2つ，3つと可能な限り一辺153 [cm] の正方形を取り除いていきます。すると，$731 = 153 \times 4 + 119$ であることから，4個の正方形が取り除かれ，119×153 の長方形が残ります。これも一辺 a[cm] の正方形で敷き詰められます。

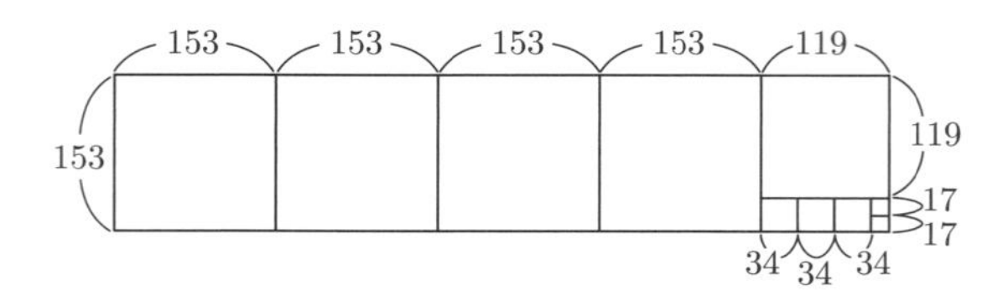

次に一辺119[cm] の正方形について考えます。これも一辺 a[cm] の正方形で敷き詰められるので，取り除いても問題はありません。そこで 119×153 の長方形から取り除くと 34×119 の長方形が残ります。

同様に次は一辺34[cm] の正方形を取り除くと $119 = 34 \times 3 + 17$ となり，正方形3個と 17×34 の長方形が残ります。

最後に $34 = 17 \times 2$ で割り切れることから，17×34 は一辺17 [cm] の正方形2個で敷き詰められ，$\boxed{a = 17}$ であることがわかります。

実際 $153 = 17 \times 9, 731 = 17 \times 43$ となっていますし，これまでのプロセスを逆にたどっていくことで，この方法の妥当性が理解できます。

ユークリッドの互除法

自然数 a, b $(a > b)$ の最大公約数を (a, b) で表すことにすると，

$$\boxed{(a, b) = (a - b, b)}$$

が成り立ちます。$a = b \times q + r$ (q, r は自然数で $r < b$) のとき，これを繰り返して $(a, b) = (a - b, b) = (a - 2b, b) = \cdots = (r, b)$ となります。次に b から r を引けるだけ引いていきます。この操作を2数の一方が他方で割り切れるまで続けることで最大公約数を求める方法を（ユークリッドの）**互除法**といいます。

先の長方形の問題であれば，$(731, 153) = (578, 153) = \cdots = (119, 153), (119, 153) = (153 - 119, 119) = (119, 34), (119, 34) = (119 - 34 \times 3, 34) = (17, 34) = 17$ という計算を行ったことになります。

第8章

物をブロックで表現する
〜算数・数学での実験と数列の発見

ここでは，実験を通じて規則を調べる，そしてその規則性が生まれる根拠を探るということをします。問題の状況に合わせてブロックの使い方を考えて実験をする必要もあれば，理由を説明する際にこれまで学んだ面積図の考え方を使う場面も出てきます。いずれにしても，ブロックを動かしながら考えていくと解決は早くなるでしょう。

※本章は，第 5 章の前半（5.2 節まで）の内容を理解していれば，取り組むことができます。

文字を用いた式のかけ算の表記について

この章以降中学高校で学ぶ内容が中心となり，具体的な数ではなく，文字を用いて数を表現する必要性が生じます。そこで文字で表された数のかけ算について，以下のルールを定めることにします。

文字式のかけ算の標記

数どうしのかけ算については，これまで同様 2×3 などと表すことにしますが，「文字と数のかけ算」「文字どうしのかけ算」については，「×」の記号を省略して表記すること にします。

例

- 偶数は $2 \times n$ (n は整数) と表されるので，$\boxed{2n\ (n\text{ はある整数})}$，奇数は $\boxed{2n+1\ (n\text{ はある整数})}$ と表します。
- $100, 10, 1$ の位がそれぞれ a, b, c である 3 桁の整数は，$100 \times a + 10 \times b + c$ と表されるので，$\boxed{100a + 10b + c}$ と表します。
- 2 つの整数 a, b の積は $\boxed{ab}$，a, a, b の積は $\boxed{a^2b}$ と表します。
- カッコを用いて表される 2 数の積も，$\boxed{(n+1)n}$ のように×を省略して表します。また $2 \times (n+1)$ は $\boxed{2(n+1)}$ と表します。

8.1　ハノイの塔〜漸化式・数学的帰納法（BD）

輪をサイズが異なる4つのブロックで表して，実際に実験してみましょう。
（例えば $1 \times 1, 1 \times 2, 2 \times 2, 2 \times 4$ のブロックを使います。）

基本問題　8.1: ハノイの塔

異なる大きさのドーナツ状の輪が n 個と，3本の支柱があります。下図のように1つの支柱に n 個の輪が置かれている状態から，別の支柱に移動させることを考えます。その際それぞれの輪について，それより大きい輪が上に載ることはないものとします。また，1つの支柱の一番上にある輪を，別の支柱の一番上に載せる移動させることを1回の操作とします。移動にかかる操作の最小回数を a_n と表します。

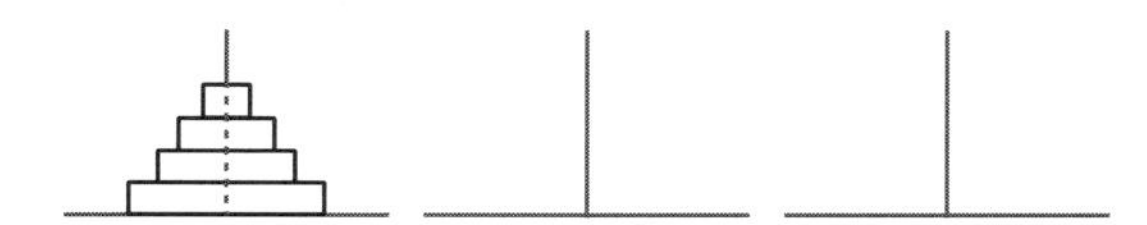

たとえば，$n = 2$ の場合は，

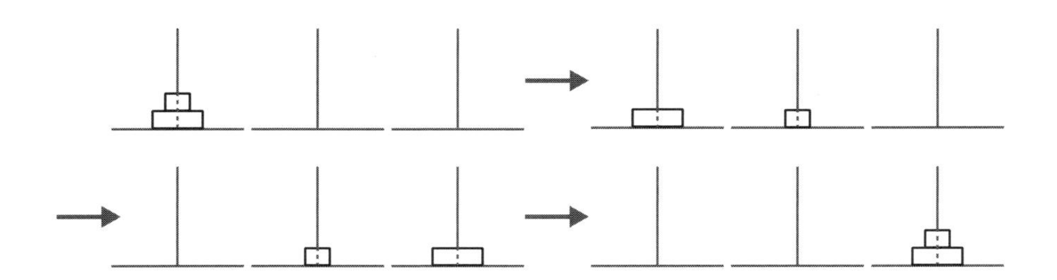

と移動でき，$a_2 = 3$ となります。

(1) a_1, a_3, a_4 を求めなさい
(2) a_n の式を予想しなさい。
(3) (2) の結果が全ての自然数 n について正しいことを説明するにはどうしたらよいでしょうか。考えてみてください。
(4) このパズルが考えられた当時，$n = 64$ のとき1日に1回だけこの操作を行うと，移動が完了するまでには地球が滅びているのではという話が出ました。a_{64} は何桁の数になるか，推定しなさい。

基本問題 8.1 の解説

(1) $a_1 = 1, a_3 = 7, a_4 = 15.$

例えば a_3 については以下の通りです。

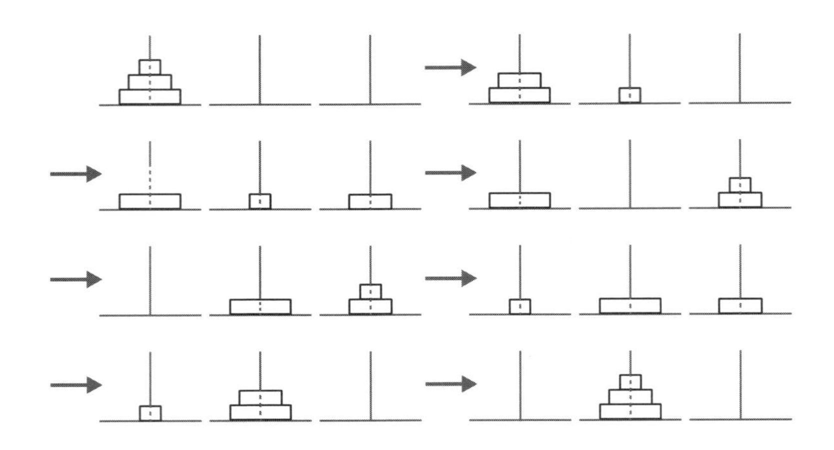

(2) a_n の値は順に $1, 3, 7, 15, 31, \cdots$ と続くことが予想できます。1 だけずらしてみると $2, 4, 8, 16, 32, \cdots$ と 2 の指数乗（2 のみの積）であることがわかるので，$a_n = 2^n - 1$ であると予想できます。

(3) まず a_{n+1} と a_n に関係式がないかを調べてみましょう。

輪が $n+1$ 枚の場合，まず左下図のように一番底以外の n 枚を動かして，操作を a_n 回行います。次に左端の一番大きな輪を動かすのに 1 回操作を行います（下中央図）。そして最初に移した n 枚の輪を一番大きな輪に載せるのに a_n 回行います。

以上から合計 $a_{n+1} = 2a_n + 1$ 回の操作を行えばよいことが分かります。

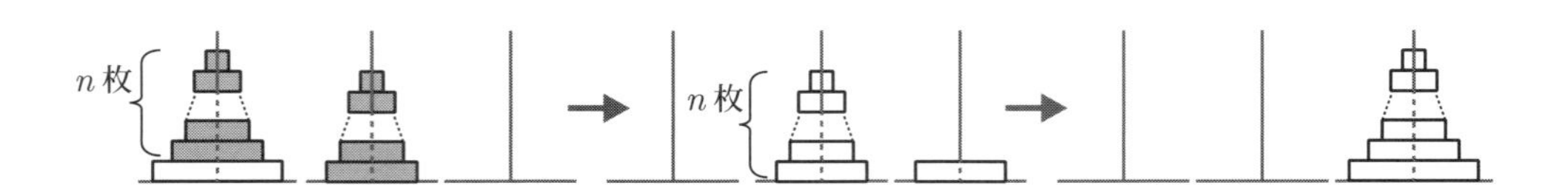

この $a_{n+1} = 2a_n + 1$ は数列で隣り合う 2 数の関係を表していて，**漸化式（ぜんかしき）**とよばれ（あとで補足）ます。この式があると，前の値からその次の値がどうなるかが分かります。輪が 1 枚のとき $a_1 = 1$ であったから，その次は $a_2 = 2a_1 + 1 = 2 \times 1 + 1 = 3, a_3 = 2 \times 3 + 1 = 7$ と順に求めることができます。

では必ず $a_n = 2^n - 1$ の形で表されることはどうすれば分かるでしょうか。**中学生以上向け**

$a_1 = 2^1 - 1 = 1$ で成り立っていて，その次は $a_2 = 2a_1 + 1 = 2(2^1 - 1) + 1 = 2^2 - 2 + 1 = 2^2 - 1$

で正しいとわかります。

同様に $a_n = 2^n - 1$ が成り立っているとすると，漸化式から $a_{n+1} = 2a_n + 1 = 2(2^n - 1) + 1 = 2^{n+1} - 2 + 1 = 2^{n+1} - 1$ と同じ形になっていることが分かります。

上の話は「a_1で正しい→ a_2で正しい→ a_3で正しい→ $\cdots$」という無限に続く議論を，n という任意の自然数を表す文字を用いて「a_nで正しい→ a_{n+1}で正しい」を示すことで済ましていることになります。このような証明法を数学的帰納法といい，数学では頻繁に登場します（これもあとで補足します）。

別解 (2) の a_n の値の予想で，「数列 $\{1, 3, 7, 15, \cdots\}$ を 1 だけずらすと $\{2, 4, 8, 16, \cdots\}$ となって，2^n になっている」と予想できるとありましたが，これは $a_n + 1$ の値について言えることです。つまり $a_1 + 1 = 2, a_2 + 1 = 4, a_3 + 1 = 8, a_4 + 1 = 16 \cdots$ となっているというわけですが，この規則性は漸化式 $a_{n+1} = 2a_n + 1$ を変形した（両辺に 1 を加えた）$a_{n+1} + 1 = 2(a_n + 1)$ が示してくれています。(a_{n+1}と $a_n + 1$ は意味が違うので注意しましょう。)

(4) （研究問題 7.8 と同じように考えます）。$a_{64} = 2^{64} - 1 = 2^{60} \times 2^4 - 1 = (2^{10})^6 \times 2^4 - 1$ で，$2^{10} = 1024$ を 1000 と近似すると $1000^6 \times 16 = 10^{18} \times 16$ なので，20 桁 とわかります。地球ができて 46 億年で，日に換算して $46 \times 10^8 \times 365 = 1679 \times 10^9$[日] で13 桁であることを考えると，桁違いに大きい値であることがわかります。

基本問題 8.2: 階段ののぼり方・ドミノタイル

まず両方の問題文を読んでから取り組んでください。

(1) 太郎君の目の前には 10 段の階段があります。太郎君はこの階段を 1 段ずつあるいは 1 段抜かしでのぼりますが，そののぼり方は全部で何通りあるでしょうか。

(2) 2×10 の長方形に 1×2 のドミノタイル 10 枚を隙間なく敷き詰めるとき，並べ方は全部で何通りあるか求めなさい。

なぜこのような規則性が出てくるのか, 根拠も考えてください。

実際に階段を作って考えてみるのもいいでしょう。2 段，3 段，4 段と徐々に階段を増やしていって，何通りあるか規則性を見いだしましょう。ある有名な数列になります。

次は規則を予想する段階ではブロックを用いる必要はありませんが，説明を考える際には少し必要になるかもしれません。

基本問題　8.3: あまりの規則性

(1) 平方数を 3 で割ったあまりはいくつか。規則を発見し，その理由を説明しなさい。

(2) 3^{100} を 7 で割ったあまりを求めなさい。

基本問題 8.2 の解説

(1) 階段が 2 段の場合は，1 段ずつのぼる場合と 1 段抜かしの 2 通りがあり，それぞれ $1+1, 2$ と表せます。以下，1 段ずつのぼることを「+1」，1 段抜かしを「+2」で表すことにします。

階段が 3 段の場合は，$1+1+1, 1+2, 2+1$ の 3 通り。

階段が 4 段の場合は，$1+1+1+1, 1+1+2, 1+2+1, 2+1+1, 2+2$ の 5 通り。

階段が 5 段の場合は，$1+1+1+1+1, 1+1+1+2, 1+1+2+1, 1+2+1+1,$
$2+1+1+1, 1+2+2, 2+1+2, 2+2+1$ の 8 通り。

以下 $13, 21, 34, 55, \cdots$ と続くことが分かりますが，どのような規則性があるでしょうか。階段が n 段のときののぼり方の総数を a_n とすると，この数列は前の 2 つを足し合わせたもの，つまり $\boxed{a_n = a_{n-1} + a_{n-2} \text{ (ただし } n \geqq 3)}$ が成り立っていることが予想できます。この数列は<u>**フィボナッチ数列**</u>として知られています。

ここで先に (2) についても規則性を予想してみましょう。

2×1 の長方形のときは左下図の 1 通り。2×2 の正方形のときは右下図の 2 通り。

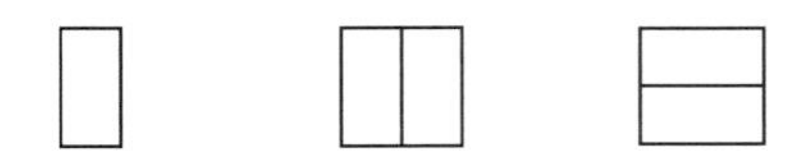

2×3 の長方形のときは下図の 3 通り。

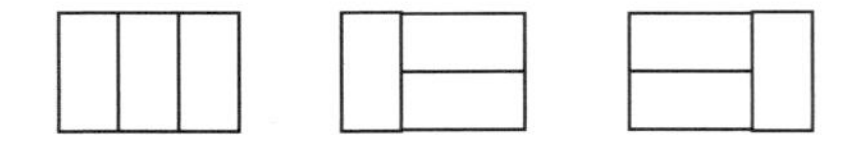

2×4 の長方形のときは下図の 5 通り。

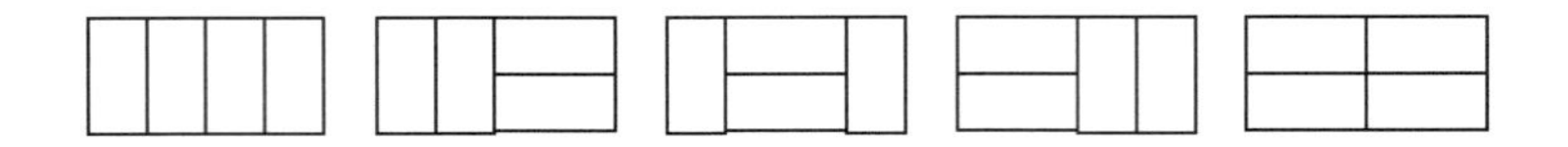

以下同様に，$8, 13, 21, 34, 55 \cdots$ と続いていくことがわかります。つまり (2) もフィボナッチ数列が現れることがわかります。なぜいずれもフィボナッチ数列になるのでしょうか。考えてみてから次ページを開いてください。

2 つともなぜフィボナッチ数列になるのか

(1) フィボナッチ数列の漸化式は「n 段のぼる方法は，$n-1$ 段と $n-2$ 段のぼる方法をあわせたものである」ことを意味しています。つまり $n-1$ 段から 1 段のぼる方法と，$n-2$ 段からのぼる方法の 2 つがあることを表しています。解釈すると，

最後にいたのが $n-1$ 段目か $n-2$ 段目かで場合分けすると，それまでのそれぞれののぼり方が a_{n-1}, a_{n-2} 通りある

ことによるのがわかります。「最後に」がないと両方の場合に含まれてしまう可能性が残されます。「最初に1 段のぼったのか，1 段抜かしなのか」で場合わけしても構いません。

(2) (1) と同じく，後ろのマス目の敷き詰め方で場合分けすればよいことがわかります。

いずれにしてもフィボナッチ数列になることがわかり，答えは **89 通り** であることがわかります。

数列の規則性が生じる要因を明らかにしておく理由

最初のいくつかの数だけ見て規則があると判断しても，その後ずっとその規則でいくかどうかの保証は残念ながらありません。規則性があると判断するには相応の根拠を述べる必要があります。例えば次のような例もあります。考えてみてください。

研究問題 8.1: 変な規則性を持つ数列を表す式

$$1, 4, 9, \square, 25, 36, 49, \cdots$$

はある規則に従った数列です。□に当てはまる数を答えなさい。

という問題で，普通は平方数の数列，つまり $a_n = n^2$ とかけるという判断をして「16」と答えたくなるのですが，実は「100」でも何でも構わないのです。もし「100」であるとすると，この数列の n 番目を表す式としてどのようなものが考えられますか。

基本問題 8.3 の解説

(1) 平方数 $1, 4, 9, 16, 25, 36, 49, 64, 81 \cdots$ をそれぞれ 3 で割ったあまりは，$1, 1, 0, 1, 1, 0, 1, 1, 0, \cdots$ と 3 周期になっていることが分かります。

平方数は 2 つの数をかけ算したものであるので，**面積図で解釈**することを考えてみましょう。例えば $7^2 = 7 \times 7$ を 1 辺 1 の正方形 49 個を並べたものと考えます（左下図）。$7 = 6 + 1$ と 3 の倍数とあまりに分けて考えられることから，図の色塗り部分は 3 で割り切れる個数の正方形が並んでいて，1 個だけあまることがわかります。

同じように $8^2 = 8 \times 8 = 64$ についても（右下図），$8 = 6 + 2$ と表せることから，色で塗られていない 2×2 のマス目ができ，この個数 4 を 3 で割ることで，あまりが 1 個とわかります。

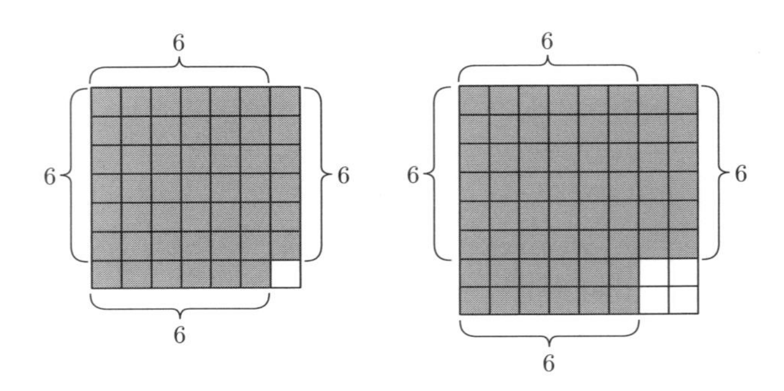

一般に 0 以上の整数は $3n, 3n+1, 3n+2$ (n は 0 以上の整数) のいずれかで表せるので，平方数は $(3n)^2, (3n+1)^2, (3n+2)^2$ と表せます。$(3n)^2$ は明らかに 3 の倍数で，3 で割ったあまりは 0 とわかります。$(3n+1)^2$ は左下図のように $(3n)^2 + 2 \times (1 \times 3n) + 1$ と分解できることから，3 で割ったあまりは 1 と分かります。$(3n+2)^2$ は左下図のように $(3n)^2 + 2 \times (2 \times 3n) + 2^2$ と分解できることから，3 で割った余りは 4 を 3 で割ったあまり 1 と分かります。

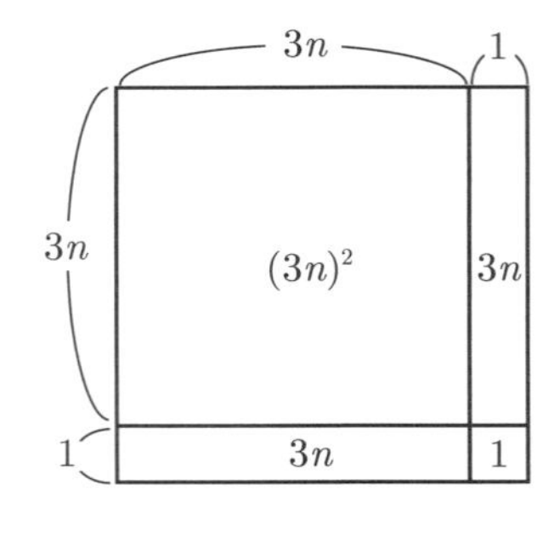

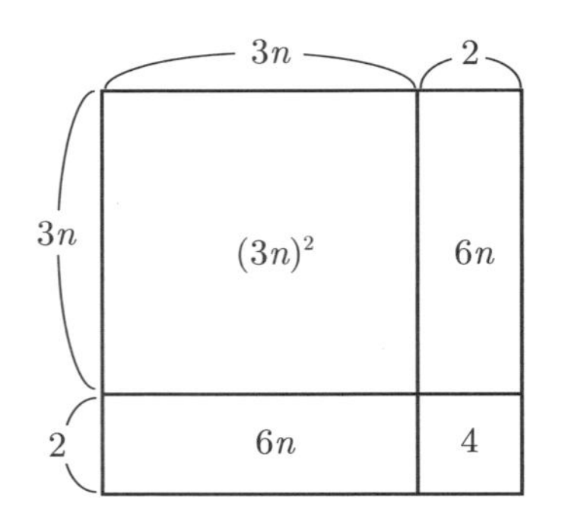

したがって $(3n)^2$ で表せる平方数を 3 で割ったあまりは 0, それ以外は 1

(2) 順番に調べてみましょう。$3^1 = 3, 3^2 = 9, 3^3 = 27, 3^4 = 81, 3^5 = 243, 3^6 = 729, 3^7 = 2187, 3^8 = 6561 \cdots$ で，7 で割ったあまりは順に$\underline{3, 2, 6, 4, 5, 1, 3, 2 \cdots}$と周期 6 で繰り返すことが予想できます。この予想が正しいことの説明を考えましょう。

3^n の作る数列 $3, 9, 27, 81, \cdots$ は，前の数を 3 倍して作られるということに注目します。例えば $9 = 7 + 2$ と分解すると，これを 3 倍して $27 = 3 \times (7 + 2) = 7 \times 3 + 2 \times 3$ となるので，27 を 7 で割ったあまりは $2 \times 3 = 6$ を 7 で割って 6 とわかります。同じように $27 = 3 \times 7 + 6$ を 3 倍して $81 = 3 \times (3 \times 7 + 6) = 7 \times 9 + 6 \times 3$ となるので，81 を 7 で割ったあまりは $6 \times 3 = 18$ を 7 で割って 4 とわかります。

面積図で表すと下のようになります。3^n を 7 で割ったときの商を a，あまりが b であるとすると，$3^n = 7a + b$ と表され，$3^{n+1} = 3^n \times 3 = 3 \times (7a + b) = 7 \times (3a) + 3b$ であることから，3^{n+1} を 7 で割ったあまりは，$3b$ を 7 で割ったあまりに等しいことが分かります。

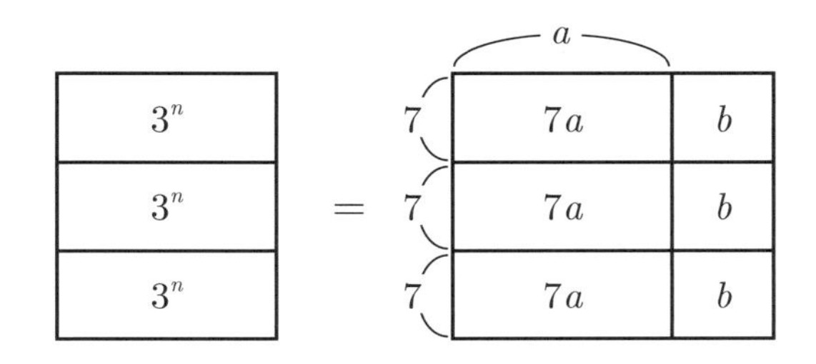

つまり $3, 3^2, 3^3, \cdots$ を 7 で割ったあまりは，最初が 3，次は 3 に 3 をかけたものを 7 で割ったあまり 2，次は 2 に 3 をかけたものを 7 で割ったあまり 6，次は 6 に 3 をかけたものを 7 で割ったあまり 4，次は 4 に 3 をかけたものを 7 で割ったあまり 5，$\cdots$ と続き，あまりは「$3, 2, 6, 4, 5, 1$」という周期 6 の数列であることが分かります。

従って $100 \div 6 = 16 \cdots 4$ であることから，3^{100} を 7 で割ったあまりは 3^4 を 7 で割ったあまり $\boxed{4}$ に等しいことがわかります。

高校数学で用いる記号と理論紹介（漸化式）（基本問題 8.1，8.2）

数列の規則を表す際に，隣り合ういくつかの数の関係を示した，$a_{n+1} = 2a_n + 1$（基本問題 8.1）や $a_{n+2} = a_{n+1} + a_n$（基本問題 8.2）のような式を**漸化式（ぜんかしき）**といいます。これらの数列の n 番目の値を式で表すのは必ずしも可能ではなく，特定の形の漸化式にのみ可能となります。ここでは高校数学で必ず学ぶ $a_{n+1} = pa_n + q$ の形の漸化式について考えることにします。

例 $a_1 = 1, a_{n+1} = 2a_n + 1$ で定められる数列の n 番目の値 a_n を n の式で表しなさい。（基本問題 8.1）

徐々に数字が大きくなることはすぐわかります。すると a_n が 1000 くらいになると，もはや $+1$ の影響は少なく**つねにほぼ 2 倍になっている**ことに気がつきます。最初さえ我慢すれば「ほぼ 2 倍」ということがわかります。

ここで, ブロックを使って数列の数を表現してみましょう。
（下から $a_1 = 1, a_2 = 3.a_3 = 7, a_4 = 15$）

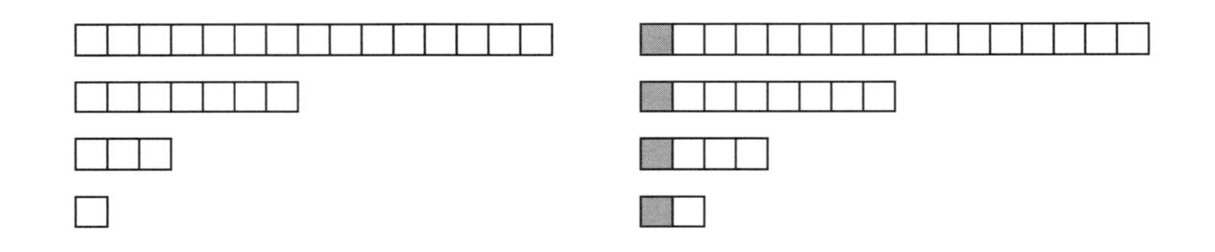

一見規則性がつかみにくいですが,「ほぼ 2 倍」ということに注目して 1 だけずらすと，きれいに 2 倍 2 倍に増えて，$a_n + 1 = 2^n$，すなわち $a_n = 2^n - 1$ となることがわかります。

4.2 節の年齢算でいう「1 年後」に相当

実は $a_{n+1} = pa_n + q$ の型の場合，少し値をずらすと必ず p 倍になっていくことが証明できます。以下の問題を通じて考えてみましょう。

研究問題 8.2: 漸化式の解法

次の漸化式で定まる数列の n 番目の値を n で表しなさい。

(1) $a_1 = 1, a_{n+1} = 3a_n + 4$

(2) $a_1 = 1, a_{n+1} = 3a_n + 1$

高校数学で用いる理論紹介（数学的帰納法）（基本問題 8.1）

自然数 n に関する式や命題を示す方法として**数学的帰納法**という考え方があります。具体的な実験結果から，成り立つ一般法則を予想することを**帰納法**といい，その予想がどんな自然数についても正しいことを示すという意味で「数学的」がついています。（対して，数学で扱うような公式や法則から具体的な場合について論じる方法を**演繹法（えんえきほう）**といいます。）

数学的帰納法は「ドミノ倒し論法」ともいわれますが，

(1) $n = 1$ で正しいことを示す。

(2) n の場合について正しければ $n + 1$ の場合についても正しい。

この 2 つを示すことで，$n = 1 \to n = 2 \to n = 3 \to \cdots$ と順に正しいことがわかります。

例 $a_1 = 1, a_{n+1} = 2a_n + 1$ で定義される数列の n 番目の値 a_n は，$a_n = 2^n - 1$ であることを示しなさい。

a_1 については，$a_1 = 1 = 2 - 1 = 2^1 - 1$ であるから正しい。

$a_n = 2^n - 1$ であるとすると，漸化式から $a_{n+1} = 2a_n + 1 = 2(2^n - 1) + 1 = 2^{n+1} - 2 + 1 = 2^{n+1} - 1$ で，a_{n+1} についても正しいとわかります。

この 2 つから $a_1 \to a_2 \to a_3 \to \cdots$ と順に正しいことがわかります。

※　数学的帰納法が使えるのは，結論が予想できていることが必要となります。

研究問題　8.3: 数学的帰納法

$$1^3 + 2^3 + 3^3 + \cdots + n^3$$

はある特徴のある自然数の平方数となることが予想できます。その数を予想して正しいことを説明しなさい。

いくつか難しい問題を用意します。挑戦してみてください。

研究問題　8.4: あまりの周期性

$3^{(3^{(3^3)})}$ の下 1 桁の数字を求めなさい。

応用問題 7.3(2)(3) のように，かっこのつける順番を逆にすると異なる値になります。ほぼ同じ問題が東京大学の入試で出題されています。東大とはいえ，小中学生でも答えならわかる問題が意外と多く出題されています。基本問題 8.3 をよく理解した上で取り組んでください。

研究問題 8.5: カメレオンの色・変わらないものに注目！

ある島のカメレオンには灰色が3匹，茶色が5匹，赤色が7匹います。色の異なる2匹のカメレオンが出会うと，ともに3つ目の色に体の色を変えます。例えば灰色のカメレオンと茶色のカメレオンが出会うと，2匹とも赤くなります。ある期間の後に全てのカメレオンが同じ色になるということはあるでしょうか。

出会うと，カメレオンの数はどのように変化するのかに注目しましょう。色の変化の影響を受けないある性質に注目すると解決できます。

8.2 タイルの敷き詰め問題（CD）

この節の問題もブロックで実験しながら法則を見抜いて，原理を解明していきましょう。

基本問題 8.4: タイルの敷き詰め

下のような $4 \times 4 = 16$ マスの正方形の盤から角の2箇所のマスを抜いたものが2つあります。この盤を正方形が2つ並んだ 1×2 の長方形のタイル（ドミノ）

だけを用いて上手く並べて（縦にしても横にしてもよい）いくとき，それぞれ敷き詰めることは可能でしょうか？

(1)

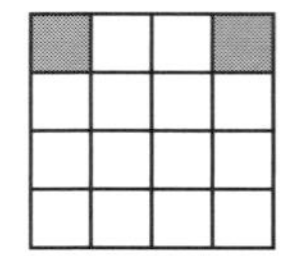

(2)

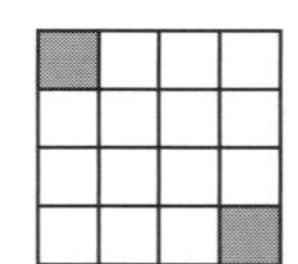

有名な問題です。少しブロックで試してみると答えは推測できると思いますが，不可能な場合についてはどんな敷き詰め方を試しても不可能である理由の説明が必要です。上の2つ以外の2マスの抜き方も試してみてください。そうするとある規則が浮かびあがります。この考え方を用いると次の問題も解決できます。

応用問題　8.6: テトリスの問題

(1) 6×6 の正方形のタイル盤を，下のT字型のタイル 9 枚を用いて敷き詰めることは不可能であることを明解に説明しなさい。

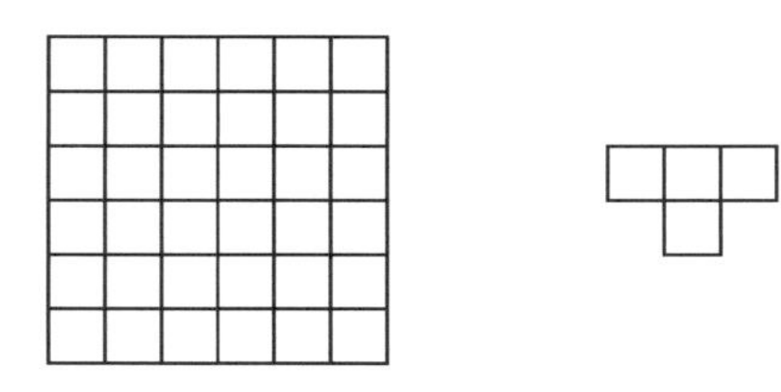

(2) 6×6 の正方形のタイル盤を，下の 4×1 のタイル 9 枚を用いて敷き詰めることは不可能であることを明解に説明しなさい。

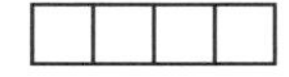

次は可能であることを示す問題ですが，一般論として議論する必要があるため難しいと思います。これもまずは n の値が小さい場合で，（ブロックを使うなど）手を動かして考えましょう。

研究問題　8.7: タイルの敷き詰め

n が自然数のとき，$2^n \times 2^n$ のマス目から適当に 1 箇所抜いたものを考えます。このとき，このマス目はどこが抜かれていたとしても，右下図の 1×1 の正方形 3 枚からできる L 字型のタイルだけで敷き詰めることが可能であることを説明しなさい。

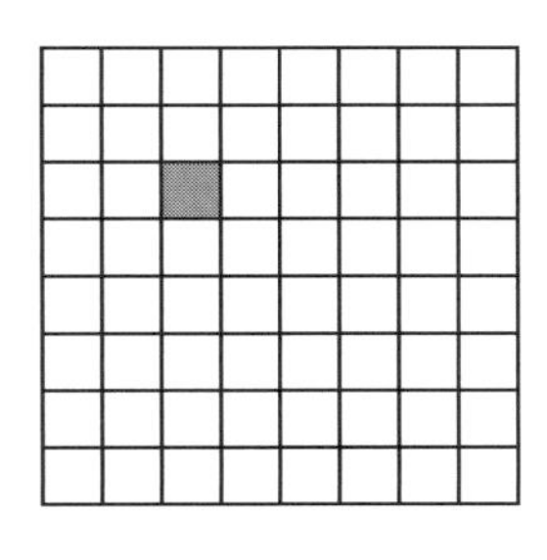

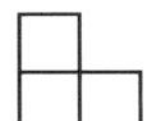

基本問題 8.4 の解説

まず左上端のマス目は抜いた状態で，もう1つ抜くマス目の位置を1つずつずらしてみましょう（下図）。すると順番に敷き詰めが，可能，不可能，可能，不可能となることが予想できます。

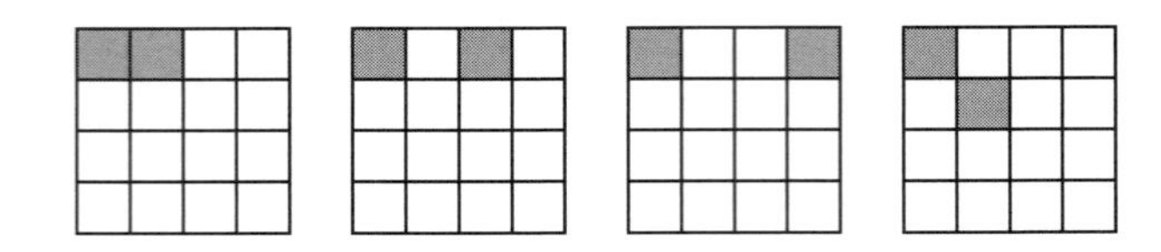

つまり左上端を黒で，それから交互に白黒で塗り分けた下図を考えると，黒のマスを2マス抜いてしまった場合に敷き詰めることが不可能であるということになります。

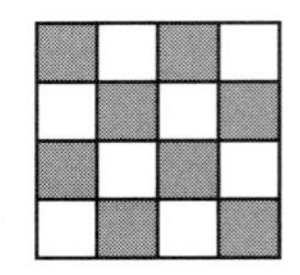

この白黒で塗り分けた（市松模様といいます）マス目にタイルを敷き詰めてみましょう。**タイルと重なるマス目の片方は黒・片方は白のマス目に置かれる**ことに気がつきます。全部で16マスあるうち，黒と白のマス目の数は同数です。そこで**抜かれる2マスが同色**であると，白黒のマス目の数のバランスが崩れてしまい，**どのようにしても敷き詰めが不可能**と判断できます。従って，(1) は実際に敷き詰めることが可能であるとすぐ分かる一方，(2) はどのようにしても不可能と判断できます。

研究問題　8.8: ライツアウト

ライツアウトというゲームがあります。
右のような正方形の形をした，ライトが備えられたボタンが 3×3 の正方形状に並べられています。各ボタンを押すとそのボタン自身と前後左右にあるボタンのライトの点滅が入れかわります。つまり今まで点いていたライトが消え，消えていたライトが点きます。

①	②	③
④	⑤	⑥
⑦	⑧	⑨

例えばはじめどのライトも消えた状態で，① のボタンを押すと，①，②，④ のライトが点灯し，続けて ② のボタンを押すと，点いていた ①，② のライトが消えてかわりに ③，⑤ のライトが点灯します。さらに ⑤ を押すと，④，⑤ が消えて ②，⑥，⑧ が点灯します。

ライツアウトというゲームは，はじめいくつかのライトが点いていた状態から，何個かのボタンを押すことでライトを全て消すことができればクリアとなるゲームです。

(1) はじめにどのライトが点灯されていたとしても，必ずクリアすることができることを明解に説明しなさい。

(2) ここで各ボタンを押すとき，**押したボタンのライトの点滅は変わらず**，前後左右のボタンだけ変わるというシステムに変更します。例えば何もついていない状態で ② を押すと，①，③，⑤ だけが点灯することになります。
　このとき，はじめ ⑤ だけ点灯していた状態から，全てのライトを消すことは不可能であることを明解に説明しなさい。

実際に以前ゲーム機として市販されていたのは，本文中のルールと同じではあるものの，5×5 のやや複雑なタイプのものでした。最初のライトが点灯している位置としては，すべて消えている場合を含めて 2^{25} 通り考えられますが，クリア可能なものはそのうちの $\dfrac{1}{4}$ に限られることが知られています。余裕があればその理由を考えてみてください。

8.3 数列の和の公式（CD）

基本問題 8.5: 図を用いた証明法

(1) $1+2+3+4+\cdots+n=\dfrac{1}{2}n(n+1)$ になる理由を左下図（$n=5$）を用いて説明しなさい。

(2) $1+3+5+7+9+\cdots+(2n-1)=n^2$ になる理由を右下図 ($n=6$) を用いて，説明しなさい。

(3) $1^2+2^2+3^2+\cdots+n^2=\dfrac{1}{6}n(n+1)(2n+1)$ になる理由を中央下図 ($n=4$) を用いて，説明しなさい。

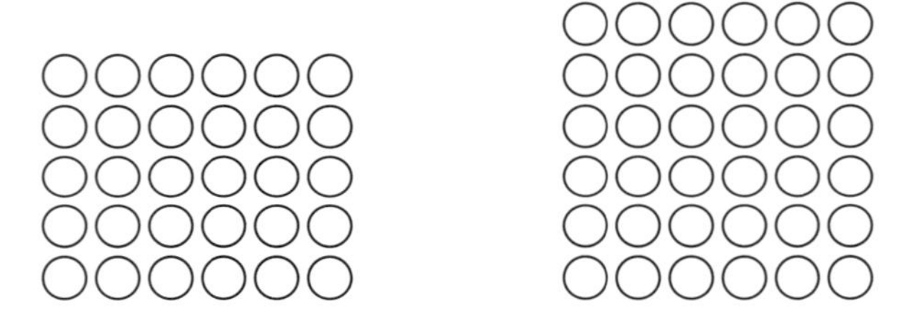

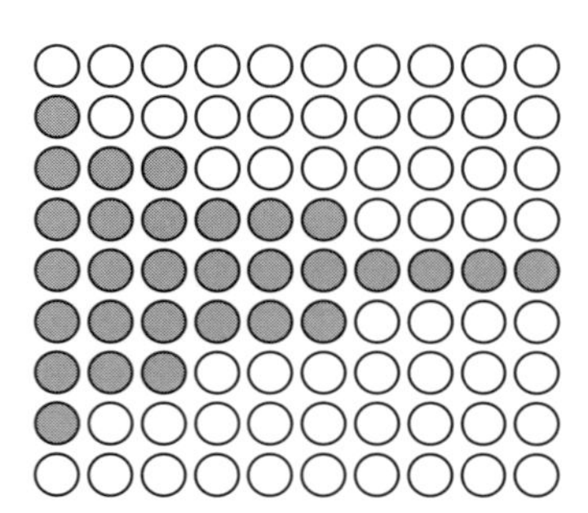

(3) が問題です。(1)(2) がヒントになっています。色塗り部分とその上下の 3 つの部分にある○の個数が等しくなるように配置されています。これはある規則に従って並んでいて，ほかの n の値のときでも通用するようになっています。その規則は何かを見抜いてください。

基本問題 8.5 の解説

(1) 下図のように $1, 2, 3, 4 \cdots, n$ 個の○を階段状に 2 通りに並べたものを組みあわせると長方形状になることに注目します。すると縦に n 個，横に $n+1$ 個並んだ状態になることから，○の数は $n \times (n+1)$ 個とわかります。しかしこれは $1+2+3+4+\cdots+n$ の 2 個分であるから，$1+2+3+4+\cdots+n = \dfrac{1}{2}n(n+1)$ とわかります。

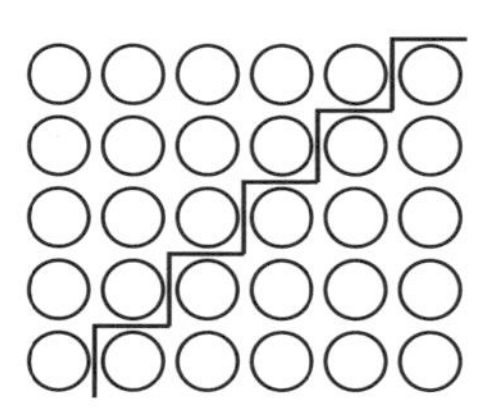

(2) 下図のように L 字型に区切ると，区切られた区画の○の個数が $1, 3, 5, 7, \cdots$ となっていることに気がつきます。すると正方形状に並べられていて，縦横ともに n 個の○があることから，$1+3+5+7+9+\cdots+(2n-1) = n^2$ がわかります。

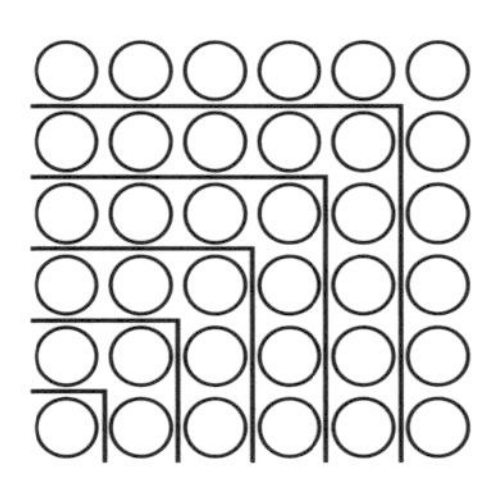

(3) 解答の前にヒントを出します。解答は 2 ページ後に掲載します。
まず正方形状に並べてあるいくつかの部分を，それぞれ (2) のように L 字型にわけてみましょう。

次は基本問題 8.5(3) の別証明です。(2) の発想を立方体に応用したものと考えます。高校数学の教科書にある証明法をブロックで表現したものに相当します。

応用問題 8.9: 平方数の和の公式の別証明

1辺の長さが $n+1$ の立方体Aと，1辺の長さが n の立方体Bを，1辺の長さが1の立方体で下の図（$n=5$ の場合）のように作り，立方体Aから立方体Bを取り除くことを考えます。

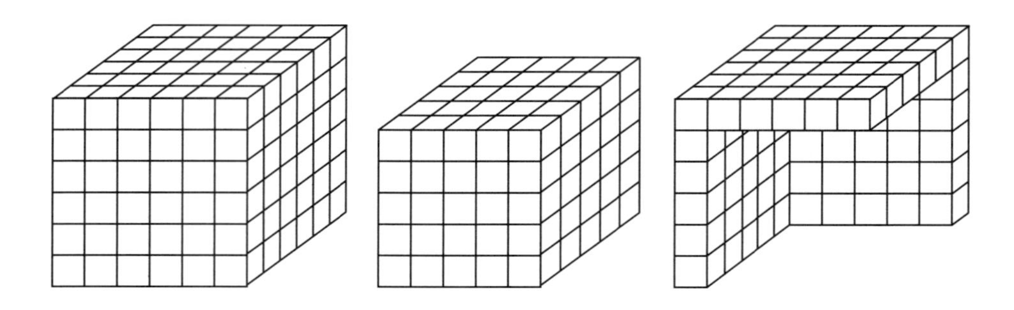

(1) 立方体Aから立方体Bを取り除いた残りは左下図のような1辺 n 個の正方形状に並べられた部分が［ ア ］個，中央下図のように n 個の棒状に並べられた部分が［ イ ］個，そして1辺の長さが1の立方体［ ウ ］個で構成されます。ア〜ウに当てはまる数を答えなさい。

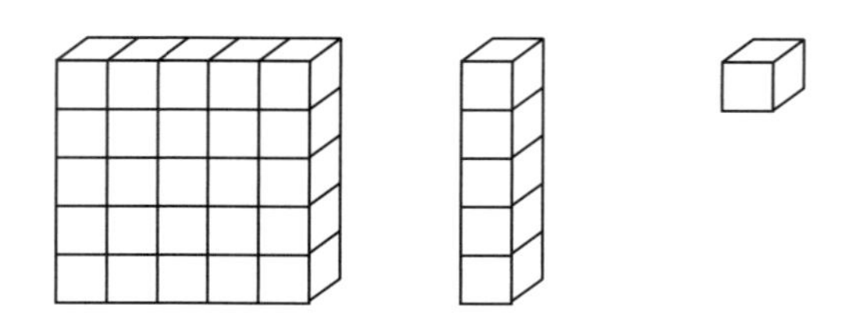

(2) さらにBから1辺の長さが $n-1$ の立方体を取り除き，同様のことを繰り返します。(つまりマトリョーシカのように一辺 $n+1$ の立方体を分解していきます。) このことから，$1^2+2^2+3^2+\cdots+n^2=\dfrac{1}{6}n(n+1)(2n+1)$ であることを説明しなさい。

基本問題 8.5(3) の解説

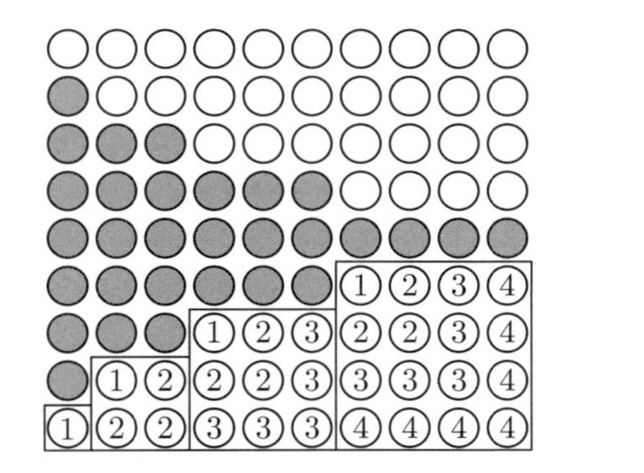

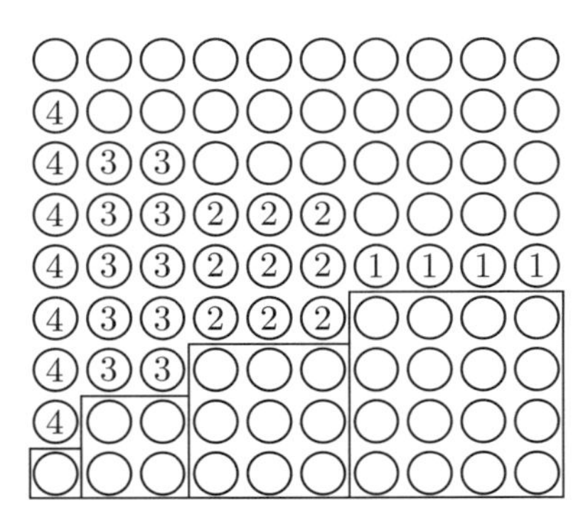

左上図のように正方形状に並べた箇所を L 字型に分けていき，○が 1 個の部分を ①，3 個の部分を ②，5 個の部分を ③，7 個の部分を ④ とします。このとき中段の色塗り部分は右上図のように ①〜④ で対応付けられることがわかります。つまり色塗り部分と，その上下にある正方形状に並べた部分の○の個数が等しいとわかります。

したがって全体の長方形状に並べられた○の数は $1^2+2^2+\cdots+n^2$ 3 つ分に等しく，縦に○が $2n+1$ 個，横は $1+2+3+\cdots+n=\dfrac{1}{2}n(n+1)$ 個であることから，$\dfrac{1}{2}n(n+1)(2n+1)$ 個とわかります。これを 3 でわることで，公式が得られます。

別解（数学的帰納法を用いる）　研究問題 8.3 と同様にすれば示すことが出来ます。（詳細は略, 高校数学の教科書に必ずあります。）

基本問題　8.6: 分数の無限和

(1) $1+\dfrac{1}{2}+\dfrac{1}{4}+\dfrac{1}{8}+\dfrac{1}{16}+\cdots$ を無限に計算すると，2 に限りなく近づいていきます。その理由を図を用いて説明しなさい。

(2) $1+\dfrac{1}{2}+\dfrac{1}{3}+\dfrac{1}{4}+\dfrac{1}{5}+\cdots$ を無限に計算すると，際限なく ∞ に大きくなります。その理由を説明しなさい。

(2) は難しい問題です。この和から「$\dfrac{1}{2}$ が無限に取り出せる」ことを説明できれば終わりです。

応用問題　8.10: ブロックを用いた和の表現

12 を 3 つの自然数の和で表す方法の数（ただし足す順番の違いは無視してよい）と，12 を最大の数が 3 以下であるいくつかの自然数の和で表す方法の数は同じであることを説明しなさい。

ここで必然的に登場する図は**フェラーズ図形**といって，現代数学の組合せ論という分野では頻繁に用いられるものです。

研究問題　8.11: オリジナル公式の発見

基本問題 8.5, 応用問題 8.9,8.10 と同様の考え方で，オリジナル公式を発見せよ。

基本問題 8.6 の解説

(1) 下図のように 1×2 の長方形を分割して，その面積を式で表現したものが示すべき式です。

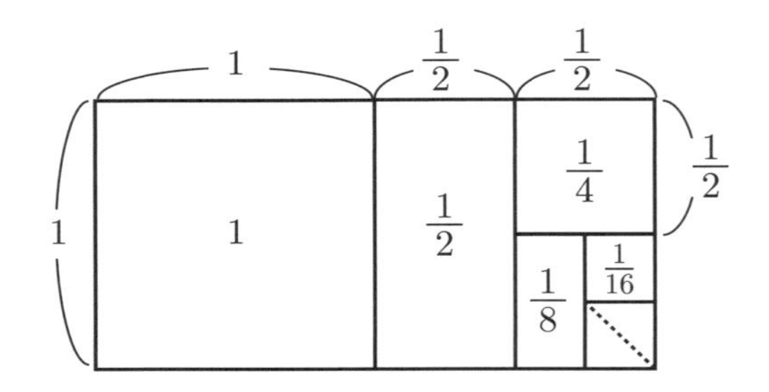

(2) $\frac{1}{3}+\frac{1}{4} > \frac{1}{4}+\frac{1}{4} = \frac{1}{2}$, $\frac{1}{5}+\frac{1}{6}+\frac{1}{7}+\frac{1}{8} > \frac{1}{8} \times 4 = \frac{1}{2}$, $\frac{1}{9}+\frac{1}{10}+\cdots+\frac{1}{16} > \frac{1}{16} \times 8 = \frac{1}{2}, \cdots$ と考えれば, いくらでも $\frac{1}{2}$ が取り出せることが分かり，和は無限に大きくなることがわかります。

第9章

人や物をブロックで表現する
～組合せを数える

この章で扱うのは「場合の数」として扱われる内容で，中学入試算数というよりは中学や高校で学ぶ考え方です。最初の組み合わせの考え方が難しいところですが，数える対象となるものの選び方を，実際のブロックで表しながら体験を通じて理解をするのが近道となります。本文中で図をたくさん用いているのと同じように，まずは真似をして手を動かしましょう。

※本章は，これまでの章を読んでいなくても取り組むことができます。

9.1　数えることの定義と順列（B）

数えることの定義

数えるとは，その対象物に自然数 $1, 2, 3, 4, \cdots$ を順番に対応(**1 対 1 に対応**)させていくことをいいます。

例 (トーナメント戦の試合数)

10 人のトーナメント戦を行う際，ただ 1 人の勝者を決めるのに必要な試合数は，$10-1=$ 9 試合 です。というのも，

1 試合　⇔　敗者が 1 人

という **1 対 1 対応**がつき，$10-1=9$ 人の敗者が出ることからわかります。

いくつかのものを一列に並べたものを**順列**といいます。まずは順列の総数について考えます。

基本問題　9.1: 並べ方の総数・順列

(1) A,B,C,D の 4 つの文字を一列に並べる方法の総数を求めなさい。
(2) A,A,B,C の 4 つの文字を一列に並べる方法の総数を求めなさい。
(3) A,B,C,D,E の 5 つの文字を一列に並べる方法の総数を求めなさい。

このタイプの問題が初めての人は，ブロックを用いたり書き出したりして実際に数えてみましょう。

基本問題 9.1 の解説

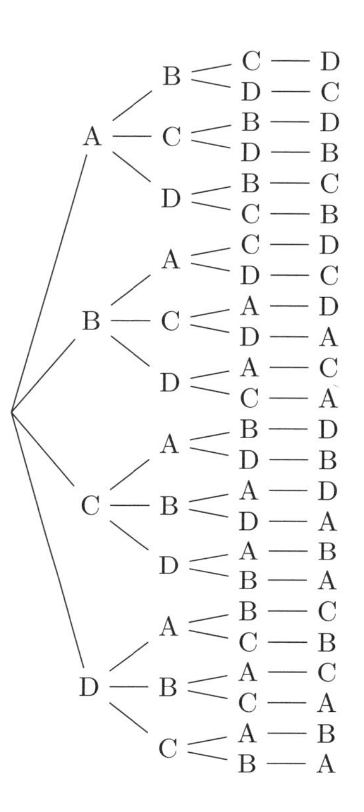

(1) 最初の 1 文字目は 4 通りあり，2 番目の文字は最初にどの文字を選んだかによらず 3 通り，3 番目は 2 通りあることがわかります。この様子を右のように整理します。（**樹形図**といいます。）これから，$4 \times 3 \times 2 \times 1 =$ 24 通り とわかります。

(2) 樹形図を描いて考えましょう。ただし，最初に A を選んだ場合，2 文字目は A,B,C の 3 通りの選び方がありますが，最初に B または C を選んだ場合は，2 文字目は A と「B,C いずれか一方」の 2 通りしかありません。この考え方だと (1) のように一つの式で表すのが難しいことがわかり，**すべて書き出して調べる**ことになります。下の樹形図から 12 通り とわかります。 **次の節では別の方法で考えます**

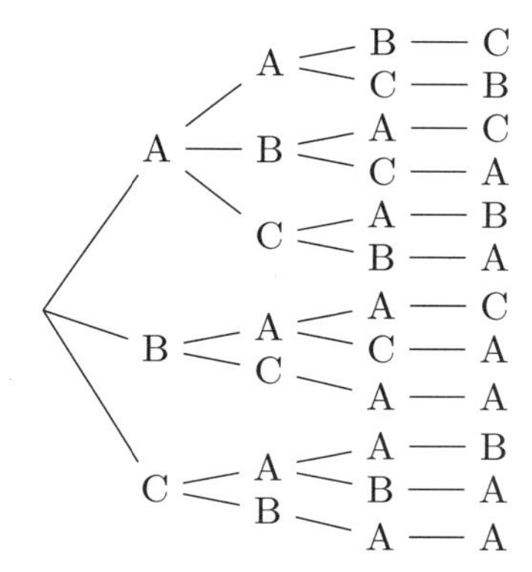

(3) (1) と同様に考えると $5 \times 4 \times 3 \times 2 \times 1 =$ 120 通り とわかります。

9.2　同じものを区別して並べる（C）

最初によく使う記号を導入しておきます。

階乗

n 以下の自然数の積 $n \times (n-1) \times (n-2) \times \cdots \times 3 \times 2 \times 1$ の値を n の**階乗**といい，$\boxed{n!}$ とかきます。例えば，$5! = 120$ です。

まずは次の問題を考えましょう。

基本問題　9.2: 同じ種類のものを含む順列

(1) 10円玉2枚を同時に投げたとき，2枚とも表が出る確率は $\frac{1}{3}, \frac{1}{4}$ どちらが近いでしょうか。

(2) A,B,C,D の4つの文字を一列に並べる方法の総数を数える方法をもとにして，以下を簡単に計算する方法を考案しなさい。

(a) A,B,C,C の4つの文字を一列に並べる方法の総数。

(b) A,A,C,C の4つの文字を一列に並べる方法の総数。

(c) A,B,B,B の4つの文字を一列に並べる方法の総数。

(1) 確率は本書では本問でしか登場しないので，厳密な定義は避けます。まずは実際に実験してみましょう。$\frac{1}{3}$ は表と裏の組合せが (表, 表),(表, 裏),(裏, 裏) の3種類あることに注目しています。$\frac{1}{4}$ はいかがでしょうか。
(2) 前節の樹形図で考えるのは面倒です。例えば (a) については，2つの C を一度区別して考えると，4つの文字の並べ替えとみなすことができます。「並べ替えた後に区別をなくす」と簡単に求めることができます。

本問のテーマは，**「同じものを区別して考えるか，区別しないで考えるか」**という点にあります。

計算法が理解できたら，次の問題で少し練習しましょう。

練習問題 9.1: 同じ種類のものを含む順列

以下の場合の数をそれぞれ求めなさい。

(1) A,A,B,C,D の 5 文字を一列に並べ替えてできる文字列の総数。
(2) A,A,B,C,C の 5 文字を一列に並べ替えてできる文字列の総数。
(3) A,B,C,C,C の 5 文字を一列に並べ替えてできる文字列の総数。
(4) A,A,B,B,B の 5 文字を一列に並べ替えてできる文字列の総数。
(5) $1,1,2,2,3,3,3$ の 7 個の数字を一列に並べ替えてできる 7 桁の数の総数。

基本問題 9.2 の解説

(1) 実際にコイン投げを行うと $\dfrac{1}{4}$ に近づいていくのがわかります。
割合としては (表, 表) : (表, 裏) : (裏, 裏) $= 1 : 2 : 1$ となるでしょう。

これは，(表, 裏) の場合は 2 枚ある 10 円玉のどちらが表でどちらが裏かで 2 通りあることによります。同じ 10 円玉とはいっても，発行年やサビ，汚れの位置など微妙に異なるものがあり，**区別しようと思えば区別できる**ことがわかります。

(2)(a) 例えば A,B をそれぞれ赤, 白のブロック，C を 2 個の黄色のブロックで表して考えます。

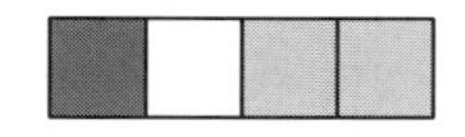

ポイントは**2 つの C は同じものとみなすのですが，実際には区別をつけることが可能である**という点です。仮に 2 つの C を C_1, C_2 と区別して 4 個のブロックの並べ替えと考えると，$4!(= 4 \times 3 \times 2 \times 1) = 24$ 通りとなります。しかし実際には 2 つの C は区別しないものとするので，たとえば AC_1BC_2, AC_2BC_1 は同じ並べ方「ACBC」とみなすことになります。

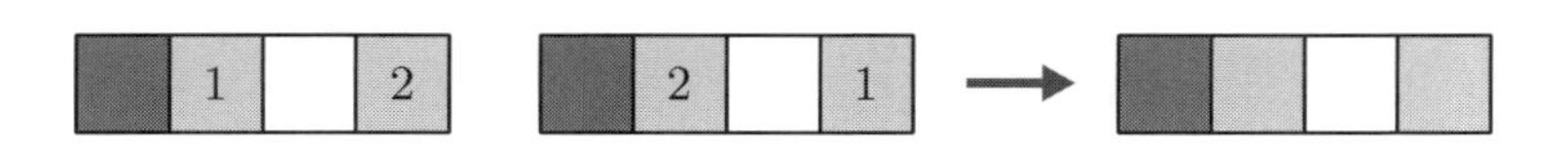

このように「2 通りずつ 1 通りとして束ねていく」ので，$\dfrac{4!}{2} =$ 12 通り とわかります。（基本問題 9.1(2) と同じ値になることも確認できます。）

この考え方を A,B,C,C のまま樹形図で表すと，次ページのようになります。（最初 2 つある C を C_1, C_2 と区別して，あとで束ねる。）

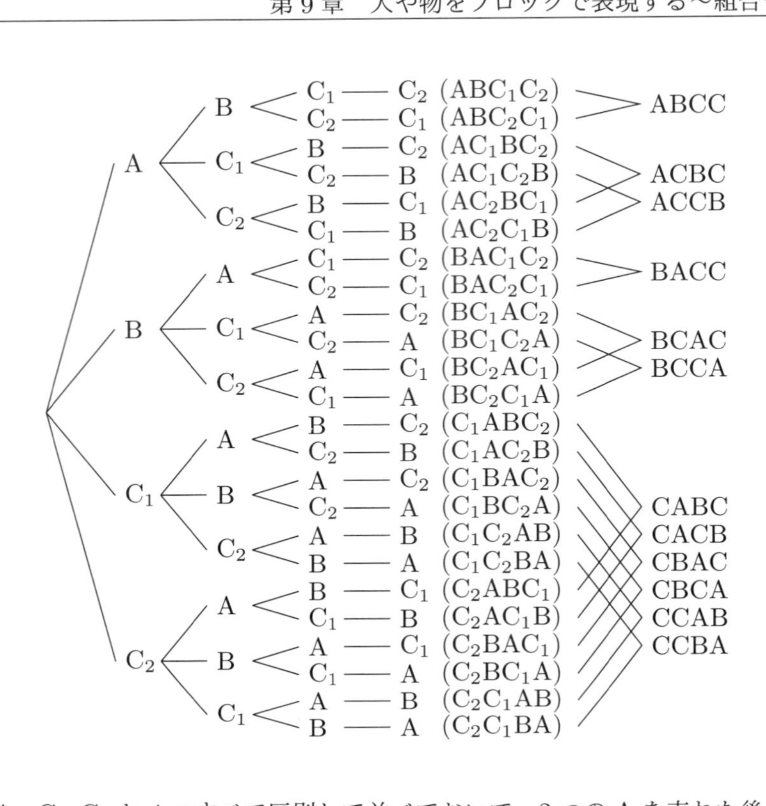

(b) 最初 A_1, A_2, C_1, C_2 と 4 つすべて区別して並べておいて，2 つの A を束ねた後，C も束ねていくと考えます。例えば $C_1A_1C_2A_2$, $C_1A_2C_2A_1$, $C_2A_1C_1A_2$, $C_2A_2C_1A_1$ はすべて CACA と同一視されます。

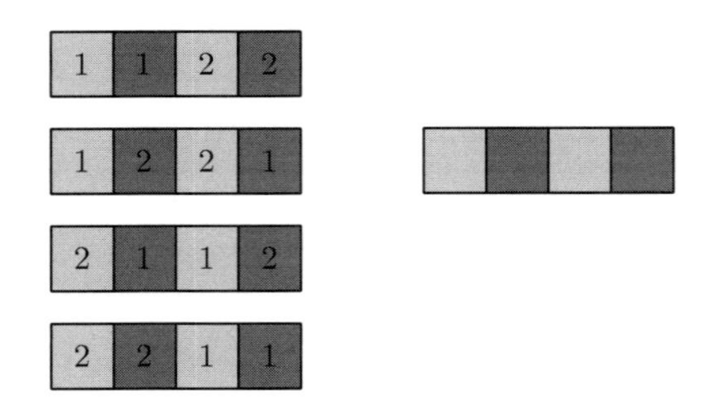

A_1, A_2, C_1, C_2 の並べ方が $4! = 24$ 通りあり，2 つの A を束ねて $\div 2$，2 つの C を束ねて $\div 2$ するから，$\dfrac{4!}{2 \times 2} =$ 6 通り とわかります。樹形図で描くと次のようになります。

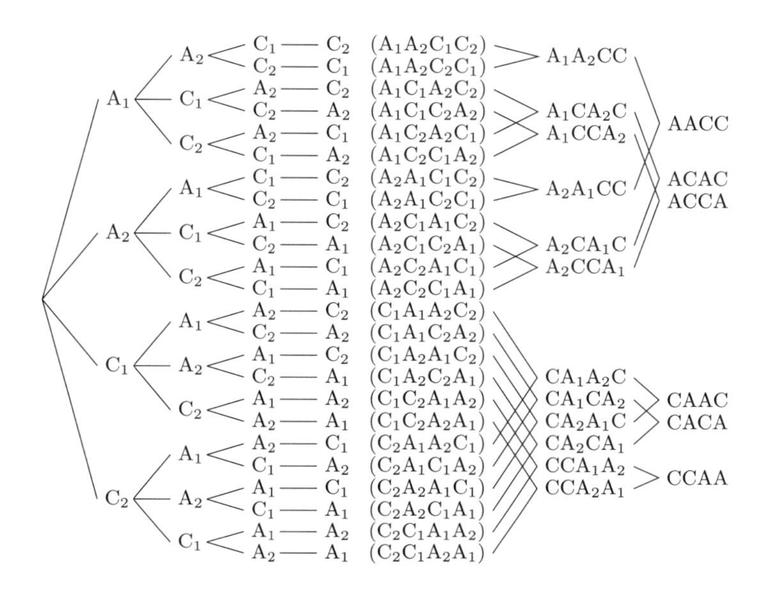

(c) 最初 A, B_1, B_2, B_3 と 4 つすべて区別して並べておいて，3 つの B を束ねていくと考えます。例えば $B_1AB_2B_3, B_1AB_3B_2, B_2AB_1B_3, B_2AB_3B_1, B_3AB_1B_2, B_3AB_2B_1$ の 6 通りは BABB を表します。この 6 通りは B_1, B_2, B_3 の並べ替えの方法 3! 通りに由来します。従って $\dfrac{4!}{3!} = \boxed{4\text{ 通り}}$ と計算できます。（もちろん A の位置に注目すると 4 通りであることはすぐにわかります。）

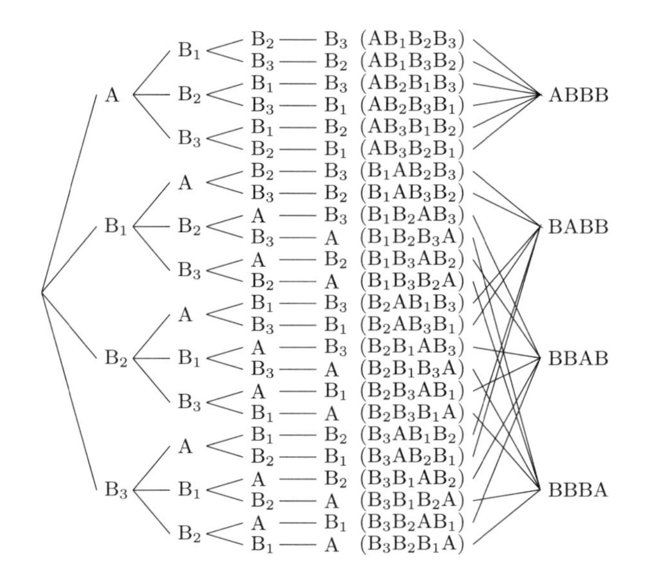

9.3 組合せの総数（D）

基本問題 9.3: 組合せの考え方

(1) A,B,C,D,E の 5 人のうち 3 人に賞品を与えたい。もらえる人の組み合わせは全部で何通りありますか。

(2) 5 人の中から 2 人の委員を選ぶ方法は何通りありますか。

(3) 一列に並べられた 10 脚のいすの中から 3 つを選ぶ方法は何通りありますか。

(1) 基本問題 9.2 と同じように，まずは賞品を区別して考えましょう。あとで区別しないとしたらどうなるか考えます。よくわからなければ書き出してみましょう。

組み合わせの総数

異なる n **個のものから並べる順序を無視して** k **個を選んでできる組合せの総数を** $\boxed{{}_n\mathrm{C}_k}$ **(Combination（組合せ）の頭文字)** とかきます。但し，${}_n\mathrm{C}_0 = 1$（何も選ばない場合を 1 通りとみなす）と定めます。

基本問題 9.4: ${}_n\mathrm{C}_k$ **の性質**

(1) ○を 3 個, ×を 2 個一列に並べることを考えます。

　(a) この並べ方は基本問題 9.3(1) と関連しています。その対応関係を説明し，並べ方の総数を求めなさい。

　(b) 基本問題 9.2(2) のように並べ方の総数を求めるとき，その式を説明しなさい。

(2) ${}_n\mathrm{C}_k$ を求める式について以下の問いに答えなさい。

　(a) (1) を利用して，${}_n\mathrm{C}_k$ を求める方法を 2 通り説明しなさい。

　(b) ${}_n\mathrm{C}_k = {}_n\mathrm{C}_{n-k}$ を説明しなさい。

　(c) ${}_7\mathrm{C}_3$，${}_8\mathrm{C}_5$，${}_{10}\mathrm{C}_8$，${}_{13}\mathrm{C}_{13}$ の値をそれぞれ求めなさい。

練習問題　9.2: 組合せの考え方

(1) 青玉 3 個と赤玉 3 個 を一列に並べる方法は何通りありますか。ただし同じ色の玉は区別しないものとします。

(2) 8 人の中から委員を 3 人選ぶとき，特定の A さんを含む委員 3 人の選び方は何通りありますか。

(3) 平面に 10 個の頂点があって，どの 3 点も一直線上にないものとします。このとき，これらの頂点を結んでできる三角形は全部でいくつあるか求めなさい。

基本問題　9.5: 最短経路の数

下図のような正方形を 2×3 の長方形状にならべた図形について，頂点 A から B まで正方形の辺に沿って移動することを考えます。最短で B にたどり着く経路の選び方は何通りありますか。

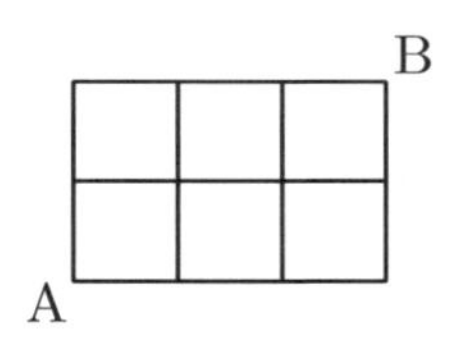

有名な最短経路を求める問題です。この経路は「上に進む」か「右に進む」かの 2 通りであることに注目して，組合せの考え方と関連付けることができます。

実際に経路をすべて書き出してみて，何か気が付くことがないか調べましょう。

基本問題　9.6: 3 種類以上あるものの並べ替え・グループ分け

(1) 青 2 個，白 2 個，赤 2 個のブロックを一列に並べる方法は全部で何通りありますか。2 通りの方法で求めなさい。ただし同じ色のブロックは区別しないものとします。

(2) 9 人を A,B,C のグループに 3 人ずつ分ける方法は全部で何通りありますか。

(3) 9 人を 4 人,3 人,2 人のグループに分ける方法は全部で何通りありますか。

(4) 6 人を 2 人ずつ 3 つのグループに分ける方法は全部で何通りありますか。

(5) 下図のような立方体を $2 \times 4 \times 2$ の直方体状に並べてできる図形について，頂点 A から B まで，立方体の辺に沿って移動（従って外から見えない辺も移動可能）することを考えます。最短で B にたどり着く経路の選び方は何通りありますか。

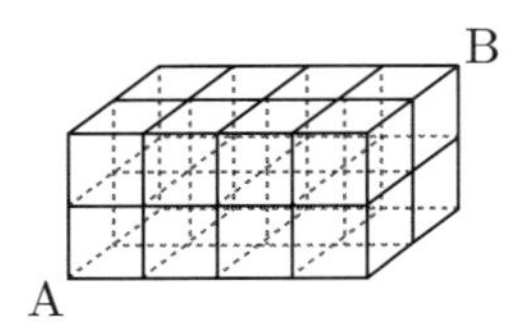

基本問題 9.3 の解説

(1) もらう人を考える際には 5 人から選ぶということをします。この際**「順番をつけて 1 人ずつ選ぶ」**ことになるので，「1 番目にもらう人」「2 番目にもらう人」「3 番目にもらう人」（金賞・銀賞・銅賞など）と**区別する**ことになります。すると，最初にもらう人は 5 通り，2 番目の人は残る 4 人から選ぶから 4 通り，3 番目の人は 3 通りで計 $5 \times 4 \times 3 = 60$ 通り あります。しかし実際には**もらう順番は区別しない**ので，例えば A,B,C の 3 人がもらうとして，その順番を考えると $3! = 3 \times 2 \times 1 = 6$ 通りあるはずですが，組合せとしては 1 通りとなります。

　したがって賞品をもらう人の組合せは，$\dfrac{5 \times 4 \times 3}{3!} = \boxed{10\text{ 通り}}$ とわかります。

(A,B,C)　(A,C,B)　(B,A,C)　(B,C,A)　(C,A,B)　(C,B,A)
(A,B,D)　(A,D,B)　(B,A,D)　(B,D,A)　(D,A,B)　(D,B,A)
(A,B,E)　(A,E,B)　(B,A,E)　(B,E,A)　(E,A,B)　(E,B,A)
(A,C,D)　(A,D,C)　(C,A,D)　(C,D,A)　(D,A,C)　(D,C,A)
(A,C,E)　(A,E,C)　(C,A,E)　(C.E,A)　(E,A,C)　(E,C,A)
(A,D,E)　(A,E,D)　(D,A,E)　(D,E,A)　(E,A,D)　(E,D,A)
(B,C,D)　(B,D,C)　(C,B,D)　(C,D,B)　(D,B,C)　(D,C,B)
(B,C,E)　(B,E,C)　(C,B,E)　(C,E,B)　(E,B,C)　(E,C,B)
(B,D,E)　(B,E,D)　(D,B,E)　(D,E,B)　(E,B,D)　(E,D,B)
(C,D,E)　(C,E,D)　(D,C,E)　(D,E,C)　(E,C,D)　(E,D,C)

(2) 最初に選ぶ人と 2 番目に選ぶ人（委員長と副委員長）を区別すると，委員の選び方は $5\times4=20$ 通り．しかし実際には選ぶ順番は考えないので，2 通りずつ 1 通りとしてまとめられて，$\dfrac{5\times4}{2}=\boxed{10\text{ 通り}}$

(3) 選ぶ順番を区別すると，$10\times9\times8=720$ 通り。しかし選んだ 3 つの順番は実際には区別しないので，3 つの椅子の選ばれる順番が $3!=3\times2\times1=6$ 通りずつあるから，$\dfrac{10\times9\times8}{3!}=\boxed{120\text{ 通り}}$

基本問題 9.4 の解説

(1)(a) A,B,C,D,E の 5 人のうちもらう人を○，もらえない人を×で表していると解釈します。たとえば「○×○○×」は A,C,D の 3 人がもらえることを表していることになります。すると 5 か所のうち 3 つ○の場所を選ぶ方法の総数 ${}_5\mathrm{C}_3$ で，$\dfrac{5\times4\times3}{3!}=\boxed{10\text{ 通り}}$とわかります。

(b) ○$_1$,○$_2$,○$_3$,×$_1$,×$_2$ とすべて区別して並べて，同じ記号どうしを同一視しましょう。すると 5 個の記号の並べ方は全部で $5!$ 通りあり，○を同一視すると ○$_1$,○$_2$,○$_3$ の並べ替えの総数 $3!$ 通りを 1 通りに束ねることができ，さらに×を同一視すると 2 通りを 1 通りと束ねることができます。したがって $\dfrac{5!}{3!\times2}=\boxed{10\text{ 通り}}$とわかります。

(2)(a) ○ k 個，× $(n-k)$ 個 の並べ替えの方法の総数を考えることにします。

<u>順列の中でどこが○になるのかに注目する</u> n 箇所から k 個ある○の場所を順番に選ぶ方法は，$\overbrace{n\times(n-1)\times\cdots\times(n-k+1)}^{k\text{ 個}}$ 通りあります。しかし実際には選ぶ順番は関係なく，選んだ○の選ばれた順番は $k!$ 通りあるので，○の選び方は$\boxed{\dfrac{n\times(n-1)\times\cdots\times(n-k+1)}{k!}\text{ 通り}}$となります。

<u>○$_1$,○$_2$,$\cdots$○$_k$,×$_1$,×$_2$,$\cdots$,×$_{n-k}$ と区別して並べて，後で○×それぞれ同一視する</u>

すべて区別して並べる方法は $n!$ 通りありますが，○の区別をなくすと $k!$ 通りが 1 つになり，×は $(n-k)!$ 通りが 1 つになるから，$\boxed{\dfrac{n!}{k!\times(n-k)!}\text{ 通り}}$とわかります。

この 2 つは見た目違う値に見えますが，$\dfrac{n\times(n-1)\times\cdots\times(n-k+1)}{k!}$ の分母分子に $(n-k)!$ をかけ算して通分すると一致することがわかります。

以上から$\boxed{{}_n\mathrm{C}_k=\dfrac{n\times(n-1)\times\cdots\times(n-k+1)}{k!}=\dfrac{n!}{k!\times(n-k)!}}$

(b) (a) で「○の場所を選ぶことと，×の場所を選ぶことは同じ」であることからわかります。

(c) 順に 35,56,45,1

基本問題 9.5 の解説

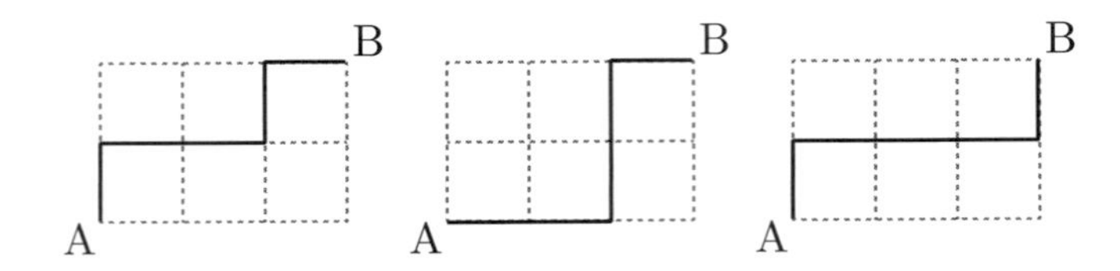

例えば上図の経路はそれぞれ「↑→→↑→」「→→↑↑→」「↑→→→↑」と表すことができます。つまり経路は5つの矢印「↑↑→→→」の並べ替えと対応しているので，その方法の総数を求めればよいことがわかります。$_5C_2 = \dfrac{5 \times 4}{2} = \boxed{10 \text{ 通り}}$

基本問題 9.6 の解説

(1) <u>色ごとに順番に場所を決めていく方法</u>

まず6か所のうち青のブロックの場所を決めて $_6C_2$ 通り。残った4か所のうち白の場所を決める方法は $_4C_2$ 通り。（すると残りは赤となります。）

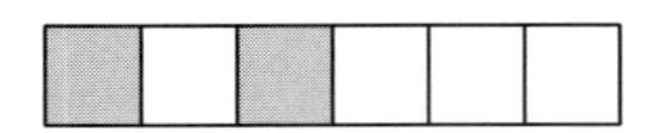

従ってブロックの並べ方は，$_6C_2 \times {}_4C_2 = \dfrac{6 \times 5}{2} \times \dfrac{4 \times 3}{2} = \boxed{90 \text{ 通り}}$

<u>一度すべて区別して並べて，あとで色ごとに同一視する方法</u>

$青_1, 青_2, 白_1, 白_2, 赤_1, 赤_2$ と区別して並べると 6!通り。しかし同じ色同士の区別はないので，青を同一視して ÷2，さらに白を同一視して ÷2，赤を同一視して ÷2 となるから，まとめると $\dfrac{6!}{2 \times 2 \times 2} = \boxed{90 \text{ 通り}}$

(2) 9人を並べておいて，A,B,C の文字を割り当てることを考えます。つまり A,B,C を3つずつ計9文字の並べ替えの方法を数えればよいことになります。

(1) と同様に考えて，$_9C_3 \times {}_6C_3$ または $\dfrac{9!}{3! \times 3! \times 3!}$ と考えて，$\boxed{1680 \text{ 通り}}$

(3) $_9C_4 \times {}_5C_3$ または $\dfrac{9!}{4! \times 3! \times 2!}$ と考えて，$\boxed{1260 \text{ 通り}}$

(4) $_6C_2 \times {}_4C_2$ または $\dfrac{6!}{2! \times 2! \times 2!}$ と考えて 90 通りとするのでは不十分です。(3) はグループの人数が異なったので区別できましたが，本問は人数が同じなのでグループの区別ができなくなってしまいます。90 通りはグループに A,B,C と名前を付けて数えていることになっているので，グループの分け方に対して名前のつけ方が 3! 通りあるから，これらが同一視されて，$90 \div 3! = \boxed{15 \text{ 通り}}$ となります。（実際に数えてみると納得できるでしょう。）

(5) A から B までの経路は，→→→→↑↑↗↗の 3 種類 8 個の矢印の並べ替えと対応しています。例えば，→→↗↑↑→↗→の経路は下図のようになります。

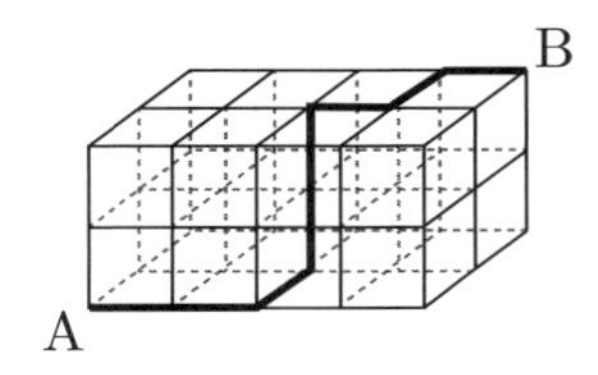

したがって→→→→↑↑↗↗の並べ替えの総数は，

$$\underbrace{{}_8C_4}_{\text{8 か所のうち→ 4 つの場所を選ぶ}} \times \underbrace{{}_4C_2}_{\text{残り 4 か所から↑の場所を選ぶ}} = 70 \times 6 = \boxed{420\text{ 通り}}$$

あるいは，

$$\frac{\overbrace{8!}^{\text{一度 8 個の矢印を区別して並べる}}}{\underbrace{4! \times 2! \times 2!}_{\text{種類ごとに同一視する}}} = \boxed{420\text{ 通り}}$$

9.4　特殊な数え方〜円順列・重複組合せ（D）

まずは円順列です。円状に並べていく方法の数を考えるのですが，場所は気にせず横の並び方にのみ注目することがポイントです。

基本問題　9.7: 円順列・じゅず順列

(1) 4 人が円周上に等間隔に並ぶとき，並び方は何通りありますか。ただし回転させて一致する並べ方は同一のものとみなします。

(2) 4 色のビーズ玉を 1 個ずつ使ってできるネックレスは何個ありますか。ただし回転させたりひっくり返したりして一致する並べ方は同一のものとみなします。

4 色のブロックを用意してもよいですが，色は 4 つ以上になると覚えにくくなるかと思います。そこでブロックのかわりに数を書いたカードを用いて考えるのもいいでしょう。

基本問題 9.7 の解説

(1) 解 1（並ぶ位置も考えて並べて，あとで重複度で割る）

4 人を①〜④で表します。

並ぶ位置も気にして並べると以下の $4! = 24$ 通りがあります。しかし下図で横に並んでいる 4 つの場合は，回転させると互いに一致します。従って 4 でわって，$\dfrac{4!}{4} =$ $\boxed{6\text{ 通り}}$ と求めることが出来ます。

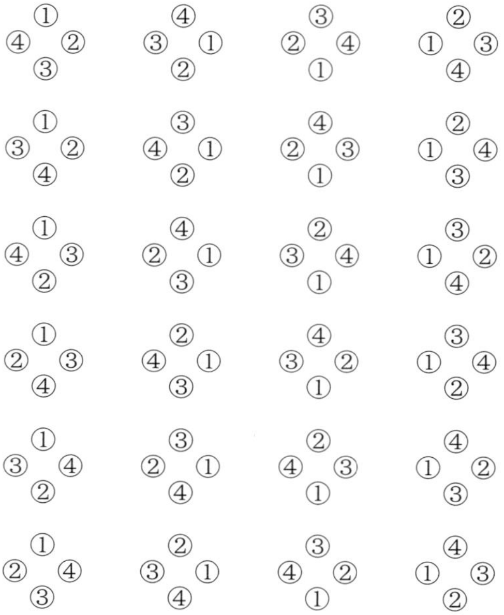

<table>
<tr><td>①
④ ②
③</td><td>④
③ ①
②</td><td>③
② ④
①</td><td>②
① ③
④</td></tr>
<tr><td>①
③ ②
④</td><td>③
④ ①
②</td><td>④
② ③
①</td><td>②
① ④
③</td></tr>
<tr><td>①
④ ③
②</td><td>④
② ①
③</td><td>②
③ ④
①</td><td>③
① ②
④</td></tr>
<tr><td>①
② ③
④</td><td>②
④ ①
③</td><td>④
③ ②
①</td><td>③
① ④
②</td></tr>
<tr><td>①
③ ④
②</td><td>③
② ①
④</td><td>②
④ ③
①</td><td>④
① ②
③</td></tr>
<tr><td>①
② ④
③</td><td>②
③ ①
④</td><td>③
④ ②
①</td><td>④
① ③
②</td></tr>
</table>

(1) 解 2(1 か所位置を固定する)

①の位置を固定すると，あとは残る 3 人を一列に並べる方法（順列）を考えればよく，

$(4-1)! =$ $\boxed{6\text{ 通り}}$（上図の最左列）．

(2) (1) の最左列の 6 通りについて，互いに左右対称である 2 通りの並べ方が同一視されていくので，$\dfrac{6}{2} =$ $\boxed{3\text{ 通り}}$。

◎円順列は回転して一致する重複度（この場合 **4** 通り），じゅず順列は線対称移動して一致する重複度（この場合 **2** 通り）に注目します。

重複組合せ（やや難）

これまでは互いに区別のつけられるものを 1 つずつ選んでくるというものでしたが，ここでは複数回選んでもよい場合（**重複組合せ**とよばれます）について考えます。

基本問題　9.8: 重複組合せ

区別のつかない白のブロックが 6 個あります。これらのブロックに赤，青，黄色のうち 1 色を選んで，それぞれ塗ることを考えます。1 つのブロックを複数の色で塗ることはしないものとします。

(1) どの色も最低 1 回は使うものとするとき，各色のブロックの個数の組合せは全部で何通りありますか。
(2) 使わない色があってもよいものとするとき，各色のブロックの個数の組合せは全部で何通りありますか。
(3) 6 個のブロックに番号をつけてすべて区別するものとします。このとき，ブロックの色の塗り方は全部で何通りありますか。

ノーヒントでは難しいと思いますので，ヒントを出します。
(1) まずブロック 6 個を一列に並べ，最初は赤で，次に青，最後に黄色で塗ることを考えます。このように**色を使う順番を決めても，色以外でブロックを区別することはない点に注目**します。実際に考えられる場合をすべて書き出してみて，ブロックで表現してみるとよいでしょう。
(2) (1) と同じように考えます。使わない色があってもよいということをどう考えるかがポイントです。

練習問題　9.3: 重複組合せの利用

(1) りんご, みかん, もも, バナナの 4 種類の果物を合計 10 個買います。ただし買わない種類の果物があってもよいものとします。買い方は何通りありますか。
(2) りんご, みかん, もも, バナナの 4 種類の果物を合計 15 個買います。どの果物も少なくとも一つは買うものとすると，買い方は何通りありますか。
(3) n 人でじゃんけんをしたとき， 3 種類の手が出てあいこになりました。グー・チョキ・パーを出した人の人数の組は全部で何通りありますか。
(4) 8 個の同じサイコロをふったとき，1〜6 の出た目の個数の組合せは何通りありますか。

基本問題 9.8 の解説

(1) 赤のブロック，青のブロック，黄色のブロックを次のように順に表し，

すべての組合せを書き出してブロックで表現すると下のようになります。

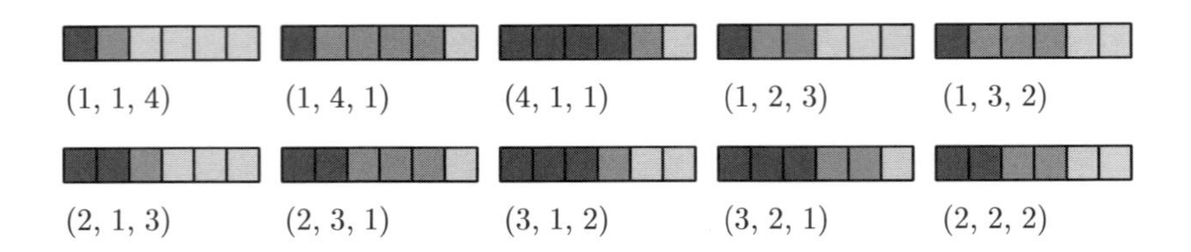

6 個のブロックの色がどこで変わるのかに注目します。色が変わる可能性がある場所は，ブロックとブロックの間の 5 か所であり，そのうち 2 か所で色が変わっていることが分かります。例えば最初の $(1,1,4)$ の場合は，1 番目と 2 番目の間, 2 番目と 3 番目の間 で色が変わっています。5 か所のうち 2 か所を選ぶ方法を考えて，${}_5\mathrm{C}_2 =$ 10 通り であると求めることができます。

(2) 同じように色が変わる可能性のある場所に注目します。問題なのは下の場合のように，1 回も使わない色が含まれるということです。

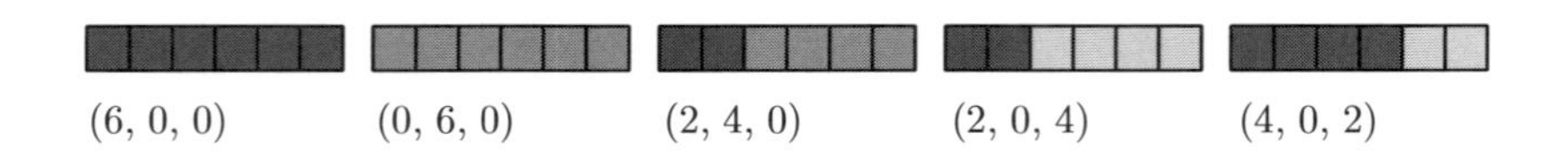

(1) との違いは「ブロックとブロックの間で色が 2 回変わることがある」のと「6 個のブロックの両端でも色が変わることがある」点です。色が変わることを明確にするために，色の変わり目を「仕切り棒｜」で表すことにします。例えば下図のように表せます。（いくつか例を作りましょう。全部で何通りの表し方があるでしょうか。）

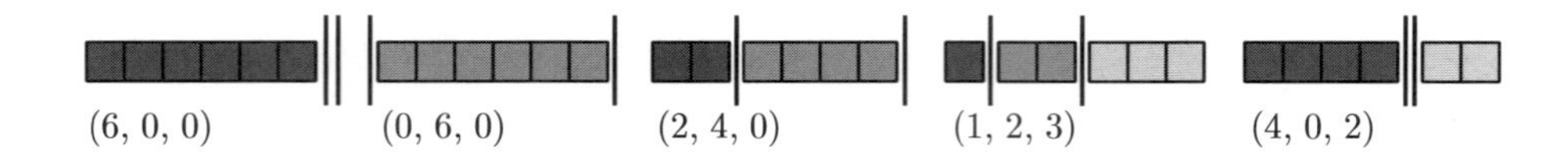

仕切り棒2本の入れ方の総数を求めます。ブロックの間に2本仕切り棒が入る可能性があることに注意が必要です。（ただし，ブロックの両端と間の計7か所から2か所入れる方法と考えて ${}_7\mathrm{C}_2 = 21$ 通りとするのは誤り。これでは，仕切り棒は必ず1本ずつ入るものと考えていることになります。）
ブロック6個と2本の仕切り棒の並ぶ順番に注目します。並べるものを8個と考えて，そのうち仕切り棒が何番目と何番目にくるのかと考えると，${}_8\mathrm{C}_2 =$ 28通り と求めることが出来ます。
(3) (1)(2) とは似て非なる見方をします。各ブロックごとに3色のうちのどれを塗るかで3通りずつあることから，$3^6 =$ 729通り あることがわかります。

9.5　パスカルの三角形とフラクタル図形（D）

この章の主題でもある ${}_n\mathrm{C}_k$ を次のように三角形状に並べたものを，**パスカルの三角形**といいます。この具体的な値を眺めると，${}_n\mathrm{C}_k$ に関する様々な性質が潜んでいることが分かります。まずは自力で探してみましょう。

問

(1) 下のパスカルの三角形中の ${}_n\mathrm{C}_k$ の値をすべて計算しましょう。
(2) (1) で計算した数字を見て，気がつく性質を出来る限りたくさん発見してください。そしてその性質が成り立つ理由を考えてください。

$${}_0\mathrm{C}_0$$
$${}_1\mathrm{C}_0 \quad {}_1\mathrm{C}_1$$
$${}_2\mathrm{C}_0 \quad {}_2\mathrm{C}_1 \quad {}_2\mathrm{C}_2$$
$${}_3\mathrm{C}_0 \quad {}_3\mathrm{C}_1 \quad {}_3\mathrm{C}_2 \quad {}_3\mathrm{C}_3$$
$${}_4\mathrm{C}_0 \quad {}_4\mathrm{C}_1 \quad {}_4\mathrm{C}_2 \quad {}_4\mathrm{C}_3 \quad {}_4\mathrm{C}_4$$
$${}_5\mathrm{C}_0 \quad {}_5\mathrm{C}_1 \quad {}_5\mathrm{C}_2 \quad {}_5\mathrm{C}_3 \quad {}_5\mathrm{C}_4 \quad {}_5\mathrm{C}_5$$
$${}_6\mathrm{C}_0 \quad {}_6\mathrm{C}_1 \quad {}_6\mathrm{C}_2 \quad {}_6\mathrm{C}_3 \quad {}_6\mathrm{C}_4 \quad {}_6\mathrm{C}_5 \quad {}_6\mathrm{C}_6$$
$${}_7\mathrm{C}_0 \quad {}_7\mathrm{C}_1 \quad {}_7\mathrm{C}_2 \quad {}_7\mathrm{C}_3 \quad {}_7\mathrm{C}_4 \quad {}_7\mathrm{C}_5 \quad {}_7\mathrm{C}_6 \quad {}_7\mathrm{C}_7$$
$${}_8\mathrm{C}_0 \quad {}_8\mathrm{C}_1 \quad {}_8\mathrm{C}_2 \quad {}_8\mathrm{C}_3 \quad {}_8\mathrm{C}_4 \quad {}_8\mathrm{C}_5 \quad {}_8\mathrm{C}_6 \quad {}_8\mathrm{C}_7 \quad {}_8\mathrm{C}_8$$
$${}_9\mathrm{C}_0 \quad {}_9\mathrm{C}_1 \quad {}_9\mathrm{C}_2 \quad {}_9\mathrm{C}_3 \quad {}_9\mathrm{C}_4 \quad {}_9\mathrm{C}_5 \quad {}_9\mathrm{C}_6 \quad {}_9\mathrm{C}_7 \quad {}_9\mathrm{C}_8 \quad {}_9\mathrm{C}_9$$
$${}_{10}\mathrm{C}_0 \quad {}_{10}\mathrm{C}_1 \quad {}_{10}\mathrm{C}_2 \quad {}_{10}\mathrm{C}_3 \quad {}_{10}\mathrm{C}_4 \quad {}_{10}\mathrm{C}_5 \quad {}_{10}\mathrm{C}_6 \quad {}_{10}\mathrm{C}_7 \quad {}_{10}\mathrm{C}_8 \quad {}_{10}\mathrm{C}_9 \quad {}_{10}\mathrm{C}_{10}$$

パスカルの三角形の具体的な数値

										1										
									1		1									
								1		2		1								
							1		3		3		1							
						1		4		6		4		1						
					1		5		10		10		5		1					
				1		6		15		20		15		6		1				
			1		7		21		35		35		21		7		1			
		1		8		28		56		70		56		28		8		1		
	1		9		36		84		126		126		84		36		9		1	
1		10		45		120		210		252		210		120		45		10		1

パスカルの三角形から例えば以下の性質に気がつきます。これらのことが成り立つ理由を次ページ以降，問題形式で考えていくことにしましょう。

- 各段の隣り合う2数を足すと，2数のすぐ下にある数値に等しくなります。例えば ${}_7\mathrm{C}_2 + {}_7\mathrm{C}_3 = 21 + 35 = 56 = {}_8\mathrm{C}_3$
- 横一列の数の和は 2^n になります。

基本問題 9.9: パスカルの三角形の性質

n を1以上の整数，k は $0 \leqq k \leqq n$ をみたす整数とします。

(1) $k \neq 0$ のとき，${}_n\mathrm{C}_k = {}_{n-1}\mathrm{C}_k + {}_{n-1}\mathrm{C}_{k-1}$ が成り立つ理由を説明しなさい。

(2) $k \neq 0$ のとき，$k\,{}_n\mathrm{C}_k = n\,{}_{n-1}\mathrm{C}_{k-1}$ が成り立つ理由を説明しなさい。

(3) ${}_n\mathrm{C}_0 + {}_n\mathrm{C}_1 + {}_n\mathrm{C}_2 + \cdots + {}_n\mathrm{C}_n = 2^n$ が成り立つ理由を説明しなさい。

基本問題 9.9 の考え方

ノーヒントであれば式変形を試みるでしょうけれども，それ以外にもいくつかやり方があります。

(1)(2)(3) はいずれも「n 人の中から人を選んでいく」場面を想定すると，一切計算をすることなく説明出来ます。

さらに (1)(3) は，下図のように線を結んでいくとマス目が浮かび上がってきます。すると基本問題 9.5 で扱った最短経路の数に対応していることに気がつくでしょう。このことを利用して考えてみてください。

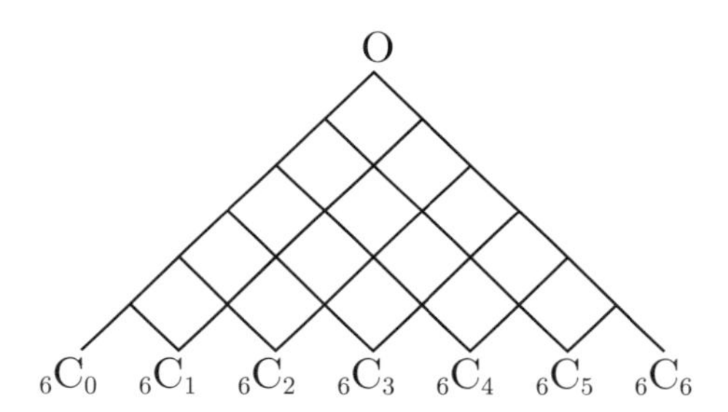

パスカルの三角形に潜むフラクタル構造・・・シェルピンスキーのギャスケット

パスカルの三角形内の $_n\mathrm{C}_k$ のうち，偶数を 0, 奇数を 1 で置き換えていくと，次のように正三角形状の模様が現れます。これを**シェルピンスキーのギャスケット**といいます。正三角形が次々に現れ，しかもそれまでの正三角形を含みつつサイズが大きくなって次々に出現する構造をもつ**フラクタル図形（自己相似形）**の 1 つとして知られています。（この構造が生まれる理由については本書のレベルを超えるので，割愛します。）

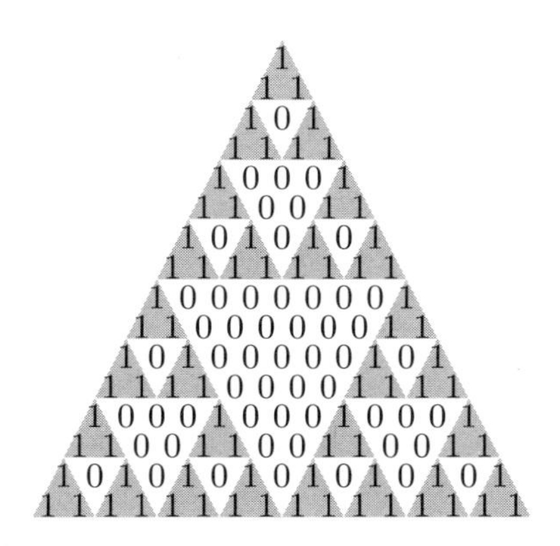

基本問題 9.9 の解説

(1) **解 1（n 人から k 人選ぶ方法とみなす）**「n 人から k 人を選ぶ方法を考える」際に，そのうちの A さんを選ぶか否かで場合わけしたものと考えます。A さんを選ぶ場合，残りの $n-1$ 人から $k-1$ 人を選ぶことになりますが，A さんを選ばない場合，$n-1$ 人から k 人を選ぶことになります。

解 2（式変形を利用・読んでわかれば十分です）

$$ {}_{n-1}\mathrm{C}_k + {}_{n-1}\mathrm{C}_{k-1} = \frac{\overbrace{(n-1)(n-2)\cdots(n-k)}^{k\text{ 個の数}}}{k!} + \frac{\overbrace{(n-1)(n-2)\cdots(n-k+1)}^{k-1\text{ 個の数}}}{(k-1)!} $$

$$ = \frac{(n-1)(n-2)\cdots(n-k+1)\{(n-k)+k\}}{k!} = \frac{n(n-1)\cdots(n-k+1)}{k!} = {}_n\mathrm{C}_k $$

解 3（最短経路の数とみなす） 例えば ${}_7\mathrm{C}_2 + {}_7\mathrm{C}_3 = {}_8\mathrm{C}_3$ を説明します。${}_7\mathrm{C}_2$ は右図の点 P を出発して，↙ に 5 回，↘ に 2 回移動して Q にたどり着く方法の総数で，${}_7\mathrm{C}_3$ は右図の点 P を出発して，↙ に 4 回，↘ に 3 回移動して R にたどり着く方法の総数を表します。前者の場合から ↘1 つ，後者の場合から ↙1 つ進むと，点 S にたどり着きます。逆に点 S にたどり着く直前にいる点は Q,R のいずれかしかないので，S にたどり着く方法の総数は，Q,R にたどり着く方法の数の和に等しいことが分かります。

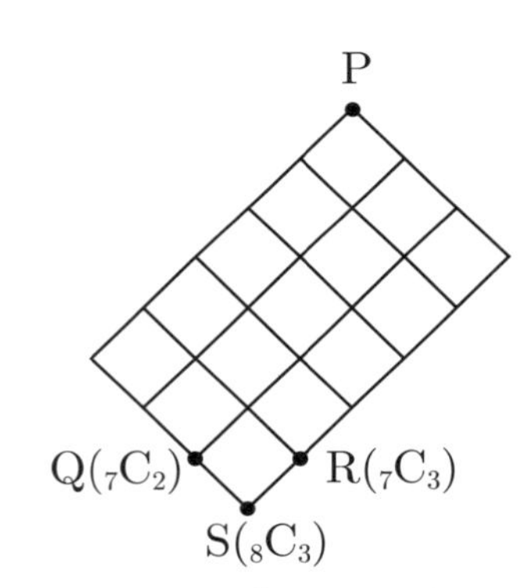

(2) **解 1（n 人から k 人選ぶ方法とみなす）** $k{}_n\mathrm{C}_k$ を「n 人の中から k 人を選んで，さらにその中からリーダーを 1 人決める（k 倍）」方法の総数を表すと考えると，$n{}_{n-1}\mathrm{C}_{k-1}$ は「先に n 人の中からリーダーを 1 人選び，残りの $k-1$ 人を $n-1$ 人から選ぶ」ことを表し，この 2 つの選び方は同じ内容を表していることからわかります。

解 2(式変形を利用・読んでわかれば十分です)

$$ k{}_n\mathrm{C}_k = k \times \frac{\overbrace{n(n-1)\cdots(n-k+1)}^{k\text{ 個の数}}}{k!} = \frac{n(n-1)\cdots(n-k+1)}{(k-1)!} $$

$$ = n \times \frac{\overbrace{(n-1)(n-2)\cdots(n-k+1)}^{k-1\text{ 個}}}{(k-1)!} = n{}_{n-1}\mathrm{C}_{k-1} $$

(3) **解 1（n 人から何人かを選ぶ方法とみなす）** 一方は n 人から何人を選ぶかで場合分けして選ぶ方法の数の和を考えたもので，他方は n 人ひとりひとりに注目して，選ばれるか選ばれないかで 2 通りずつあることから選び方の総数を考えたものです。

解 2（最短経路の数とみなす） 下図の点 O を出発して，↙ と ↘ に合計 n 回移動する方法の数と考えます。（解 1 と似ているので，詳細は考えてみてください。）

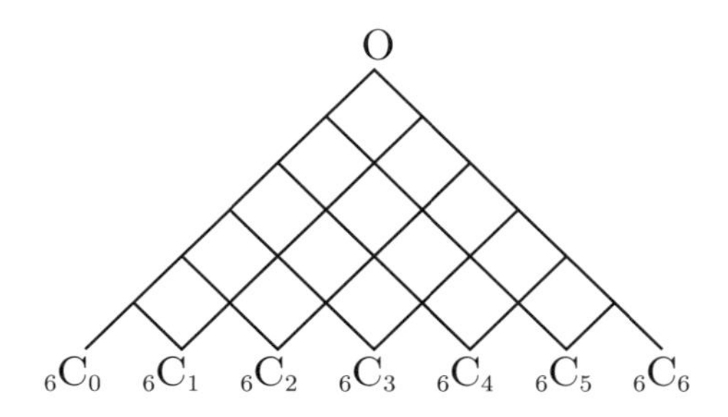

第10章

空間をブロックで表現する

この章では，空間内での点の位置の把握や，立方体の切断面，そして様々な立体の体積の求め方をブロックを利用して考えていきます。特に「空間は立方体（ブロック）で敷き詰めることで構成されている」という見方を通じて，紙の上だけではイメージすることが難しい立体を，実際に手を動かしながら理解していくことを試みます。この章こそ,「手を動かしながら考える」経験がものを言います。実際に立体が用意されていれば，私たちは手に取って観察することができます。

※本章は，これまでの章を読んでいなくても取り組むことができます。

10.1 空間内の位置の把握〜座標・立方体の見取り図（BD）

まず地図のように，平面上の位置を明確にするための道具を用意します。今や小学校でのプログラミングの場面でも，図形やロボットの動きを指示するために必須のものとなっています。

基本問題 10.1: 座標の導入

平面上の地点 O を基準にした 4 点 A, B, C, D の位置関係は以下に示されています。これら 5 点の位置関係が明確に認識できるように平面上に図示しなさい。

- A は O から東へ 1 km，北へ 2 km 進んだ点。
- B は O から西へ 3 km，北へ 1 km 進んだ点。
- C は O から西へ 2 km，南へ 3 km 進んだ点。
- D は O から東へ 2 km，南へ 2 km 進んだ点。

この考え方を空間に拡張しましょう。

基本問題 10.2: 空間内の点の表現と把握

空間内の地点 O（高さは 0 m とする）を基準とした 4 点 A, B, C, D の位置関係は以下に示されています。これら 5 点の位置関係が明確に認識できるように平面上に図示しなさい。

- A は O の東に 3 m 行き，さらに北へ 1 m の高さ 0 m の地点。
- B は O の北に 2 m 行き，さらに西へ 2 m の高さ 1 m の地点。
- C は O の南に 2 m 行き，さらに西へ 2 m の高さ −1 m の地点。
- D は O の下の高さ −1 m の地点。

座標の導入

グラフを描いたときと同じように，まず O で交わる 2 本の軸（垂直に交わる）を描き，図のように両軸とも O を 0 として，矢印の方向に向かって正の数，逆向きに負の数を等間隔に記入します。通常この軸について，横軸をx軸，縦軸をy軸とよびます。O から x 軸方向に a だけ進み，y 軸方向に b だけ進んだ点を (a,b) のように表し，これを点の**座標**といい，a を x 座標，b を y 座標といいます。座標が導入された平面を**座標平面**といい，点 O を座標平面の**原点（origin）**といいます。座標平面は図のように正方形を敷き詰めて位置関係を明確に表したもの（格子）と考えることが出来ます。

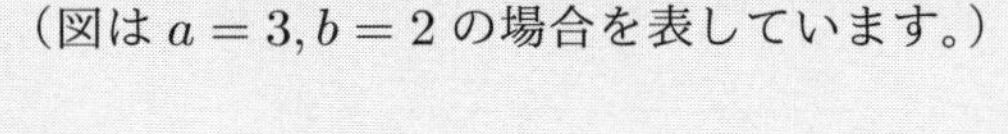

（図は $a=3, b=2$ の場合を表しています。）

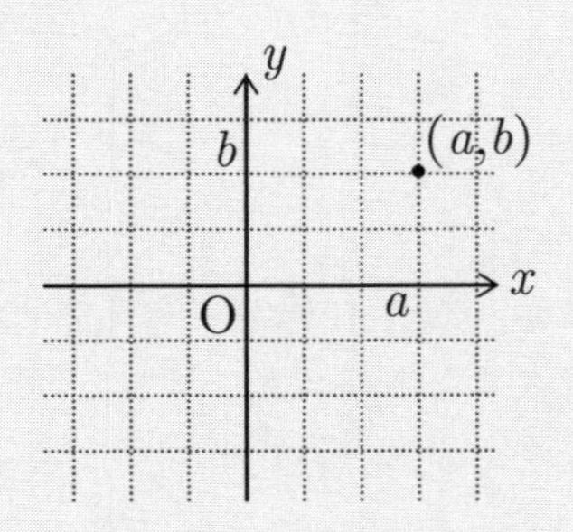

基本問題 10.1 の解説

O から東西方向を x 軸，南北方向を y 軸とし，東と北方向に正の数を用いることにします。また，この座標平面の 1 目盛りを 1 km とすると，下図のように 4 点は表せます。たとえば点 B の座標は $\mathrm{B}(-3,1)$ と表せます。

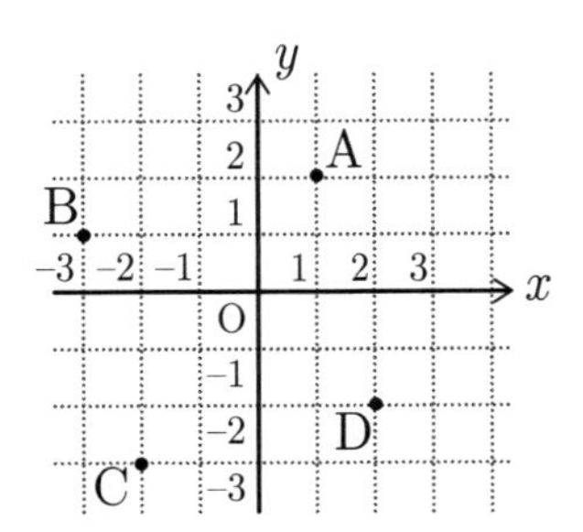

基本問題 10.2 の解説

空間の場合は高さ方向 (平面に垂直な方向) に z 軸という新たな軸を用意し，x, y, z の 3 つの座標で点を表すことになります。この空間は左下図のように表すことができ，特に正方形で敷き詰められていた xy 平面は，右下図のようにひしゃげられて（各正方形は平行四辺形で）表されることになります。

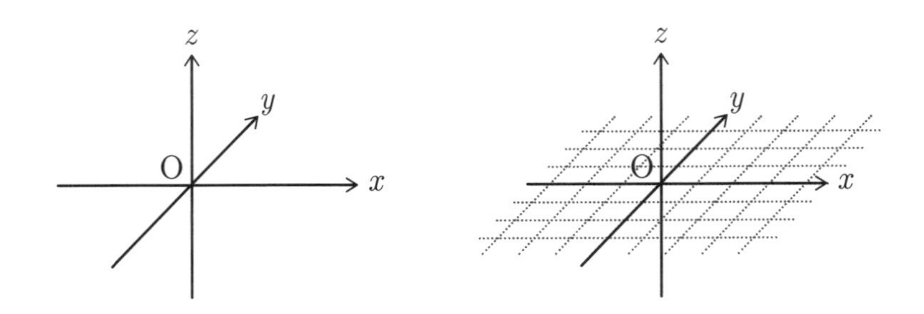

すると問題の点の位置は 1 m を座標の 1 目盛りとし，原点 O から東西方向を x 軸，南北方向を y 軸として，左下図のように表すことが出来ます。（座標では $\mathrm{A}(3,1,0), \mathrm{B}(-2,2,1)$, $\mathrm{C}(-2,-2,-1), \mathrm{D}(0,0,-1)$ と書きます。）解答としてはこの左下図で十分ですが，より位置関係を明確にするには，点 O と B, C を結ぶ線を対角線にもつ直方体を描くとわかりやすくなります。これら直方体は 1 辺の長さが 1 の立方体で構成されていることから，空間は立方体を敷き詰めたものと考えると，空間内の点を座標で表す際に図示がしやすくなります。

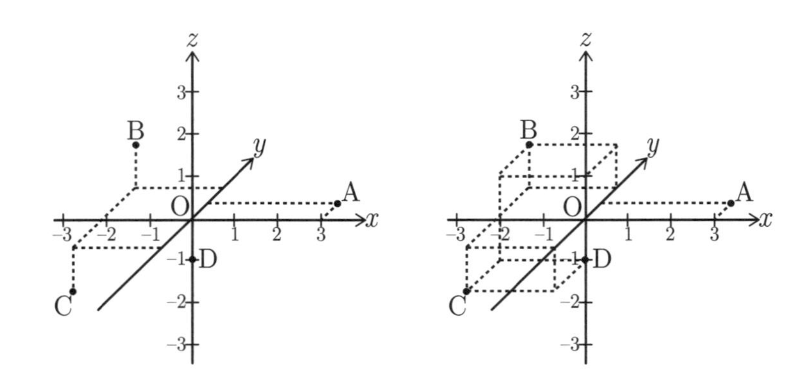

※最後の直方体の描き方は，数学や製図の都合上用いられる特有のもので，実際に目に映るものとは異なります。次ページで補足します。

(重要) 立方体の見取り図の描き方

通常私たちが問題文中に見る，あるいは紙面に描く立方体の図はおおよそ以下のように**前面と背面が正方形で，他が平行四辺形で描くものであると思います。**
（製図の用語ではキャビネット図に相当するものです。）

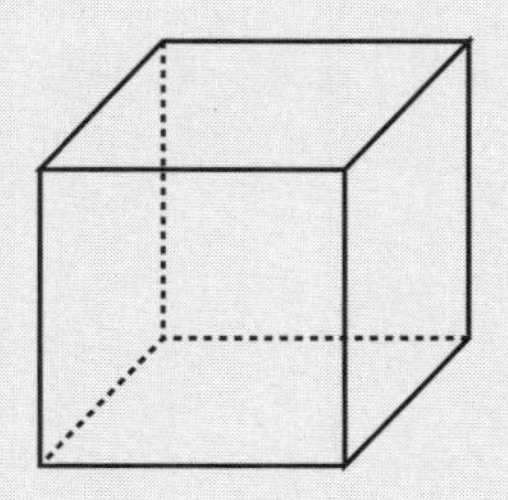

実際には私たちの目にはこのようには映りません。（立体を見る位置によって，横に平行な 2 組の辺も遠いほうが狭まっているように（遠近感）見えます。）しかしこのような図を描くのは立方体を理解する上でそれなりのメリットがあるからです。一般に 3 次元の立体を 2 次元の平面にそのまま再現することは不可能ですが，**上の立方体の描き方でも実物と同様に正しく描写されるのは以下のものです。**

(1) 立方体の面上または内部にある各直線について，**その直線上にある線の長さの比**
(2) 互いに**平行な線**
(3) **断面・側面**での 2 つの直線の**交点の数**

つまり, 空間内での点と点の相対的な位置関係（線の長さの比が分かれば十分）は立方体を描くことで把握することができます。

逆に**長さや角度は平面と違って，そのまま表記されるものではありません。**これらの数量を考えるときには**断面図**という 2 次元の平面を考える必要があります。

前ページのような直方体の描画でも，上に述べたことはそのまま成立します。
なぜ長さの比や平行という性質は正しく表現されるのかは，線形代数という理論を学ぶことで理解できます。（残念ながらここではその理由について触れる余裕はありません。）

10.2 ブロックで作られたモデルと空間座標の対応（BD）

通常ブロックのモデルは，左下図のようなプレートにあるポッチに，ブロックをはめて積み上げることで作っていきます。このブロックのモデルを空間座標と対応づけることで，空間座標の感覚をつかむことにしましょう。

座標の原点は左下図のポールの根元とすると，その横に並ぶポッチが x 軸に，縦に並ぶポッチが y 軸に，ポールが z 軸に対応することになります。上から見たのが右下図で，xy 平面を表しています。

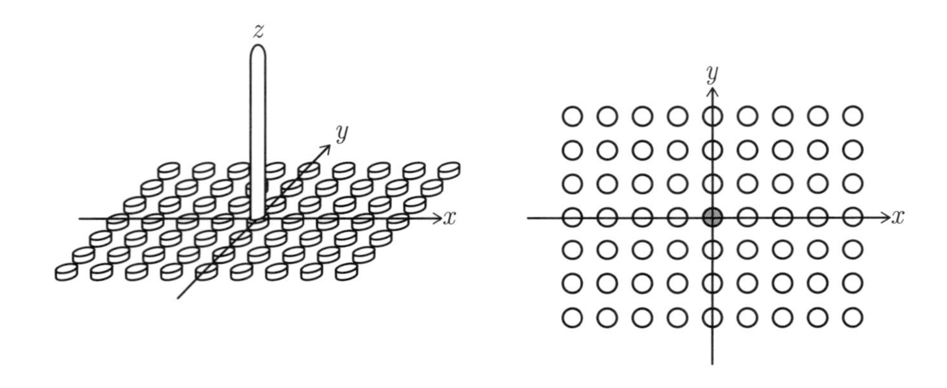

例えば左下図のように，原点から横（x 軸）方向に 3，縦（y 軸）方向に -2 進んだ位置に 2 個の 1×1 のブロックを積み上げているとき，この一番上の点を座標 $(3, -2, 2)$ と対応させて考えます。（右下図は上から見た図）

一般に，原点から横（x 軸）方向に a，縦（y 軸）方向に b 進んだ位置に c 個の 1×1 のブロックを積み上げているとき，この一番上の点を座標 $\boxed{(a, b, c)}$ と対応させて考えます。

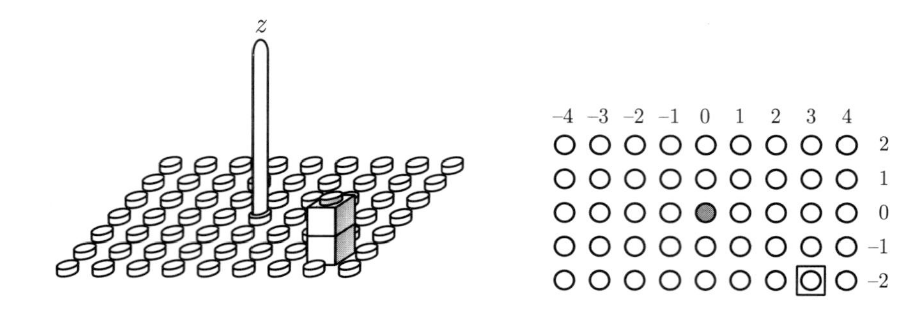

積み上げられた位置と座標を対応させる練習（解答は次ページ）

前ページと同様にポールが z 軸，その横並びを x 軸，縦並びを y 軸として考えるとき，下のように積み上げられたブロックと対応する座標を答えなさい。

◎説明書に従ってモデルを組み立てることに慣れていると空間座標を読み取るのも早いです。

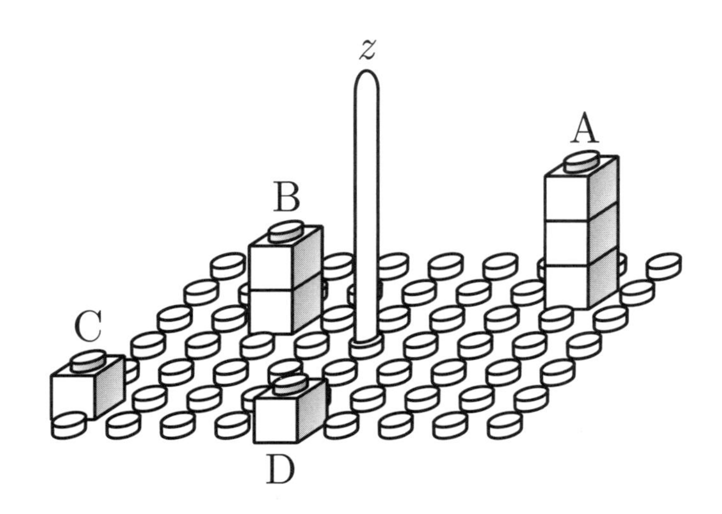

重要な注意　この節で用いた図はブロックのポッチの位置と座標を対応させていましたが，ブロックを用いないで問題を考える際は 10.1 節のように，直方体の頂点（ブロックの端点）と座標を対応させて描くほうが考えやすくなります。（次は後者の見方で解きましょう。）

基本問題　10.3: 空間座標と点の把握（小学生は飛ばして構いません）

xyz 座標空間について，点 $\mathrm{A}(1, 2, 1)$ をとるとき，次の点の座標を答えなさい。

(1) 点 A から x 軸と同じ方向に $+1$，y 軸と同じ方向に -2 だけ平行移動した位置にある点 B。

(2) 点 A を yz 平面（y 軸と z 軸 を含む平面）について対称移動した位置にある点 C。

(3) 点 A を xy 平面について対称移動した位置にある点 D。

(4) 点 A を点 $\mathrm{P}(3, 3, 3)$ について点対称移動した位置にある点 E。

(5) 点 A を z 軸 について対称移動した位置にある点 F。

(6) 点 A を x 軸 について対称移動した位置にある点 G。

積み上げられた位置と座標を対応させる練習の解答

A$(3, 2, 3)$,B$(-2, 1, 2)$,C$(-4, -2, 1)$,D$(0, -3, 1)$

基本問題 10.3 の解説

(1) 高さは変わらないので上から見た xy 平面での移動を考えればよいことになります。左下図のように移動することから，x 座標が $+1$, y 座標が -2 となるので，B$(2, 0, 1)$

（右下図は xyz 座標空間での図）

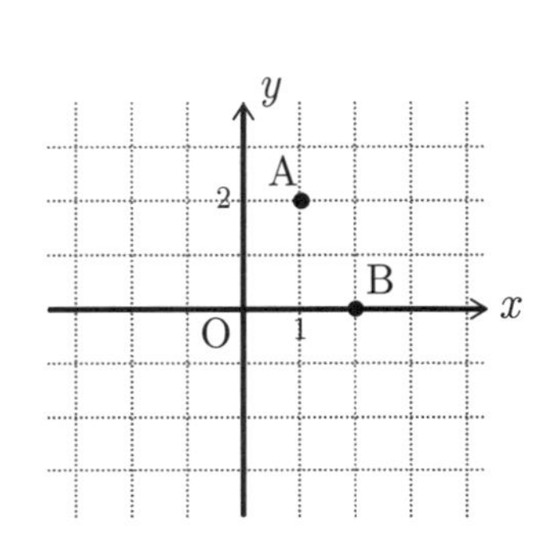

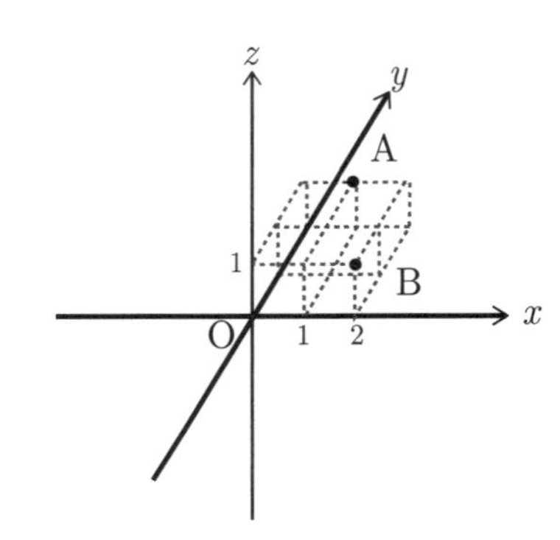

(2) これも高さは変わらず，x 座標が $\pm$ 逆になる移動で，C$(-1, 2, 1)$

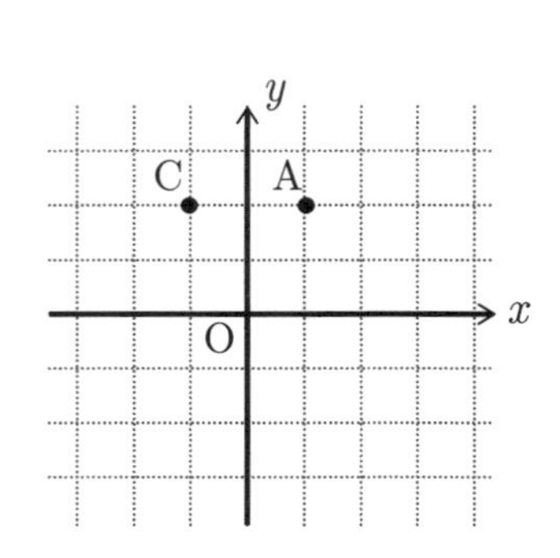

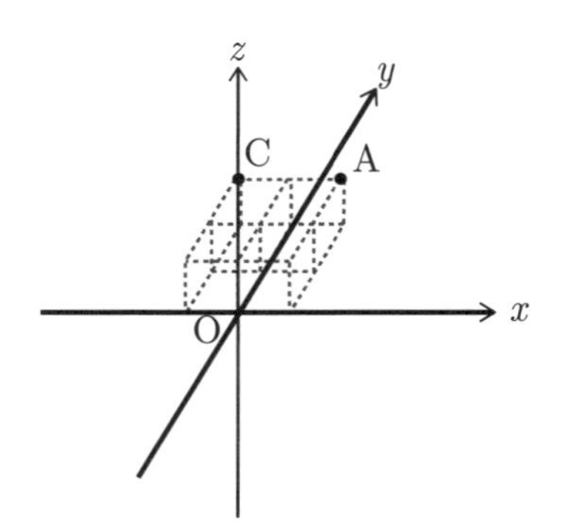

(3) x 軸の正方向から見た図（左下図）を考えます。z 座標が $\pm$ 逆になるので，$\boxed{\mathrm{D}(1,2,-1)}$

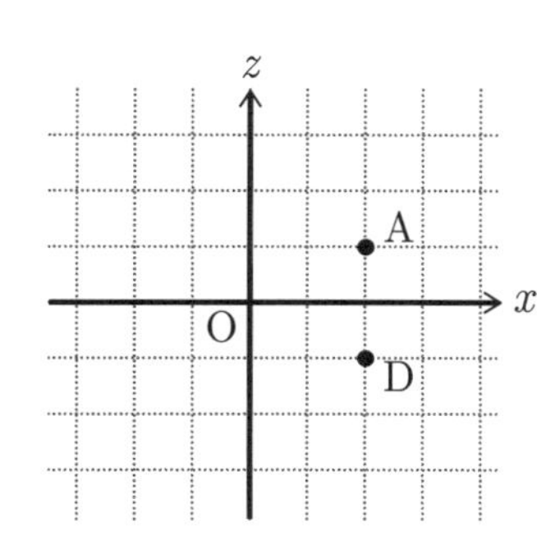

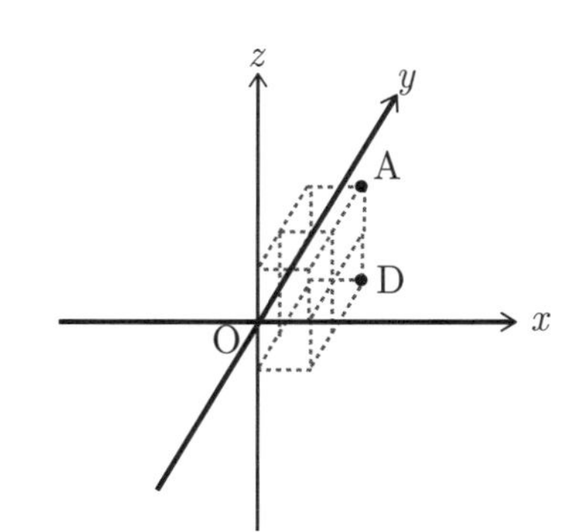

(4) 2 点 A, P の位置を表しましょう。A から P へは x, y, z 座標の値がそれぞれ $+2, +1, +2$ となっているので，この 2 倍だけ A から移動した点が E となります。従って $\boxed{\mathrm{E}(5,4,5)}$

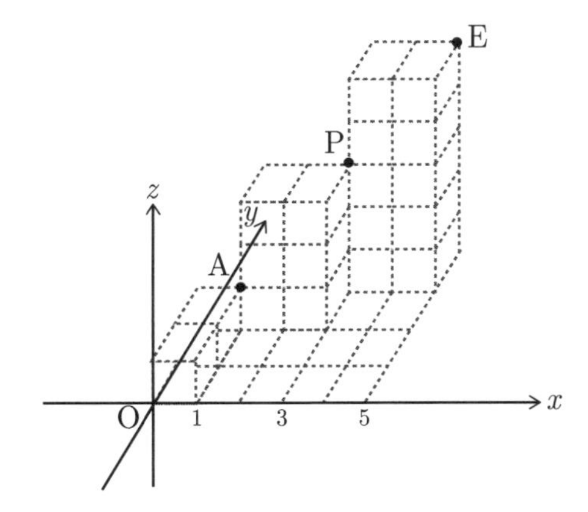

(5) これも高さは変わらず，x, y 座標だけの移動です。上から見た図で考えると，x, y 座標の $\pm$ を入れ替えればよいことが分かります。$\boxed{\mathrm{F}(-1,-2,1)}$

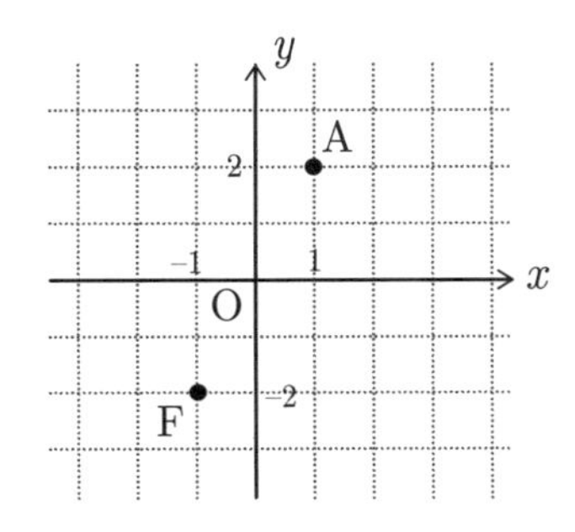

(6) x 軸の正方向から見た図（右図）を考えます。y, z 座標が $\pm$ 逆になるので，$\boxed{G(1, -2, -1)}$

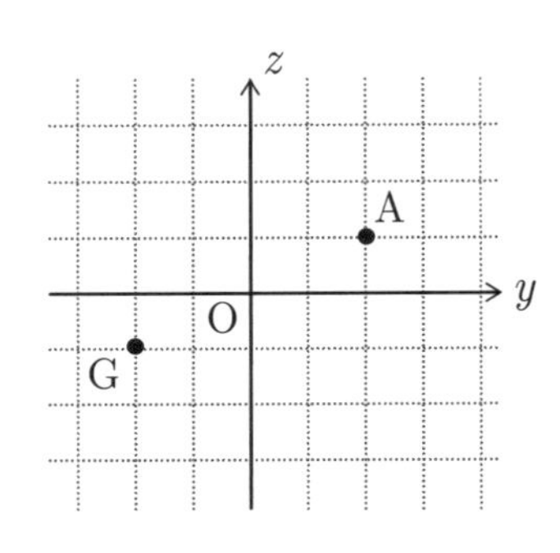

10.3　2 次元の図から 3 次元の様子をイメージする（B）

2 × 4 のブロックを 3 つ重ねた下図の状況を考えます。どちらの図も同じ状況ですが，見る角度を変えて表しています。

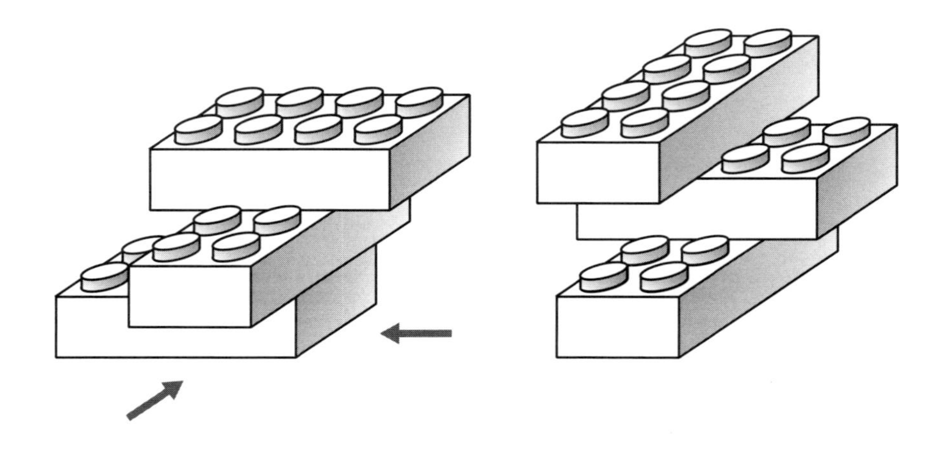

これを図の矢印の方向から眺めると下図のように見ることができます。

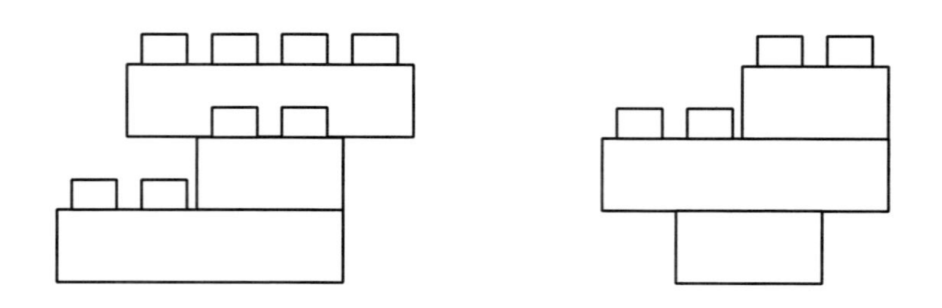

基本問題　10.4: 2 次元から 3 次元をイメージ

次の 2 つの図は，2×4 のブロック 3 つを積み上げた状態を横の 2 方向から見たものです。真上からみるとどうなるか描きなさい。

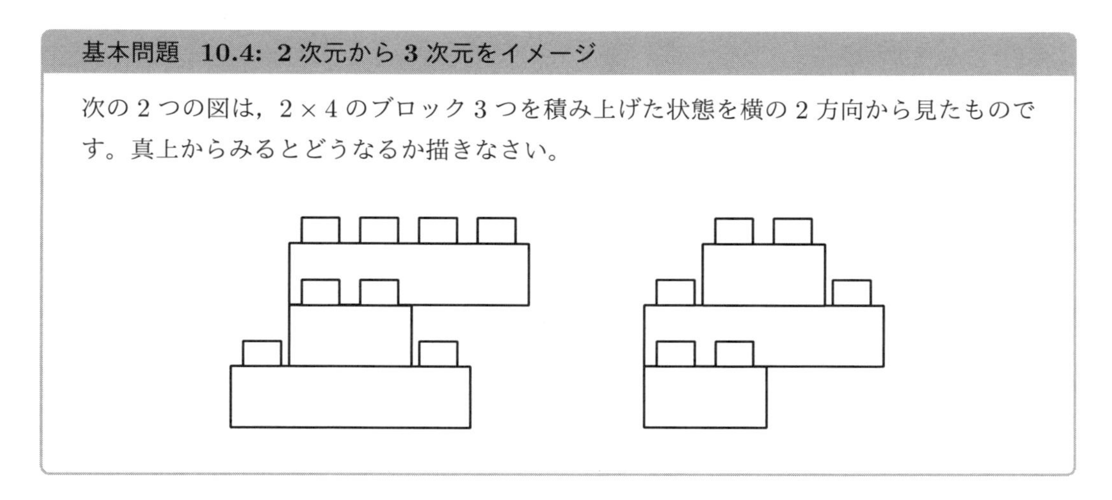

まずは各段ごとに見取り図を描こうとしましょう。どうしても難しければ，ブロックを準備して考えましょう。

ほかにもブロックを色々積み上げて問題を作っては，時間をおいてから解くことをしていくと，イメージする力が身についていきます。

基本問題 10.4 の解説

状況をイメージして，下のブロックから順番に見取り図を描いていきましょう。

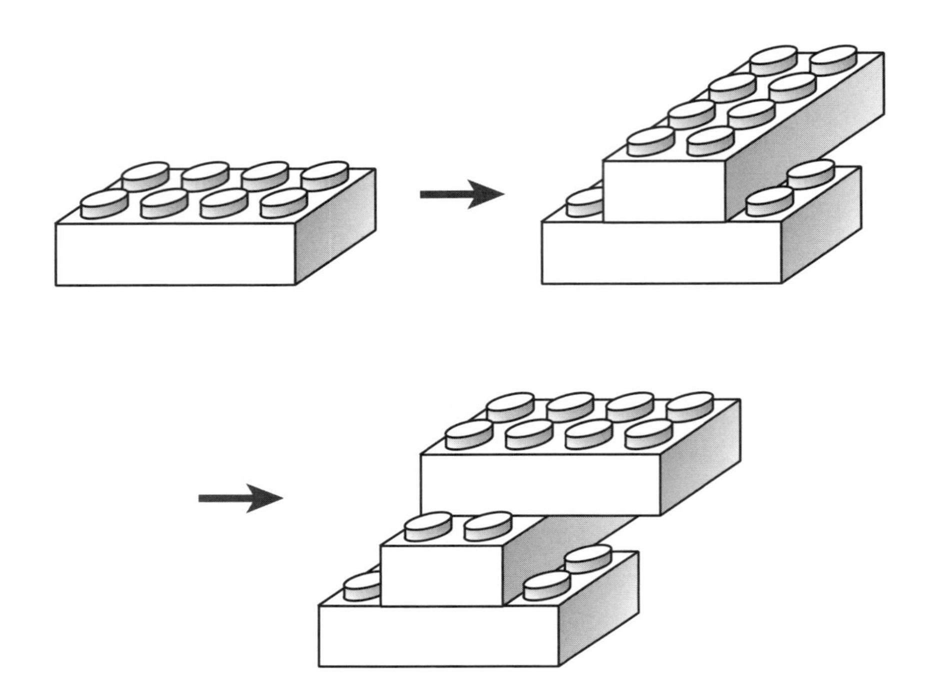

したがって上から見た図は下のようになります。

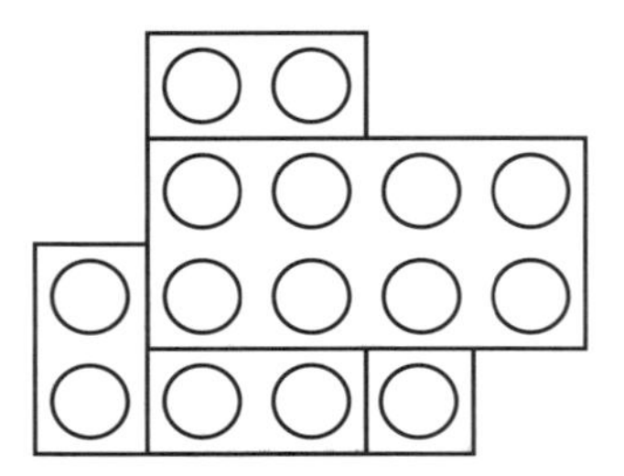

注意　実は見る方向を変えると，ほかにも可能性があることが分かります。考えてみてください。

10.4　立方体の切断面の作図とブロックでの表現（C）

立体図形の問題で最も難しく，誤解も生じやすい立体の切断問題について考えていきます。例えば右図のような立方体 ABCD − EFGH について，辺 BC, CD の**中点**（真ん中の点）をそれぞれ P, Q とするとき，3 点 P, Q, G を通る平面で切断（3 点を通るように包丁で切るイメージ）すると，断面は三角形 PQG であり，3 点を結ぶだけで作図が出来ます。

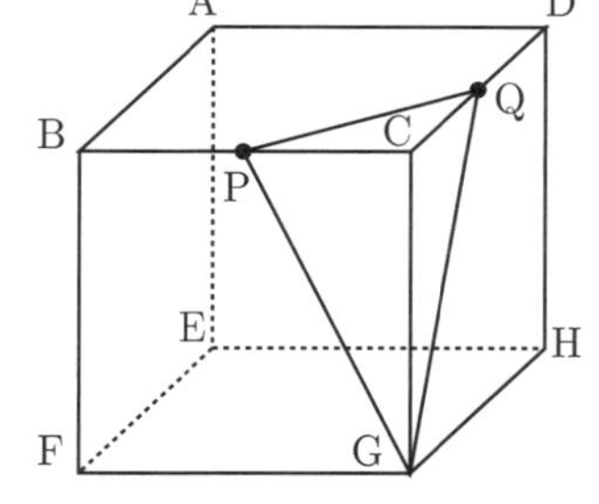

このようにある点（この場合 C）を共有する 3 本（BC.CD, CG）の辺上の 3 点を結ぶ面での切断の場合は簡単にできますが，全く別の辺上にある 3 点を通る平面の場合はそう簡単にはいきません。

基本問題　10.5: 立方体の切断面の作図

右図の立方体 ABCD − EFGH において，FG の中点（真ん中の点）を M とします。3 点 A, M, H を通る平面で立方体を切るとき，断面はどのようになりますか。断面の図形の頂点がどこにあるのかも説明しなさい。

さらに，2 面 ABFE, BCGF を展開して平面上に並べたとき，面に現れる切り口に相当する線は一直線になるか，折れ線になるか考えなさい。

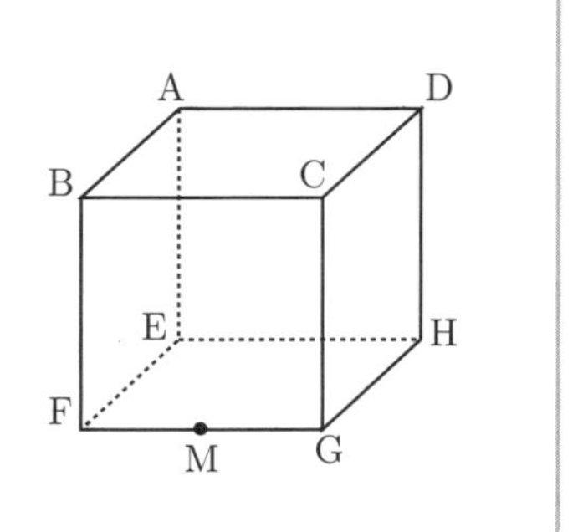

実際に立方体を作って考えること（**観察・直感的**）と，一般的に成り立つ法則を適用して考えること（**論理的**）の両方が必要となります。次ページではまずその方法を紹介します。

ある程度慣れてきたら次の問題を考えてみてください。

研究問題　10.1: 立方体の断面に現れない図形

立方体の断面として，七角形と正五角形は現れません。その理由を説明しなさい。

（重要）立方体をブロックで作る方法

左下図のような 1×8 のプレートを8本（4本でも出来なくはありません）用意して，上面と底面の辺の枠をこれらのプレート (底面はなくても可) で，上面と底面を結ぶ柱に相当する辺はそれぞれ 1×1 のブロック6個で作ると，右下図のような簡易立方体模型が完成します。あとは，糸で張ったり，切り込みを入れながら紙（断面とみなす）を挿入していったり，必要に応じてテープで留めたりすることで，イメージをつかむことができるようになります。このように実際に手を動かして試行錯誤して考えることで，図形の性質がよりよくわかるようになります。

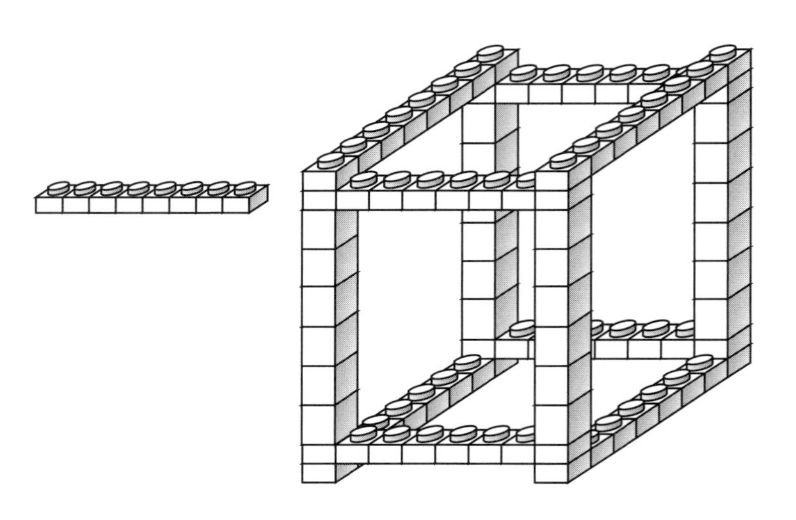

（参考）四面体を作る方法

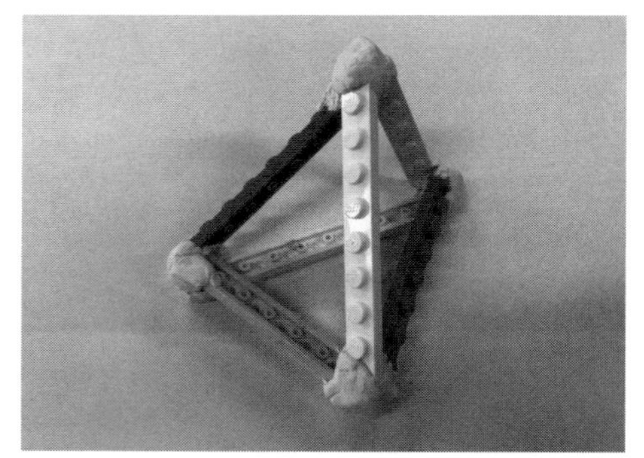

四面体は立方体と違って辺どうしが垂直には交わらないので，カッチリとブロックをはめることはできません。しかし形がイメージできて，しかも簡単に作ることを目的としたいので，右写真のように，見た目にはこだわらず，頂点の部分を取り外し可能な粘着材で留めてつくるという方法も考えられます。さらに立方体の内部に頂点を粘着材でつくり，糸で残りの頂点を結んで，立方体が分割される様子をみることもできます。

ここでは粘着剤として (株) コクヨ製品『ひっつき虫』を使用

（重要）立方体の切断面の基本原理

平行な 2 平面の性質

2 つの平面 P,Q は平行（延長しても交わらない）であり，もう一つの平面 R が P,Q と交わっているとき，そのときにできる交線 p, q は平行になります。

説明　交線 p は平面 P 上にあり，交線 q は平面 Q 上にあります。P と Q は平行であるので，P 上の図形と Q 上の図形が交わることはありません。したがって，p と q は交わることはありません。

さらに p と q はともに平面 R 上の直線であるので，p と q は同じ平面上にある交わらない 2 直線ということになります。したがって p と q は平行であることがわかります。（説明終）

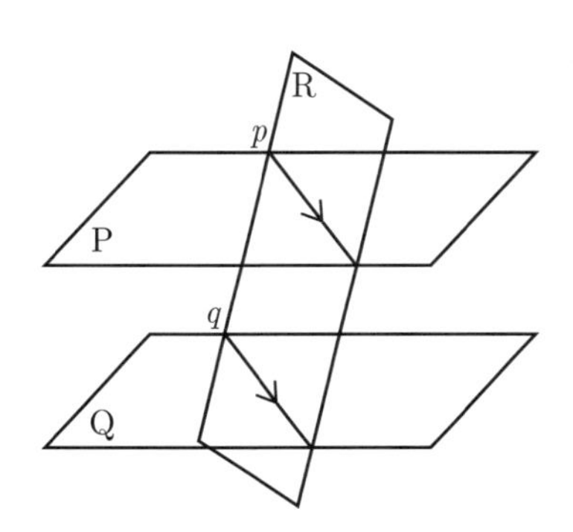

基本問題 10.5 の解説

解 1(基本原理に基づいて考えます)

- ① 面 AEHD と面 BFGC が平行 であることに注目します。MN と AH が平行になるように BF 上に点 N をとります。
- ② 台形 ANMH が求める切り口です。

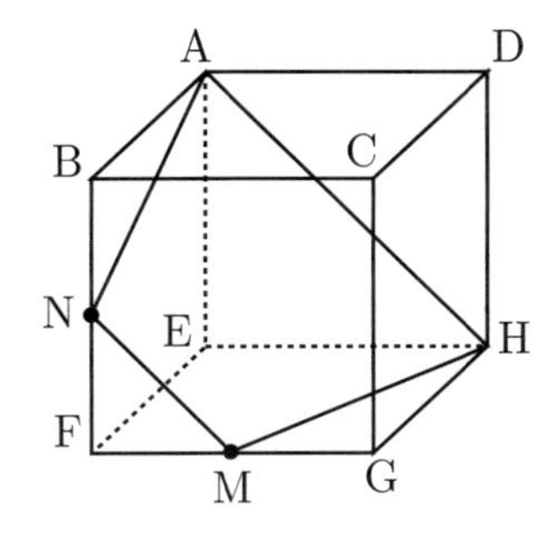

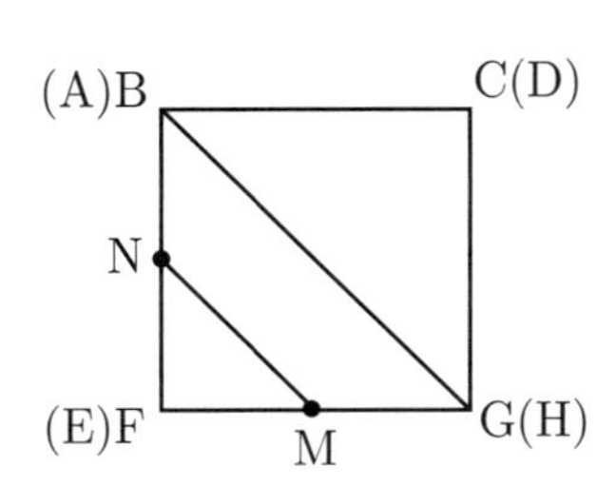

立方体の 1 辺の長さを 1 として，三角形 AEH と三角形 NFM に 6.3 節の平行線と線の長さの比の関係から，AE : EH = NF : FM で $1:1=\mathrm{NF}:\dfrac{1}{2}$，従って $\mathrm{BN}=\dfrac{1}{2}$ がわかります。つまり N は BF の中点とわかります。（右上図は手前から見たときの様子を表しています。）

解 2(延長して考える＝立方体を横付けする)

◎「空間は立方体で敷き詰められる」という発想で，立方体をとなりに継ぎ足します。

立方体 ABCD − EFGH の手前に同じ大きさの立方体を横付けさせる。このとき底面の切り口 HM を延長させると，追加した立方体の頂点 P に到達します。

PA と BF の交点を N とすると，四角形 ANMH が求める断面となります。

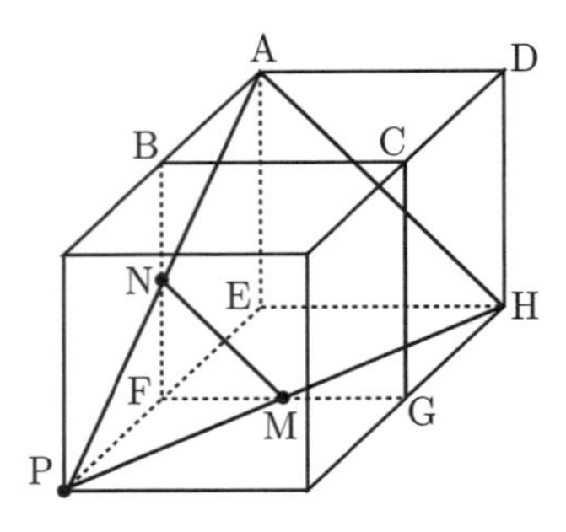

- ① 立方体を図のようにもう 1 つ横付けします。
- ② HM を延長し EF との交点を P とします。
- ③ FP と GH は平行なので，（平行線と線の長さの比の関係）HG : GM ＝ PF : FM ＝ 2 : 1 であり，PF ＝ 1。従って P は追加した立方体の頂点であるとわかります。

- ④ AP を結び，BF との交点を N とします。このとき，AB と FP は平行なので，AB : FP ＝ BN : NF ＝ 1 : 1 で，N は BF の中点とわかります。
- ⑤ 台形 ANMH が求める切り口とわかります。

（重要）切り口は展開図上で一直線になるか？

2 面 ABFE, BCGF を並べると下図のようになります。

しかし BN ＝ NF であるのに対して，AB ＝ 2 × FM であるので，三角形 ABN と MFN は相似でない（拡大しても一致することはない），つまり 角 ANB と角 MNF は等しくないことが分かります。従って切り口に当たる AN と NM は一直線上にはないと分かります。

「一直線上にある」と勘違いしてしまう人が多いので，気をつけましょう。

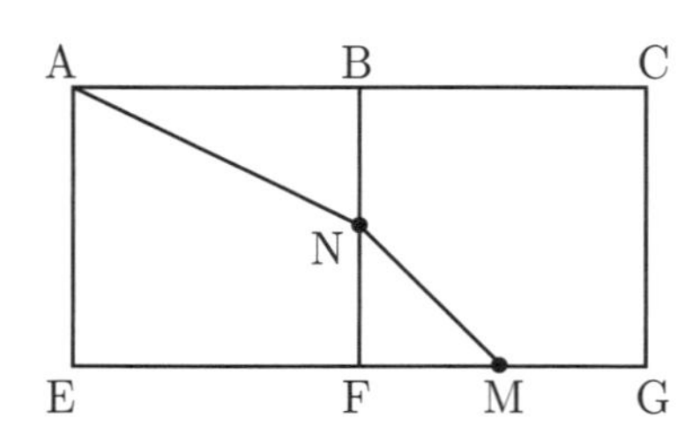

基本問題　10.6: 立方体の切断面 1

ABCD − EFGH は 1 辺の長さが 1 の立方体です。以下の各図の 3 点を通る平面で立方体を切断したとき，その切り口はどうなりますか。

(1) AP=$\frac{1}{3}$, DQ=$\frac{1}{4}$, BR=$\frac{1}{2}$ のとき，PQR を通る平面。

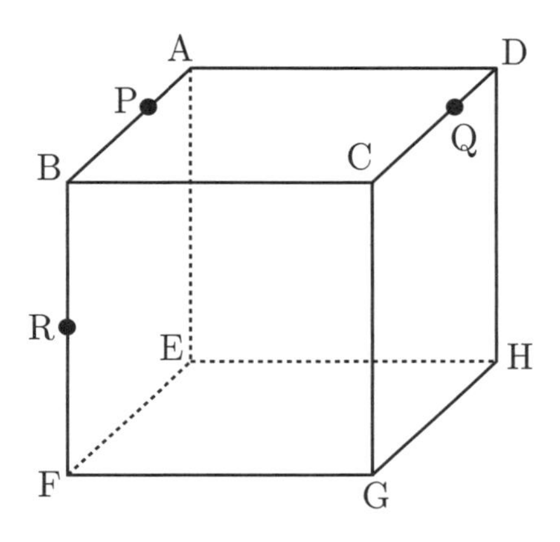

(2) AS=$\frac{1}{3}$, CT=$\frac{1}{2}$ のとき, SDT を通る平面。

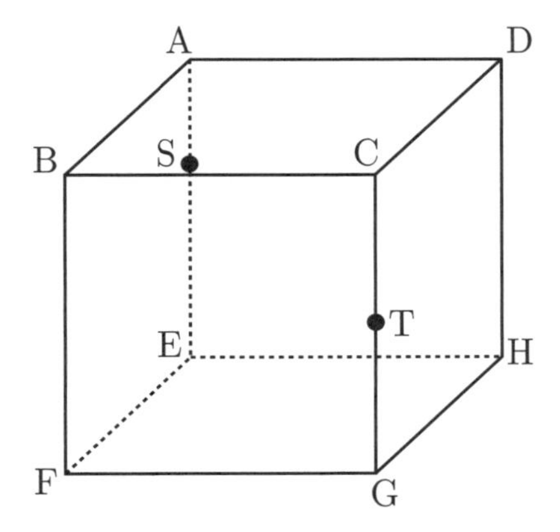

基本問題　10.7: 立方体の切断面 2

ABCD − EFGH は 1 辺の長さが 1 の立方体です。以下の各図の 3 点を通る平面で立方体を切断したとき，その切り口はどうなりますか。

(1) AP=$\frac{1}{2}$, AQ=$\frac{1}{2}$, BR=$\frac{1}{3}$ のとき，PQR を通る平面。

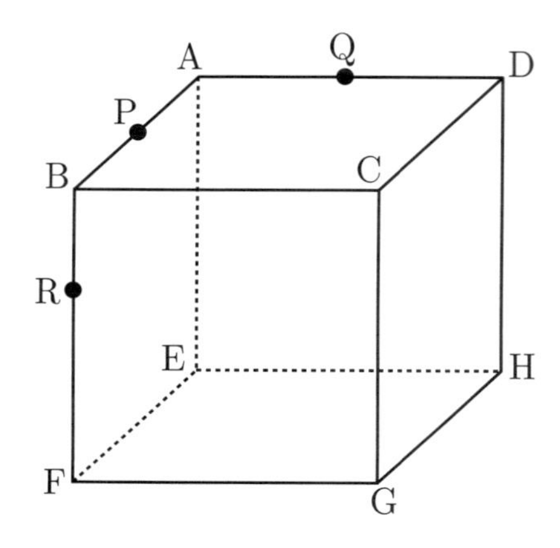

(2) BS=$\frac{1}{2}$, AT=$\frac{1}{2}$, GU=$\frac{1}{2}$ のとき，STU を通る平面。

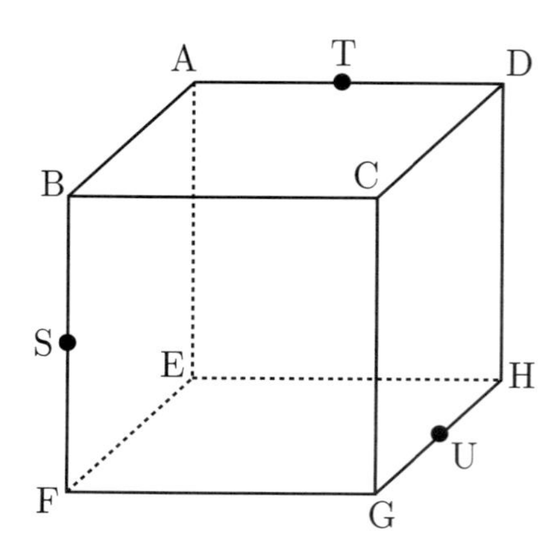

(2) の答えは予想がつきますが，なぜそうなるのかの説明は難しいです。この 2 問は立方体をいくつか横付けにして考えてみる必要があります。

基本問題 10.6 の解説

（注意）「平行」の記号「//」，「角度」の記号「∠」，「三角形」の記号「△」を用います。

(1)

① 面 AEFB//面 DHGC に注目して，PR//QS となるように辺 CG 上の点 S をとります。

② 四角形 PQSR が求める切り口で，台形です。

BP : BR = CQ : CS なので，$\frac{2}{3} : \frac{1}{2} = \frac{3}{4}$: CS で，

$$\boxed{\text{CS} = \frac{9}{16}}$$

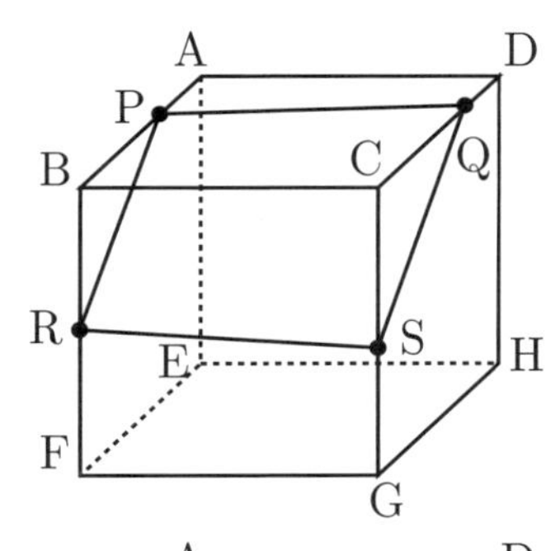

(2)

① 面 BFGC//面 AEHD に注目して，UT//SD となるように辺 BF 上の点 U をとります。

② 四角形 DSUT がもとめる切り口で，平行四辺形です。

UF の長さを求めます。T から BF に垂直な線 TV を引くと，△ASD と △VUT は合同です。したがって，UV = AS = $\frac{1}{3}$ なので，BU = CT + AS = $\frac{1}{2} + \frac{1}{3} = \frac{5}{6}$.

$$\boxed{\text{UF} = \frac{1}{6}}$$

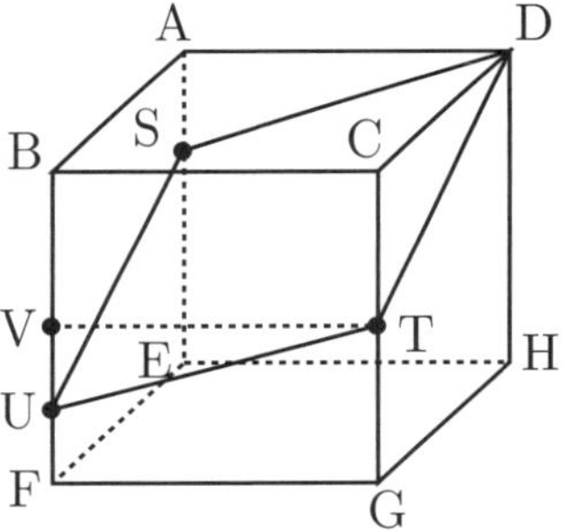

補足（△ASD と △VUT が合同である理由について）

SD//UT（更に本当は BF//AE）により，∠ASD = ∠VUT です。同様に ∠ADS = ∠VTU で，2 つの三角形の 3 つの対応する角度が等しいことがわかります。さらに AD = VT または SD = UT（切り口が平行四辺形になることから）であるので，合同であることがわかります。

注意（切り口はひし形にはならない）

ひし形になるには 4 辺の長さが等しい，特に隣り合う 2 辺 SD と TD が等しくないといけません。しかし，△ADS と △CDT に注目すると，AD = CD で∠SAD = ∠TCD = 90° ですが，AS ≠ CT なのでこの 2 つの三角形が合同でなく，SD ≠ TD もわかります。

基本問題 10.7 の解説

(1)

- ① 立方体をもう1つ横付けします。
- ② QP を延長して，CB との交点を S とします。
- ③ SR を延長すると，SB : BR = FG : RF = 3 : 2 となるので，G を通ることがわかります。
- ④ 面 ABFE//面 DCGH に注目して，PR//TG であるように辺 DH 上に点 T をとります。
- ⑤ 五角形 PRGTQ が求める切り口です。

ここで，BR : BP = TH : GH が成り立つので，$\frac{1}{3} : \frac{1}{2} = \mathrm{TH} : 1$，つまり $\boxed{\mathrm{TH} = \frac{2}{3}}$ とわかります。

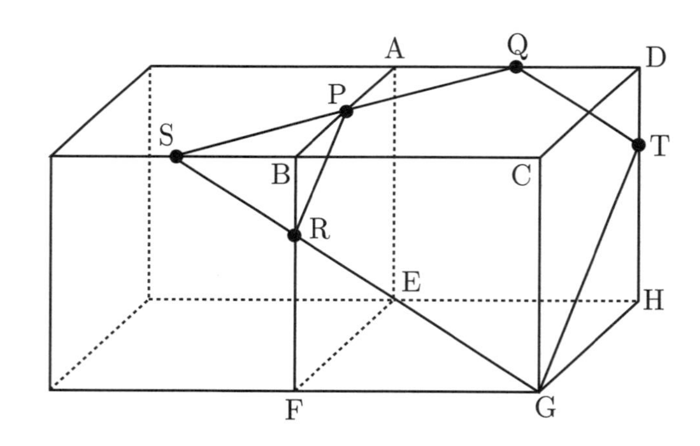

(2)

- ① 立方体を 2 つ横付けにします。
- ② TS を延長し，底面との交点を V とすると，△VWS と △TAS は合同になるので，V は図の辺 RW の中点となります。
- ③ UV を結び，FG との交点を X とすると，△UVQ が直角二等辺三角形となるので，△UXG も直角二等辺三角形です。従って X は辺 FG の中点となります。
- ④ SX を結びます。
- ⑤ 面 BFGC//面 AEHD に注目して，SX//TY となるように，辺 DH 上の点 Y をとります。△SFX が直角二等辺三角形なので，△DTY も直角二等辺三角形となり，Y は DH の中点となります。
- ⑥ 同様に XU//TZ となるように，辺 AB 上の点 Z をとると，Z は辺 AB の中点となります。
- ⑦ 六角形 SXUYTZ が求める切り口であり，正六角形です。

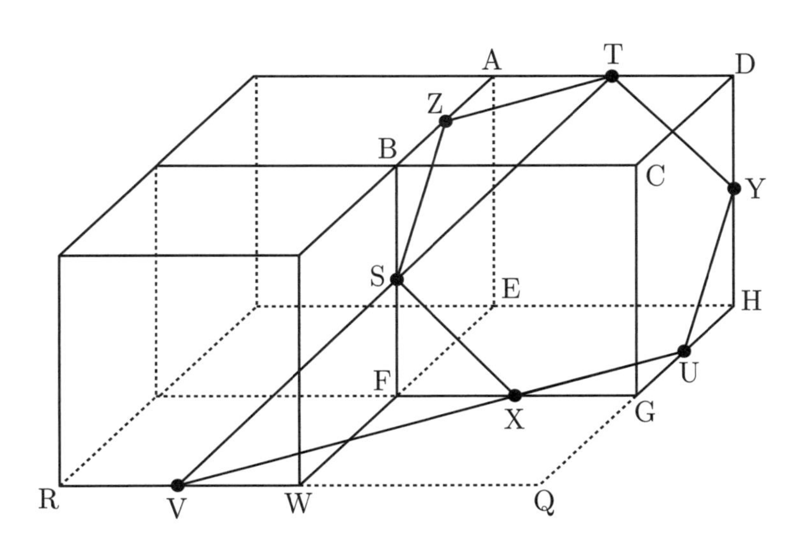

練習問題　10.2: 立方体の切断

ABCD − EFGH は 1 辺の長さが 1 の立方体です。以下の各図の 3 点を通る平面で立方体を切断したとき，その切り口はどうなりますか。

(1) $AP=\frac{1}{3}$, $AQ=\frac{1}{2}$ のとき，PQH を通る平面。

(2) $AP=\frac{1}{3}$, $DQ=\frac{1}{2}$ のとき，PQG を通る平面。

(3) $AP=\frac{1}{3}$, $AQ=\frac{1}{2}$ のとき，PQF を通る平面。

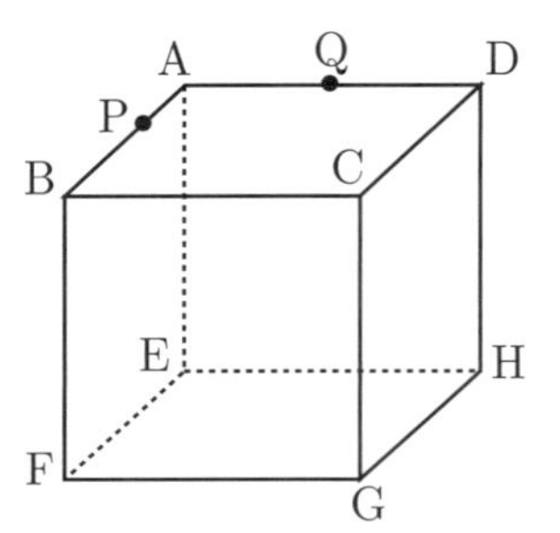

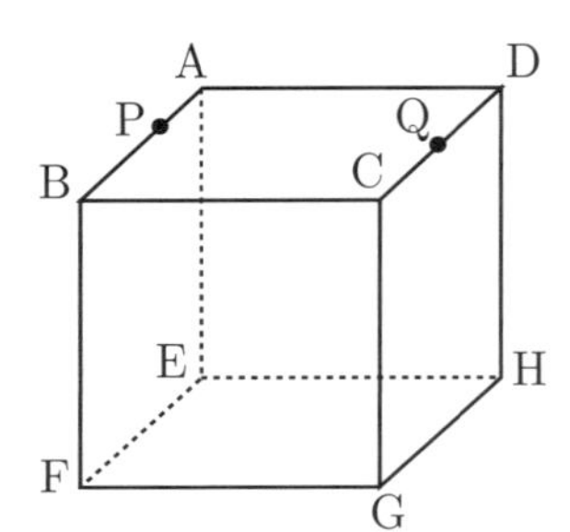

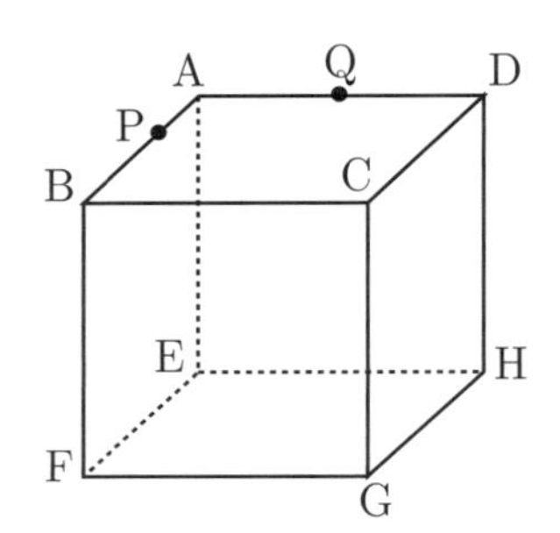

練習問題　10.3: 立方体の切断・延長線必須

ABCD − EFGH は 1 辺の長さが 1 の立方体であり，$FP = GQ = \frac{2}{3}$ をみたす点 P, Q を図のようにとります。3 点 A, P, Q を通る平面でこの立体を切断するとき，切断面はどうなりますか。

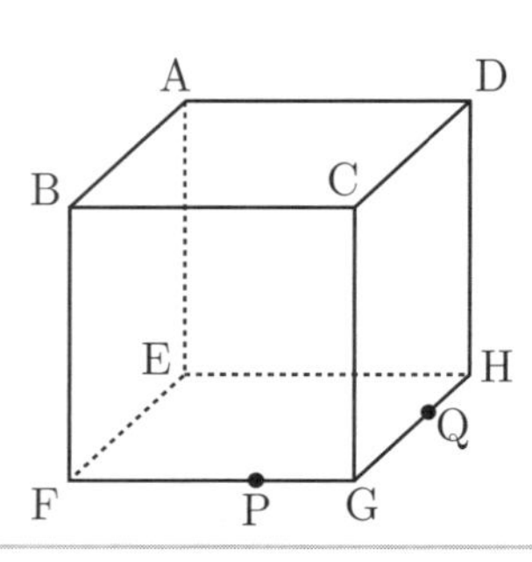

練習問題　10.4: 立方体の切断・延長線必須

ABCD − EFGH は 1 辺の長さが 1 の立方体であり，$\mathrm{AP} = \dfrac{2}{3}$, $\mathrm{AQ} = \mathrm{FR} = \dfrac{1}{2}$ をみたす点 P, Q, R を図のようにとります。3 点 P, Q, R を通る平面でこの立体を切断するとき，切断面はどうなりますか。

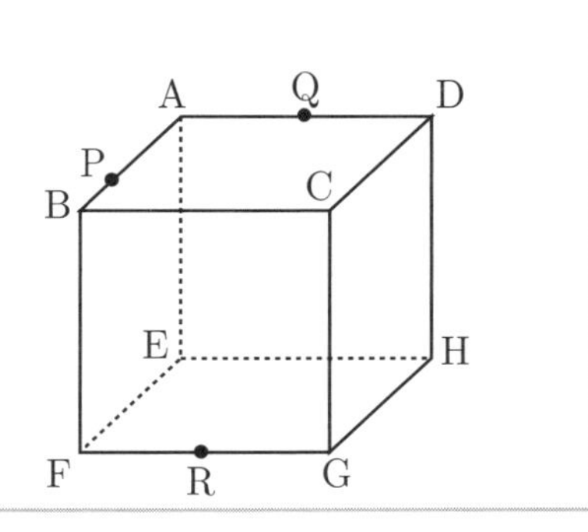

次は，中学入試問題でよく出るタイプのものです。これもブロックを利用して考えるとわかりやすいでしょう。類題も色々と作って，ブロックで確かめましょう。

基本問題　10.8: 断面が通過するブロックの数

(1) 右図は 1 辺の長さが 1 の小立方体を積み上げて作った，1 辺の長さが 4 の立方体です。図の 3 頂点 P, Q, R を通る平面でこの立方体を切るとき，下から 2 段目にある，この切断面が通過する小立方体の個数を求めなさい。

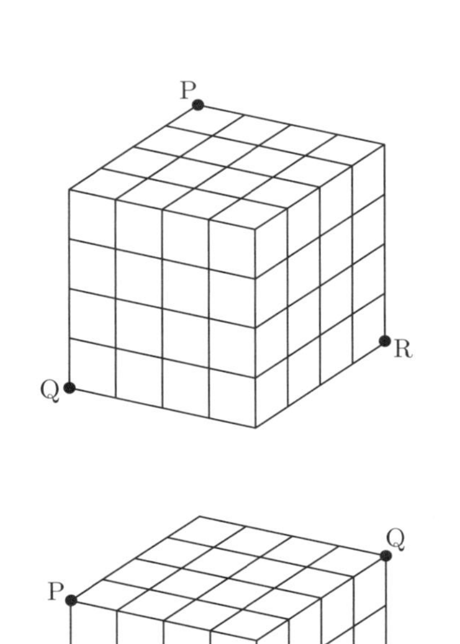

(2) 右図は 1 辺の長さが 1 の小立方体を積み上げて作った，縦横の長さが 4，高さが 2 の直方体です。図の 3 頂点 P, Q, R を通る平面でこの直方体を切るとき，切断面が通過する小立方体の個数を求めなさい。

基本問題 10.8 の解説

(1) 一番下の段と下から 2 段目の境を切断目は下のように通過します。（ブロックを用いないときは，このような見取り図や断面図を描いて考えましょう。）

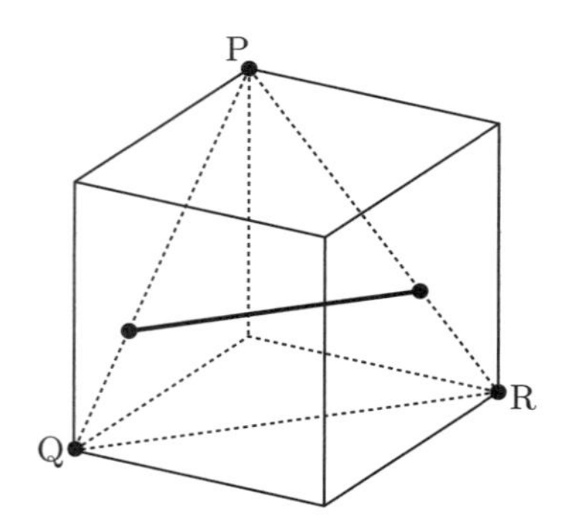

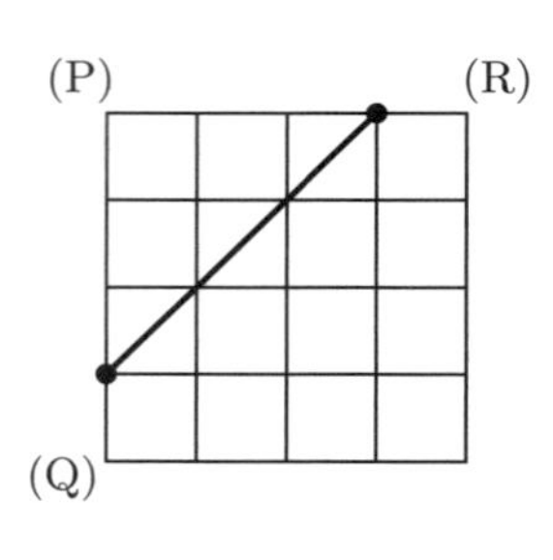

下から 2,3 段目の境を切断目は下のように通過します。

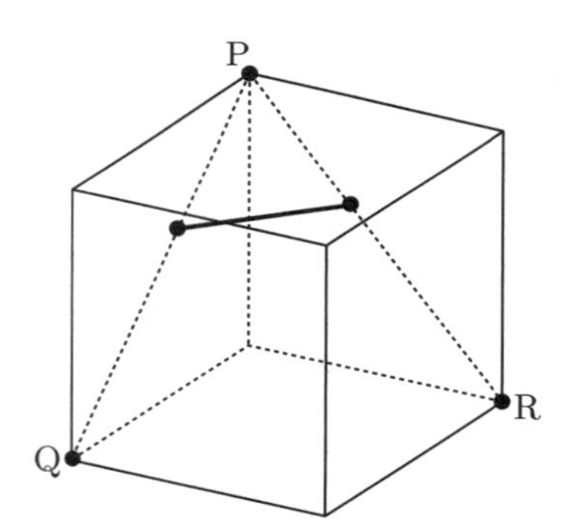

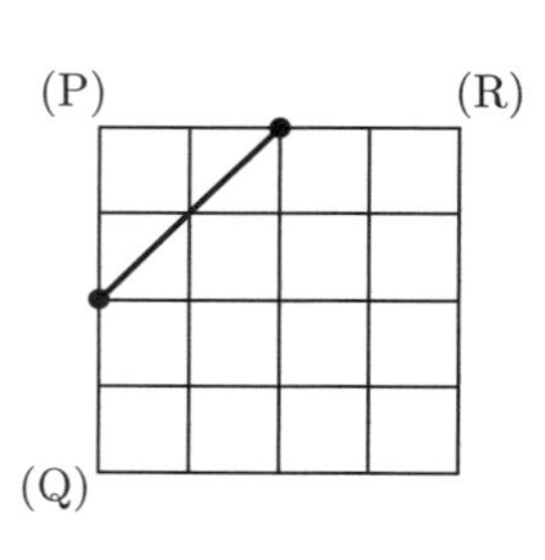

下から 2 段目のブロックは，この 2 つの切り口の間を通過するので，あてはまるブロックは右下図の 5 個 とわかります。

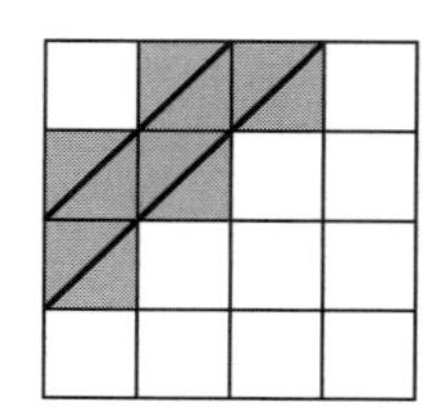

(2) 切り口は図の 2 点 M, N を通ることに注目します。(1) と同じように考えて，下から 2 段目は中央下図，一番下の段は右下図のようになり，合計 12 個 とわかります。

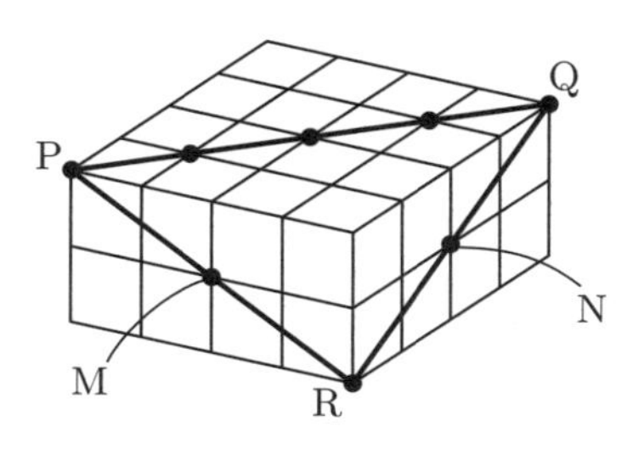

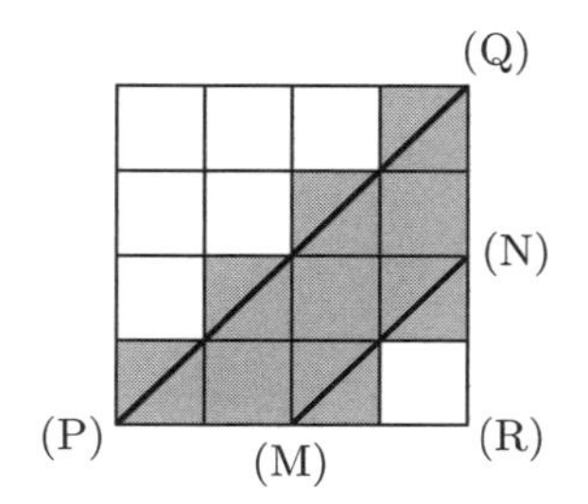

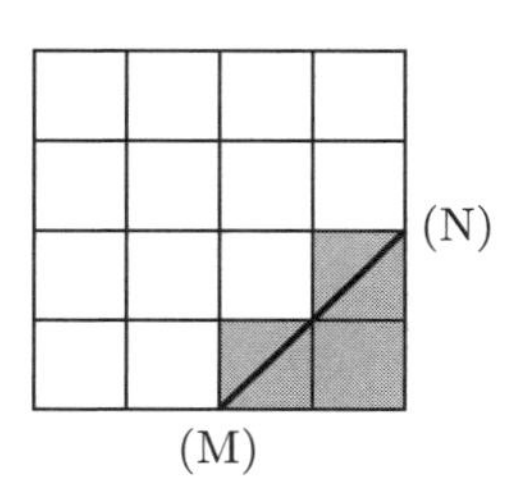

10.5　三角錐・円錐・球の体積の近似（D）

5.7 節で学んだ円の面積の近似法を体積に応用します。まずは三角錐・円錐の体積を求めるときに $\frac{1}{3}$ 倍する理由を探りましょう。最初に公式を紹介しておきます。

三角錐・円錐の体積の公式

左下図のように，空間内の 4 つの点を辺で結んでできる図形を**三角錘（四面体）**といいます。また中央下図のように，直角三角形を直角を含む辺の周りに回転させてできる立体を**（直）円錐**といいます。いずれの場合も体積は，

$$\boxed{\frac{1}{3} \times (\text{底面の面積}) \times (\text{高さ})}$$

で求められます。さらに 2 つの三角錐に分解できる四角錘（右下図）も同様です。

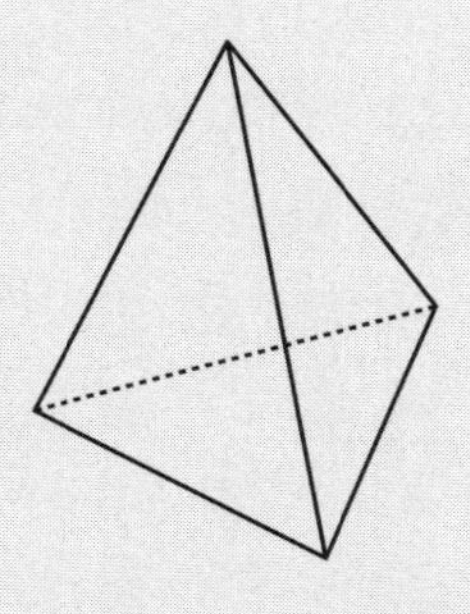

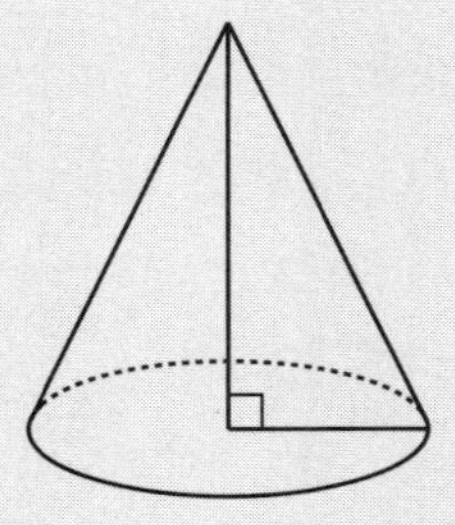

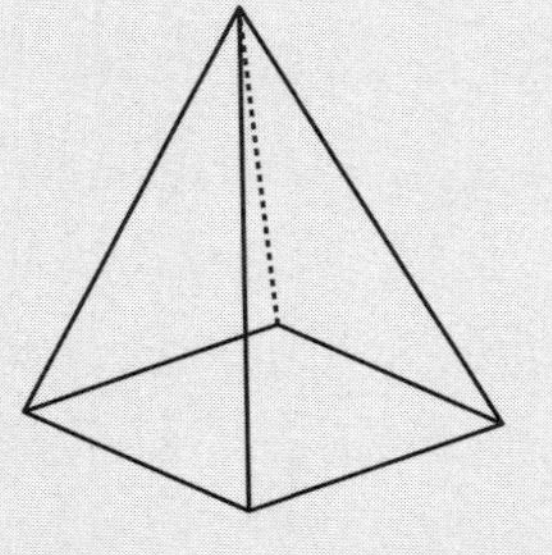

この理由について問題を通じて考えていきます。まずは体積の言葉の意味から確認します。

体積とは？

1辺が1の立方体の体積を1としたとき，立体の**体積**はこの立方体の何個分に当たるかを表した量のことです。特に1辺が1 cmの立方体の体積は1 cm^{3}と表します。

まずは立方体を下のように3分割してみます。すると底面が正方形で，高さが立方体の1辺の長さに等しい四角錘が3つできます。これらは合同であるので，体積は等しくなります。従って四角錘について，(底面積) × (高さ) = (立方体の1辺)^{3}となるので，この値の$\frac{1}{3}$が四角錘の体積であることがわかります。

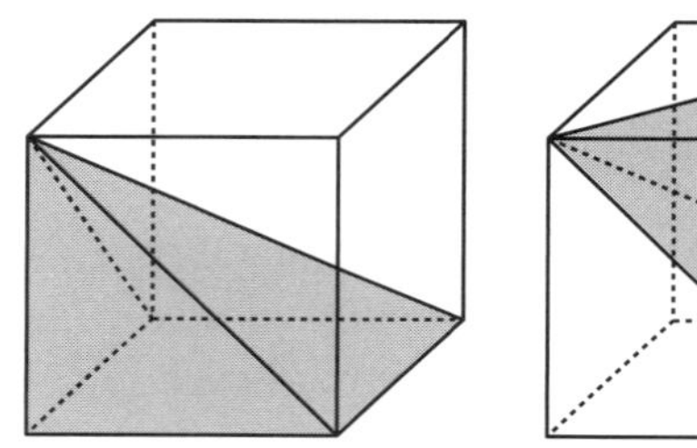
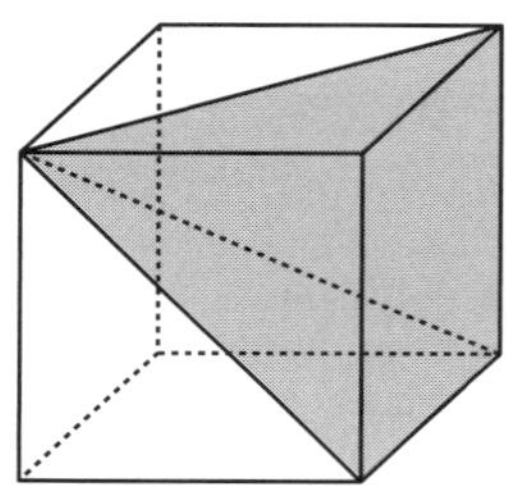
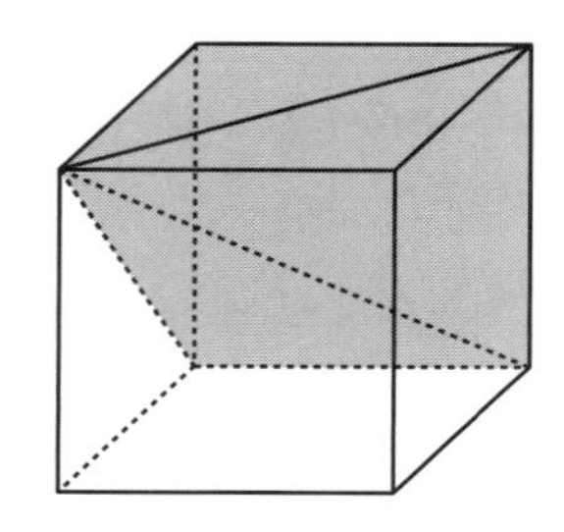

次の問題の(1)で，この四角錘に相当するものをブロックで近似的に作ります。

1 × 1のレゴブロックは，立方体ではなく直方体なので高さは少し高くなりますが，そこはあくまでイメージをつかむ材料と思って適宜修正を加える必要があります。また実際のレゴブロックの底面の1辺は7.9 mmですが，8 mmと考えることにします。

5.7節と同様に，余力があれば8という数字を16, 24にしていくとどうなるのか考えてみてください。

基本問題　10.9: 錐体の体積の近似

(1) 底面が 1 辺 8 cm の正方形で高さが 8 cm の四角錘の体積を，下図のように 1 辺 8 mm の立方体を使って，下から 1 段目が 10×10，2 段目が 9×9，$\cdots$，一番上が 1×1 となるように積み上げていくことで近似的に求めなさい。

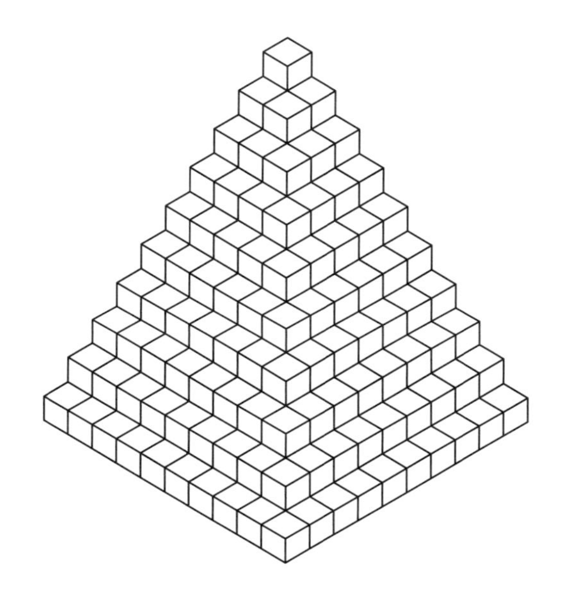

(2) 三角錐の 4 つの面のうち 3 つが直角二等辺三角形であり，それらの直角が一つの頂点に集まっていて，2 等辺の長さがすべて 8 cm であるものを考えます。この三角錘の体積を，下図のように 1 辺 8 mm の立方体を使って積み上げていくことで近似的に求めなさい。

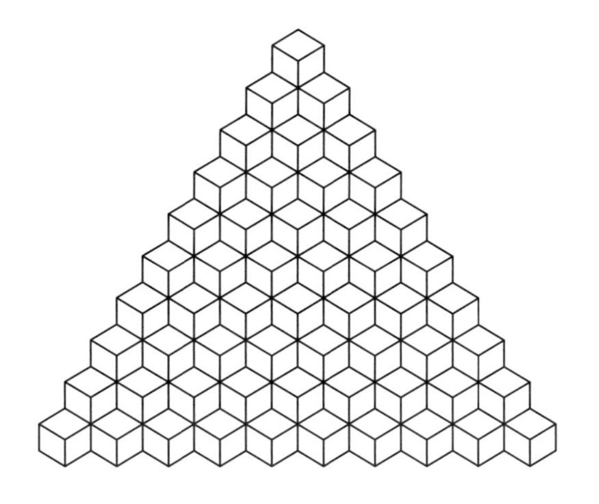

基本問題 10.9 の解説

(1) 積み上げたブロックの個数は，$1^2+2^2+3^2+\cdots+10^2=\underbrace{\frac{1}{6}\times 10\times(10+1)\times(20+1)}_{\text{基本問題 8.5 参照}}$ $=385$ 個で，体積は $385\times 0.8\times 0.8\times 0.8=\frac{385\times 8^3}{1000}$[cm^3]（具体的な数値は重要ではないのでこのままにしておきます）です。実際の四角錘の体積は $\frac{1}{3}\times 8\times 8\times 8=\frac{1}{3}\times 8^3$[cm^3]

これらの値の比は $\frac{\frac{385\times 8^3}{1000}}{\frac{1}{3}\times 8^3}=115.5$ で，誤差は <u>15.5 %</u> となります（少し大きい）。

次に 1 辺を 8 [cm] から 16 [cm] にしてみましょう。ブロックは $1^2+2^2+3^2+\cdots+(20)^2=\frac{1}{6}\times 20\times 21\times 41=2870$ 個で，体積は $2870\times 0.8\times 0.8\times 0.8=\frac{2870}{1000}\times 8^3$[cm^3] です。実際の四角錘の体積は $\frac{1}{3}\times 16\times 16\times 16=\frac{8}{3}\times 8^3$[cm^3] で，2 つの値の比は $\frac{\frac{2870}{1000}\times 8^3}{\frac{8}{3}\times 8^3}=107.6\cdots$ と, 誤差は <u>8 %</u> に減ります。

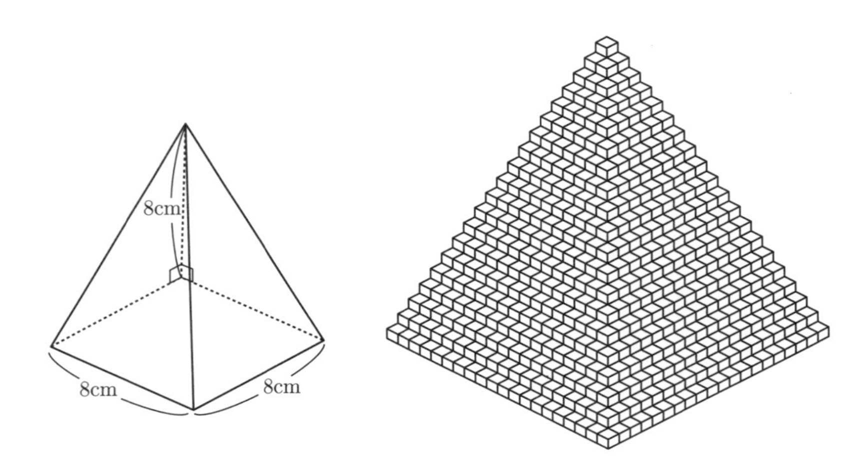

さらに一般化（やや複雑なので，読み飛ばして構いません）

1 辺を 8 [cm] から $8n$[cm] にしてみましょう。ブロックは $1^2+2^2+3^2+\cdots+(10n)^2$
$=\frac{1}{6}\times 10n\times(10n+1)\times(20n+1)=\frac{5}{3}n(10n+1)(20n+1)$ 個で，
体積は $\frac{5}{3}n(10n+1)(20n+1)\times 0.8\times 0.8\times 0.8=\frac{5n(10n+1)(20n+1)}{3000}\times 8^3$[cm^3] です。

実際の四角錘の体積は $\frac{1}{3}\times 8n\times 8n\times 8n=\frac{n^3}{3}\times 8^3$[cm^3] で，2 つの値の比は，

$$\frac{\frac{5n(10n+1)(20n+1)}{3000}\times 8^3}{\frac{n^3}{3}\times 8^3}=\frac{1}{200n^2}(10n+1)(20n+1)=\left(1+\frac{1}{10n}\right)\left(1+\frac{1}{20n}\right)$$

となり n を大きくしていくと，この値は 1 に，つまり誤差は 0 に近づいていくことがわかります。ブロックの凸凹が目立たなくなり，実際の四角錘に近づくことを表します。

(2) ブロックの個数は下から 1 段目は $1+2+\cdots+10=55$ 個,2 段目は $1+2+\cdots+9=45$ 個，3 段目は 36 個，以下 28, 21, 15, 10, 6, 3, 1 個となるので，合計 220 個になります。
これらの体積は，$220\times(0.8)^3=\dfrac{220}{1000}\times 8^3$[cm^3] です。実際の体積は $\underbrace{\dfrac{1}{2}\times 8\times 8}_{\text{底面積}}\times\underbrace{8}_{\text{高さ}}\times\dfrac{1}{3}$
$=\dfrac{1}{6}\times 8^3$ で，比は $\dfrac{\frac{220}{1000}\times 8^3}{\frac{1}{6}\times 8^3}=1.32$ で，誤差は 32 %とかなり大きくなってしまいます。

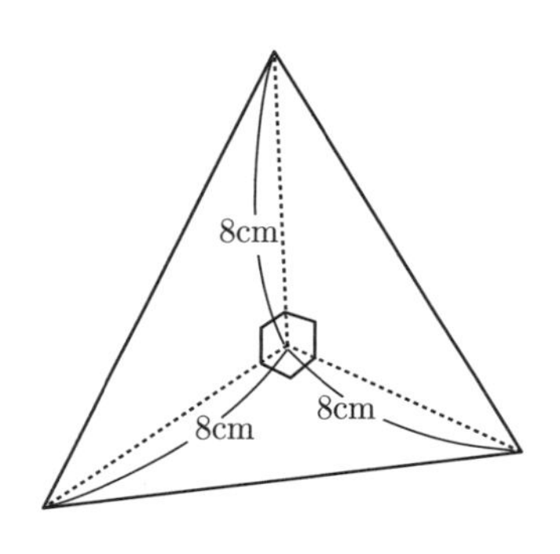

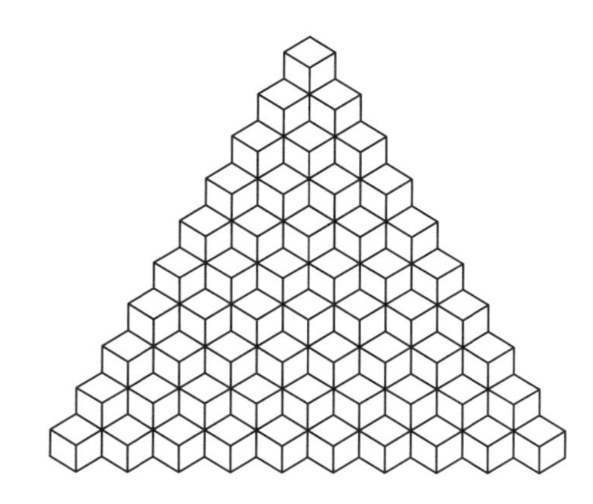

一般化　一辺の長さを $8n$[cm] にすると，（少し工夫が必要です。）
1 段目は $1+2+\cdots+10n=\dfrac{1}{2}\times 10n\times(10n+1)=\dfrac{1}{2}\times(10n)^2+\dfrac{1}{2}\times(10n)$,
2 段目は $1+2+\cdots+(10n-1)=\dfrac{1}{2}\times(10n-1)\times 10n=\dfrac{1}{2}\times(10n-1)^2+\dfrac{1}{2}\times(10n-1)$,
3 段目は $1+2+\cdots+(10n-2)=\dfrac{1}{2}\times(10n-2)\times(10n-1)=\dfrac{1}{2}\times(10n-2)^2+\dfrac{1}{2}\times(10n-2)$,
$\cdots$
$(10n-1)$ 段目は $1+2=\dfrac{1}{2}\times 2\times 3=\dfrac{1}{2}\times 2^2+\dfrac{1}{2}\times 2$,
$10n$ 段目は $1=\dfrac{1}{2}\times 1\times 2=\dfrac{1}{2}\times 1^2+\dfrac{1}{2}\times 1$.
合計すると，$\dfrac{1}{2}\{1^2+2^2+(10n)^2\}+\dfrac{1}{2}(1+2+\cdots+10n)$
$=\dfrac{1}{2}\times\dfrac{1}{6}\times 10n(10n+1)(20n+1)+\dfrac{1}{2}\times\dfrac{1}{2}\times 10n(10n+1)=\dfrac{5}{6}n(10n+1)\{(20n+1)+3\}$
$=\dfrac{10}{3}n(5n+1)(10n+1)$
で体積の総和は $(0.8)^3\times\dfrac{10}{3}n(5n+1)(10n+1)=\dfrac{1}{300}n(5n+1)(10n+1)\times 8^3$[cm^3]
　実際の体積は $\underbrace{\dfrac{1}{2}\times(8n)^2}_{\text{底面積}}\times\underbrace{8n}_{\text{高さ}}\times\dfrac{1}{3}=\dfrac{1}{6}n^3\times 8^3$[cm^3] となるので，比を取ると，
$\dfrac{\frac{1}{300}n(5n+1)(10n+1)\times 8^3}{\frac{1}{6}n^3\times 8^3}=\left(1+\dfrac{1}{5n}\right)\left(1+\dfrac{1}{10n}\right)$ で，n を大きくしていくと 1 に近づいていくことがわかります。

前ページまでのブロックを積み上げて錐体の体積を近似する方法を振り返ると，各段のブロックの位置を少し横にずらしたとしても，近似の体積の値には影響はないことがわかります。この事実から以下の原理が成り立つことが分かります。

カバリエリの原理

高さが同じ 2 つの立体 A, B があり，ある平面 P に平行な平面で 2 つの立体を切断するとき，それらの断面積が常に等しいとき，立体 A と B の体積は等しいことがわかります。これを**カバリエリの原理**といいます。

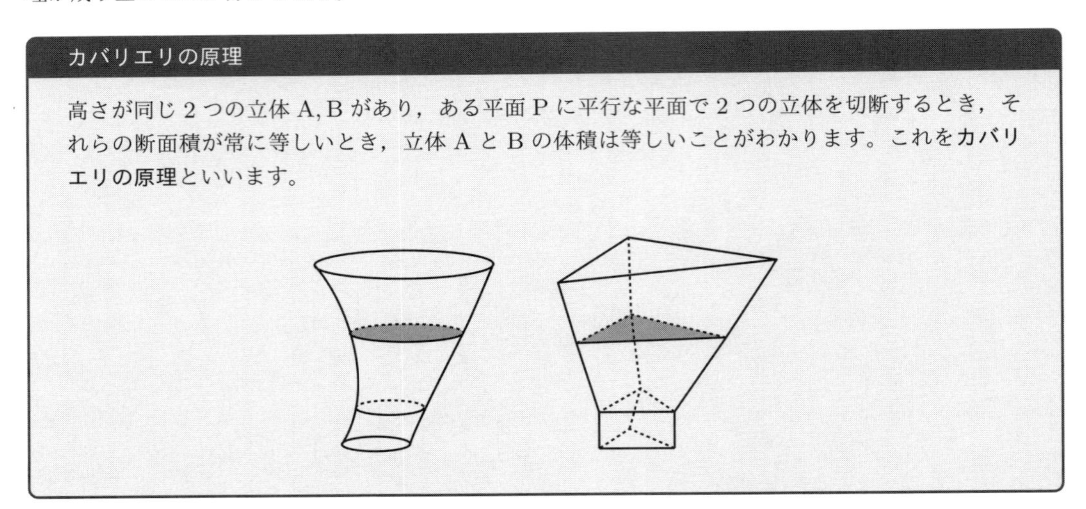

説明 それぞれの立体をブロックで積み上げることを考えます。すると同じ高さの位置にある断面積が等しいことから，その段を敷き詰めるブロックの個数はほぼ等しく，積み上げる段数が多く（ブロックのサイズが小さく）なればなるほど，断面積とブロックで敷き詰められた部分の面積の差は小さくなります。したがってどの段についても，2 つの立体を構成するブロックの数，つまり体積は等しいことが分かり，総体積も等しいことがわかります。

三角錐・円錐の体積の公式が正しい理由 (やや難しい)

公式を提示した際に紹介した，底面が正方形になる四角錘の場合に帰着させます。

三角錐，円錐と，底面が正方形になる四角錘の底面積の値がいずれも S に等しく，かつ高さの値がいずれも h に等しいものを考えます。3 つの底面と平行な平面 P でこれら 3 つの立体を切ったときに，必ず 3 つの断面積が等しくなることが分かれば，カバリエリの原理により，3 つの立体の体積が等しいことが分かります。

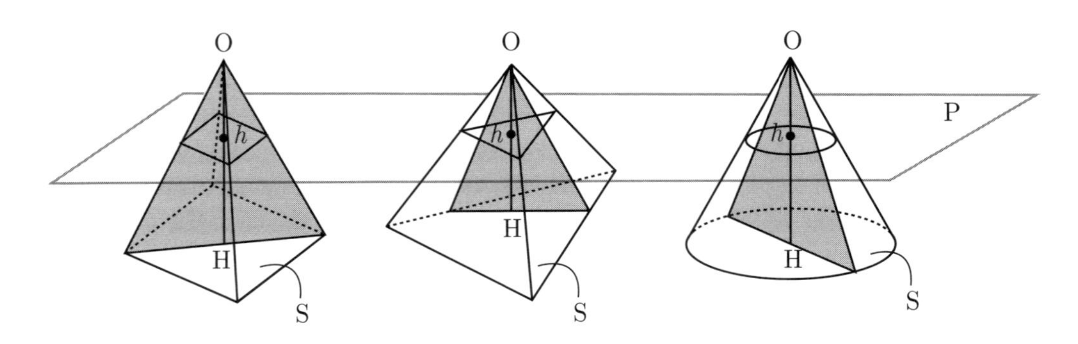

次に平面 P でこれら 3 つの立体を切ったときに，必ず 3 つの断面積が等しくなることを説明します。

各錐体の一番上にある頂点 O から，底面に垂直な線 OH（長さは h）を引き，その OH を含む錐体の断面図（OH を含めば，どのように断面を取ってきても，以下に述べることは必ず成り立ちます）を描くと下図のようになります。ここで O と断面 P の距離の値を h_{P} と表すことにします。

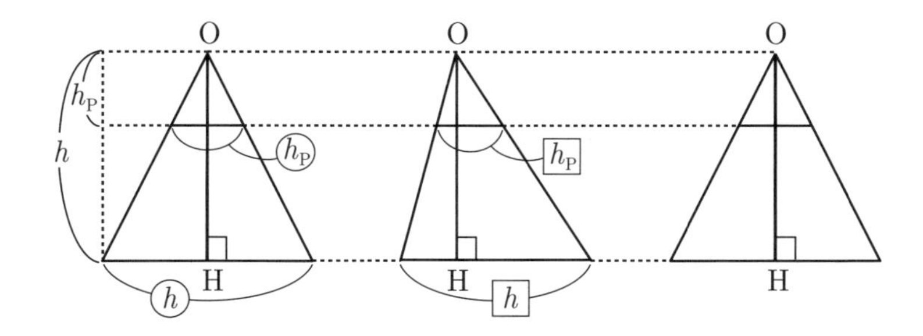

底面と断面 P が平行であることから，各図の横に引いた 2 つの線は平行であることが分かります。6.3 節で紹介した平行線と線の長さの関係から，この 2 つの線の長さの比は $h_{\mathrm{P}} : h$ になることが分かります。したがって各立体の P による断面は，底面を同じ割合で縮めたものであることが分かり，断面積は等しいことが分かります。

以上から 3 つの立体の体積が等しく，$\frac{1}{3}Sh$ で求められることがわかりました。

10.6　球体の作成と体積の近似（B）

研究問題　10.5: 球の体積の近似

ブロックとプレートを用いての球体の近似模型を作り，その体積の値が公式 $\boxed{\frac{4}{3} \times (\text{半径})^3 \times (\text{円周率})}$ で計算した値と比べて何倍になるか計算しなさい。ただし，普通の 1×1 のレゴブロックは，底面の正方形の 1 辺の長さと高さの比が $5 : 6$ であり，1×1 のプレートはその比が $5 : 2$ です。したがってプレートを 3 枚重ねるとブロック 1 つ分と同じ高さになることに注意してください。

球体をレゴ®ブロックで作るのは難易度が高く，市販のキットで経験することはめったにありません。スターウォーズの **BB-8** とかタージマハルくらいです。球体が作れるようになると，作れるものの幅が一気に広がることでしょう。

第11章

難易度
D

移動をブロックで表現する２
～速さが変化する場合

中学入試の算数では，速さが時々刻々と変わっていくということを考える場面はありませんが，実際に車や電車は止まっている（速さが０の場合）から徐々にスピードを上げて移動していきます。この章では速さが変化していく場合の移動について考えていくことにします。必要に応じてロボットプログラミング教材を用いて学んでいくのもよいでしょう。実際に物を動かすことで状況を把握していきましょう。この章はこれまで学んだことの集大成で，高校数学の微積分の考え方へとつながっていきます。

11.1　時間と瞬間の関係性

次はゼノンのパラドクスと呼ばれているもののうちの1つです。

基本問題　11.1: 飛んでいる矢は止まっている

飛んでいる矢は，瞬間をとらえると止まっていると考えることができます。しかし，時間は瞬間をつなぎ合わせたものであるので，瞬間で止まっている矢はどのくらい時間が経っても止まっていることになってしまいます。この議論のどこがおかしいのでしょうか。

似たような話として，カメラで動いているものを撮影する場面を考えてみましょう。カメラはシャッタースピードというもので（光をどのくらいの時間取り入れるか）調整できるようになっています。例えば明るいところでの撮影は「1/125秒」，夜景を撮影するときは「1秒以上」に設定します。写真の明るさを調整する目的でこのような設定が必要なのですが，シャッタースピードが「0秒」だと光を取り入れる，つまり撮影することはできません。したがって写真は瞬間的とはいっても「0秒」ではなく，「0秒に限りなく近いごく短い時間」の状況をとらえていることがわかります。

このことを念頭に置いて上の問題を考えてみてください。

次の問題も本質的には同じ話になります。前問との共通点を発見しましょう。

基本問題　11.2: 円や曲線は本当に曲がっている？

円や曲がっている線を少しずつ拡大してみましょう。すると，徐々に曲がっているように見えた線は直線に近くなっていくことがわかります。

逆に，ある点の付近で直線に見える曲線は，どのように考えれば曲がっていると考えることができるのでしょうか。

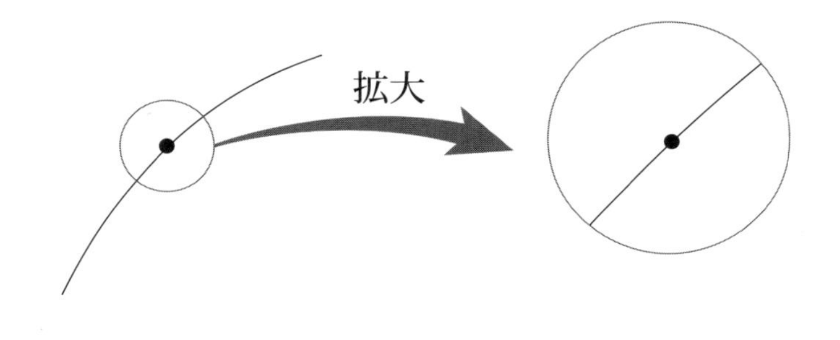

これも似たような話として，私たちは地球という球面上で生活しているのですが，日常生活でそのことを認識できる場面はまずないでしょう（衛星から撮影された写真や動画くらいです）。つまり日常生活の認識では，私たちは平らな面（平面）で生活していることになります。しかし実際は地球はまるい・・・。

基本問題 11.1 の解説

この議論の一番のポイントは「瞬間」の定義です。「ごく短い時間」を表していることには違いはないのですが，

- 瞬間は，点が長さを持たないのと同じように，「0 秒」としてみている。
- 瞬間は，「0 秒」ではないが，それに近いごく短い時間を表している。

の 2 つの解釈が考えられます。「瞬間をとらえると止まっている」としたのは，前者の「瞬間＝0 秒」という見方に基づくものです。しかし 0 秒はいくつ足しても 0 秒のままであるので「動いているものは止まっている」という結論に至ってしまいます。

一方後者のように解釈すると，「ちりも積もれば山となる」という言葉通り，短い時間をつなぎ合わせるとある程度の長さの時間となって，動いていることを認識できるようになります。写真も後者のように決して「0 秒」という時間をとらえているわけではなく，「ごく短い有限の時間」で起こった出来事をとらえていることになります。

点はつなぎ合わせても長さはゼロですが，短い線をつなぎ合わせるとやがては長くなります。

基本問題 11.2 の解説

円について考えてみましょう。円上の異なる 2 点 P, Q の周りで円を拡大してみます。するとそれぞれの点の付近で，円を表す曲線は直線に近くなっていることがわかりますが，これらの 2 つの直線の傾き具合は異なっていることがわかります。

つまり円上のどんなに近い 2 点を取っても，拡大するとこれら 2 点は離れていき，微妙に線の傾き具合が異なっていることがわかります。

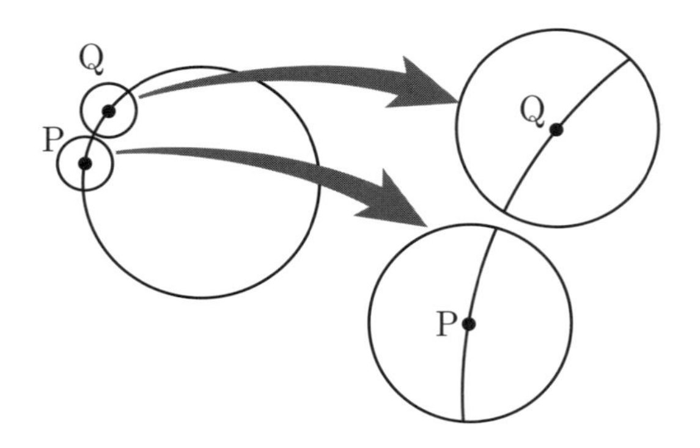

このわずかなずれが，遠くから眺めると曲がっていると認識できる要因になるわけです。しかし見方を変えれば，**「どんな曲線もごく狭い範囲を考えると直線に見える」**と考えることができます。

11.2　等速の移動と速さが変化していく移動の違い

移動を表す 2 つの表現方法（ダイヤグラムと面積図）（第 6 章の復習）

速さの概念は,

$$(\text{速さ}) = \frac{(\text{移動距離})}{(\text{移動時間})}, \quad (\text{移動距離}) = (\text{速さ}) \times (\text{移動時間})$$

というわり算としての見方とかけ算としての見方の 2 つがあり, それぞれ以下の図が対応しています。

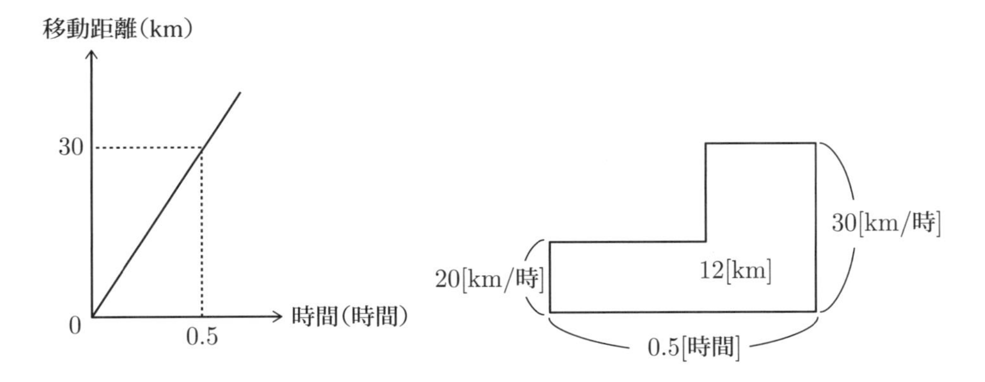

例えば左図は**（時間）と（移動距離）の関係を表したもの（グラフ・ダイヤグラム）**で，具体的には時速が $30 \div 0.5 = 60$ [km] で移動している様子を表しています。右図は**（時間）と（速さ）の関係を表したもの**で，具体的には途中で速さが時速 20 km から 30 km へ変わったことを表現しています。**面積が移動距離**を表していて，移動距離が 12 km で移動時間が 0.5[時間] であったとすると，速さが変わったのは $(\underbrace{30 \times 0.5}_{\text{すべて時速 } 30\,\text{km}} - 12) \div (30 - 20) = 0.3[\text{時間}] = 18[\text{分}]$ 移動したときであることが，つるかめ算の考え方からわかります。

等速で移動する場合について，経過時間と位置の関係をグラフと式を用いて考えてみましょう。

基本問題　11.3: 等速移動のグラフと関係式

ある道路上に A, B, C の 3 つの地点がこの順番にあり，P さんは A 地点から C 地点に向けて分速 150 m で，Q さんは B 地点から C 地点に向けて分速 100 m で，R さんは C 地点から A 地点に向けて分速 120 m でそれぞれ移動します。3 人は同時に各地点を出発し，AB 間は 600 m，BC 間は 2400 m 離れているとものします。

(1) 横軸を出発してからの時間（x 軸），縦軸を地点 A からの距離（y 軸）にとって，3 人の移動を表すグラフを描きなさい。
(2) 出発してから x 分後，3 人のいる場所は地点 A からどれだけ離れていますか。それぞれ x を用いた式で答えなさい。
(3) Q さんが P さんに追い抜かれるのは，出発してから何分後ですか。
(4) P さんと R さんがすれ違うのは，出発してから何分後ですか。

等速の移動はグラフ上では直線で表せますが，その理由は 6.3 節を参照してください。
(3)(4) は 6.2 節の旅人算の考え方（相対速度）でもできますし，6.4 節で負の数を導入しているので，(2) で立てた式を利用して式変形のみで処理する（つまりは方程式を解く）こともできます。（方程式の意味については解説の中で紹介します。）

基本問題　11.4: 速さが変化していく移動

ロボットカーが平らな道を，同じ方向に移動していきます。出発してからの経過時間を x[分]，出発点からの距離を y[m] とするとき，次のそれぞれの移動の様子を表すグラフを，下のマス目に描きなさい。

(1) 出発して 1 分間は分速 10 m，次の 1 分間は分速 20 m，その次の 1 分間は分速 30 m，$\cdots$ で 5 分間移動する。

(2) 出発して 1 分間は分速 50 m，次の 1 分間は分速 40 m，その次の 1 分間は分速 30 m，$\cdots$ で 5 分間移動して停止する。

(3) 出発して 1 分間は分速 10 m，次の 1 分間は分速 20 m，その次の 1 分間は分速 30 m，次の 1 分間は分速 20 m，最後の 1 分間は分速 10 m で 5 分間移動して停止する。

(4) 出発して 1 分ごとに分速 10 m,20 m,10 m,0 m,-10 m,-20 m,-10 m と変化して，計 7 分間移動する。（マイナスの速さは，逆走することを表します。）

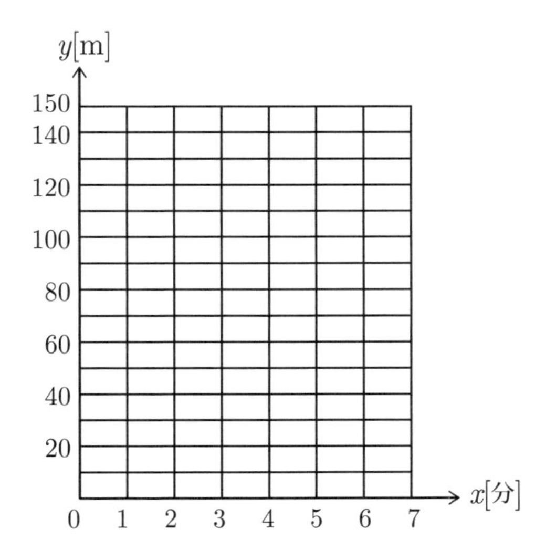

この問題を通じて，速さの変化と，位置の変化の仕方の対応をよく見ておきましょう。次の節でここで得られた知見を活用していきます。

基本問題 11.3 の解説

(1)

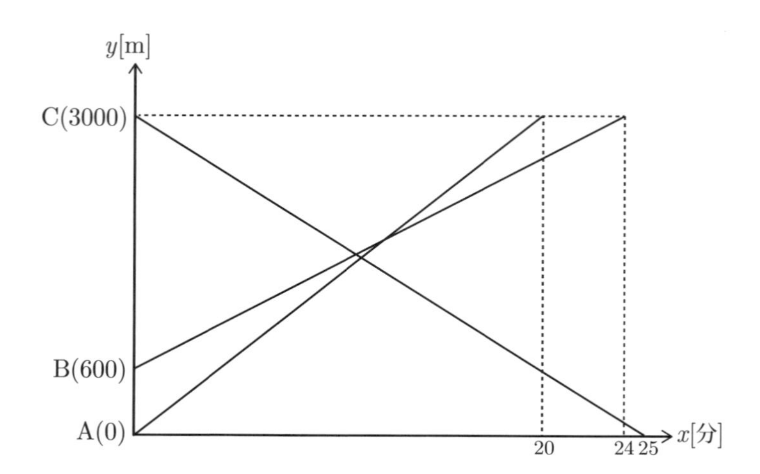

(2) Pさん・・・ $\boxed{150x}$ Qさん・・・ $\boxed{100x + 600}$ Rさん・・・ $\boxed{3000 - 120x}$

補足（直線を表す式としての表現） 次ページに解説しますが，出発してからの経過時間 x と，その時にいる位置 y との関係を表した式として，

$$\boxed{y = 150x, y = 100x + 600, y = 3000 - 120x}$$

などと「$y =$」をつけて表すことが通例で，これを「直線を表す式」と呼んでいます。

(3) **解1（(2)の式を利用）** Pさん，Qさんが x 分後に同じ位置にいるとすると，$150x = 100x + 600$ が成り立ちます。両辺から $100x$ を引いて $50x = 600$ となり，さらに50で割って $x = 12$ であることがわかります。つまり $\boxed{12\text{分後}}$

解2（旅人算の考え方） 1分間に2人の距離の差は $150 - 100 = 50$ [m] ずつ縮まるので，追い抜かれるのは $600 \div 50 = \boxed{12\text{分後}}$ であることがわかります。

(4) **解1（(2)の式を利用）** Pさん，Rさんが x 分後に同じ位置にいるとすると $150x = 3000 - 120x$ が成り立ちます。両辺に $120x$ を加えて $270x = 3000$ となり，さらに270で割って $x = \dfrac{100}{9}$ であることがわかります。つまり $\boxed{\dfrac{100}{9}\text{分後}}$

解2（旅人算の考え方） 1分間に2人の距離は $150 + 120 = 270$ [m] ずつ縮まるので，すれ違うのは $3000 \div 270 = \boxed{\dfrac{100}{9}\text{分後}}$ であることがわかります。

◎**用語の整理**

このあとの節で必要となる用語をいくつか整理しておきます。

方程式

$3x+5=10x-20, x^2=4$ のように，文字に（この場合 x）ある特定の数を代入すると等号が成立する式のことを**方程式**といいます。x に関する方程式の中で，登場する x の指数の最大値が n のとき n **次方程式**といい，n を**次数**といいます。例えば $3x+5=10x-20$ は 1 次方程式，$x^2=4$ は 2 次方程式です。

1 次関数

本問の出発後の経過時間 x と位置 y は，x の値の変化に伴って y の値が 1 つ定まるという関係性をもっています。このようにある変数（量）x それぞれに対して y の値が 1 つ定まるとき，**y は x の関数である**といいます。特にその対応関係が 1 次式 $y=ax+b$ (a, b はある特定の数) で表された関数のことを **1 次関数**といいます。本問 (2) でみたような**速さが常に一定の移動**については，速さが a，出発点の位置（基準点に対しての）を b としたとき，経過時間 x と位置 y は $y=ax+b$ と表せることがわかり，グラフでは直線で表されます。逆に言えば関係性が直線で表される関数は 1 次関数となります。

a の値は x が 1 増えたときの y の値の変化量を表していて，**直線の傾き**といいます。a の値の $\pm$ を無視した数値（絶対値といいます）が大きいほど，y の値の変化が大きく直線の傾きは急になり（左図），逆に $\pm$ を無視した数値が小さいほど，y の値の変化が小さく傾きは緩やかになります（右図）。

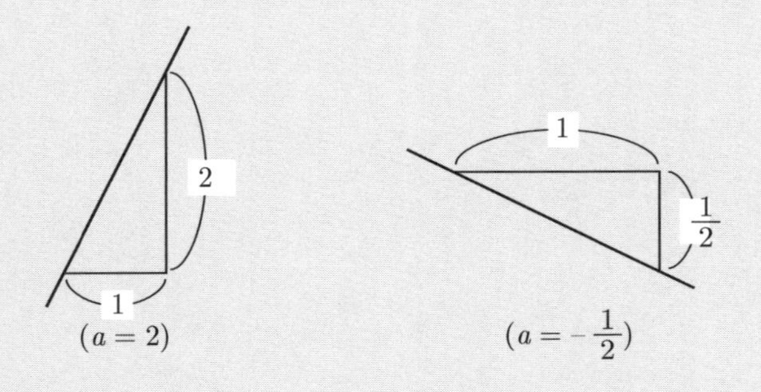

（重要な注意） y 軸に平行な直線だけ，$x=a$ という形になります。

基本問題 11.4 の解説

スピードを速くする→ y の値が急上昇，スピードを遅くする→ y の増え方が緩やかになる，スピードをマイナスにする→逆方向に移動するといったことに注意して描くと下のようになります。（速さが一定の場合との大きな違いは，直線になるか曲線のようになるかという点です。速さが変わる間隔が短くなると，より曲線に近づいていきます。）

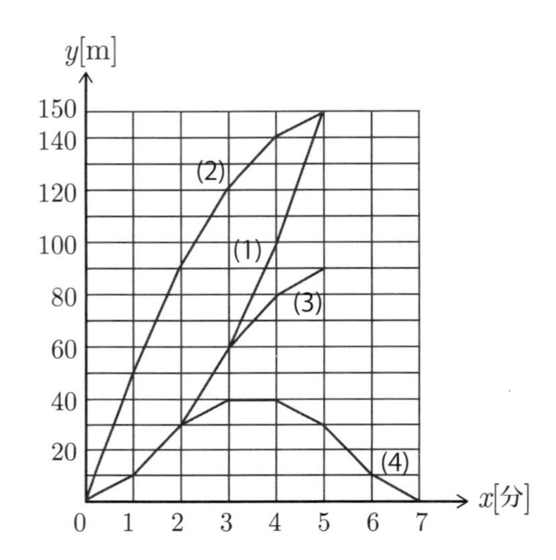

11.3　移動距離→移動の速さ（微分の考え方）

ここでは，移動の様子が曲線でグラフ化される場合の速さについて考えていきます。

基本問題　11.5: 加速していく移動の瞬間の速さ

止まっていたロボットカーが速度を上げながら移動し，x 秒間での移動距離が $y = x^2$[m] となるように操作します。

(1) 移動の様子を表すグラフを，下のマス目を利用して描きなさい。

(2) 出発してから 4 秒後の時点でのロボットカーの瞬間の速さは秒速何 m ですか。また，出発してから x 秒後の時点でのロボットカーの瞬間の速さは秒速何 m ですか。（速さは時々刻々と変化していくので，ある時点での「もしこれ以上速さが変わらないで移動していくものと考えるときの速さ」を「瞬間の速さ」と考えます。）

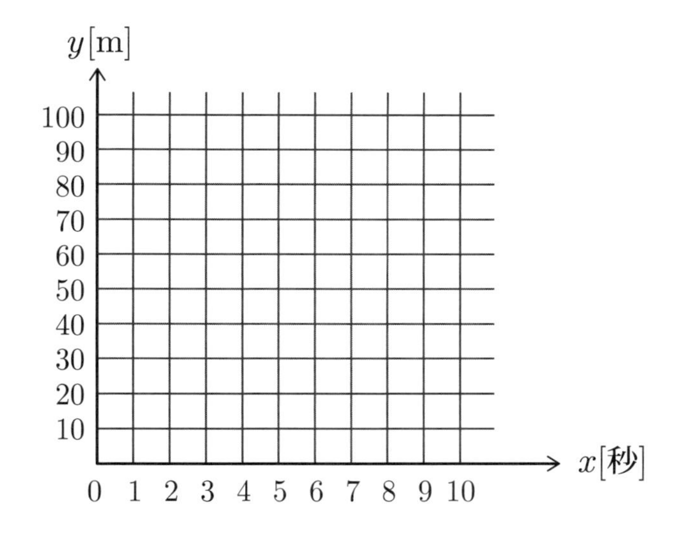

(1) まず $x = 1, 2, 3, \cdots, 10$ の点を図示して結べばよいのですが，**これらの各点を直線で結んでいってはいけません**。$x = 1.5, 2.5$ といった点を打ってみましょう。

(2) 11.1 節の知見を用います。0 秒の変化は捉えられないので，瞬間を「限りなく 0 に近い時間」と考えた上で，4 秒後からのわずかな時間でどの程度位置が変化するかに注目して近似的に速さを求めます。「わずかな時間」をどう表現するかがポイントです。具体的に 0 に近い小さな値を考えましょう。

基本問題 11.5 の解説

(1) $(x, y) = (1,1), (2,4), (3,9), \cdots$ と点を打っていき（さらに $(1.5, 2.25), (2.5, 6.25), \cdots$ を記すとより精度が上がります），下に丸みを帯びるように（「**下に凸**」といいます）点を結んでいきます。

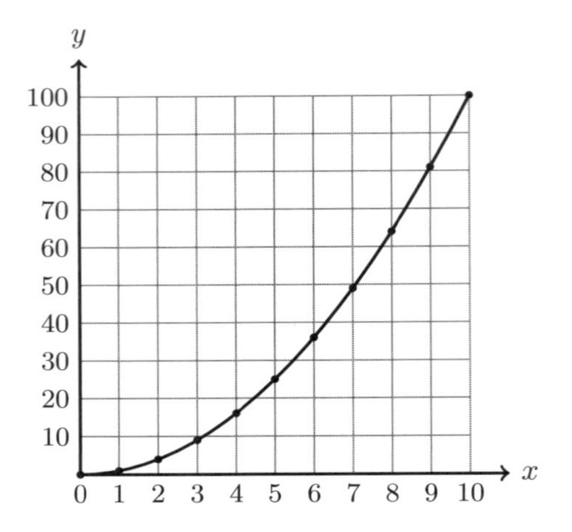

(2) 例えば4秒後〜4.01秒後の移動について考えてみます。4秒後には $y = 4^2 = 16$ の位置にいて，4.01秒後には $y = 4.01^2 = 16.0801$ の位置にいます。この0.01秒の間に0.0801 m だけ動いているので，秒速 (**このままのペースだと1秒間でどの位進むか**) は $0.0801 \div 0.01 = 8.01$ [m/秒]，つまり秒速はほぼ 8 [m] ということがわかります。

ここでは0.01秒で考えましたが，ほかの数値ではどうなるでしょうか。（具体的な数値で考えるとキリがないので，）0.01を文字 Δx にかえて一般的に考えることにします。
（ここで Δ はギリシャ文字の「デルタ」で，「差」を表す difference の頭文字 d に対応する文字です。Δx には「x の変化量」という意味を持たせています。）

4秒後〜$(4 + \Delta x)$ 秒後 の移動について，この間の移動距離は $(4 + \Delta x)^2 - 4^2 = 16 + 8\Delta x + (\Delta x)^2 - 16 = 8\Delta x + (\Delta x)^2$[m] で，$\Delta x$ 秒間で移動しているので，速さは $(8\Delta x + (\Delta x)^2) \div \Delta x = (8 + \Delta x)$[m/秒] であるとわかります。

Δx は実際には0に限りなく近い値と考える（→ 注意 ）ので，瞬間の速さは 秒速 8 m と考えてよいことがわかります。

注意 「瞬間の速さ」ということで Δx は0に近い小さな値としましたが，$\Delta x = 1$ にするとどうなるでしょうか。4秒〜$(4 + \Delta x)$ 後の移動距離は，$(4 + 1)^2 - 4^2 = 9$[m] となります。したがってこの（Δx）= 1秒間での移動の速さは $9 \div 1 = 9$[m/秒] となり，秒速 8 m と比べて少し誤差が大きくなってしまいます。これは，ロボットカーが加速していく移動をしていることによるもので，**瞬間の速さを正確に出したい（加速による誤差を最小限に抑えたい）のであれば，Δx は0に近い値で考えなければならない**ことがわかります。

ここまでの話をグラフで整理します。4 秒後の位置 P と $(4+\Delta x)$ 秒後の位置 $\mathrm{P}_{\Delta x}$ について，直線 $\mathrm{PP}_{\Delta x}$ は $x=4$ の時点での速さを保ったまま移動していった場合の様子を近似的に表現しています。Δx を 0 に近づけると，2 点 P と $\mathrm{P}_{\Delta x}$ は 1 つに重なります。つまり直線 $\mathrm{PP}_{\Delta x}$ は点 P で接する接線と一致します。基本問題 11.3 の解説で紹介した用語を用いれば，$8+\Delta x$ は直線 $\mathrm{PP}_{\Delta x}$ の**傾き**を表し，**接線の傾きは瞬間の速さ** (秒速 8 m) と一致します。つまり**接線は，その時点の瞬間の速さで移動し続けたらどうなるかを表している**ことがわかります。

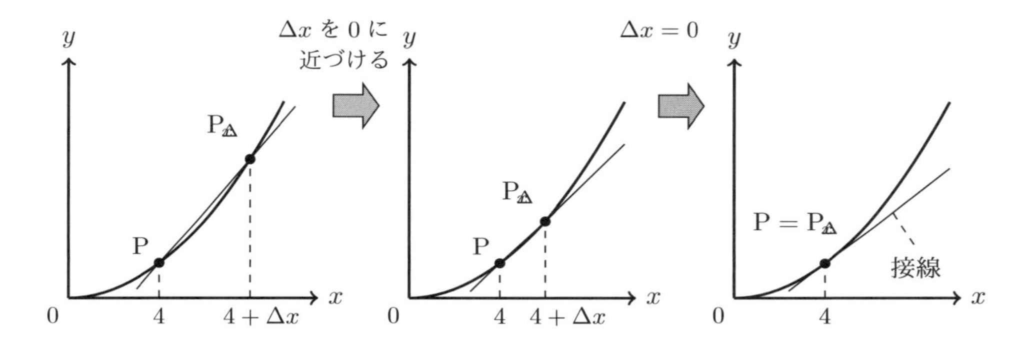

x 秒後の時点での瞬間の速さも同様で，x 秒後〜$(x+\Delta x)$ 秒後 の位置の変化に注目します。この時間での移動距離は $(x+\Delta x)^2 - x^2 = 2x\Delta x + (\Delta x)^2$[m] で、$\Delta x$ 秒間でこの距離を動くことから，秒速 $(2x\Delta x + (\Delta x)^2) \div \Delta x = 2x + \Delta x$[m] であるとわかります。したがって x 秒後の瞬間の速さは，Δx を 0 に近づけて，秒速 $\boxed{2x[\mathrm{m}]}$ であることが分かります。
(つまり出発して 3 秒後だと瞬間の速さは秒速 6 m，5 秒後だと秒速 10 m であることがわかります。)

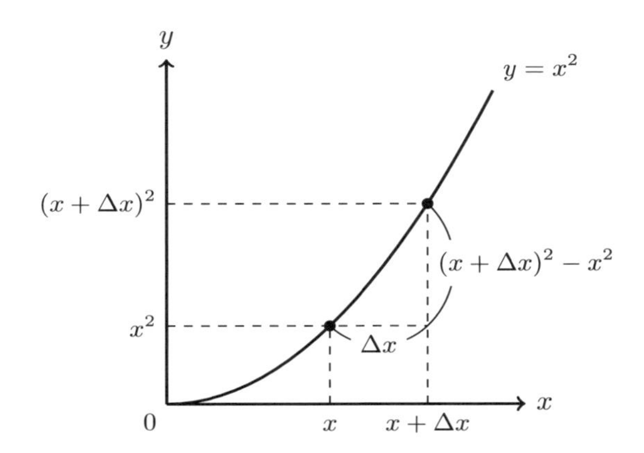

高校数学で用いる記号と理論紹介（微分の考え方）

位置を表す変数 y が，出発してからの経過時間を表す変数 x の関数である（つまり x の式で表される）とき，x 秒後から $x+\Delta x$ 秒後に移動した距離 $\Delta y[m]$ を用いて，x 秒後の瞬間の移動の速さは $\boxed{\dfrac{\Delta y}{\Delta x}[m/秒]}$ と近似的に表せます。

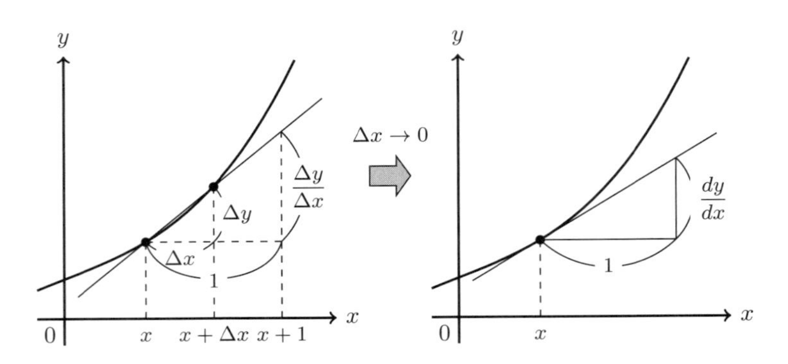

この Δx を小さくしていくと近似の精度が上がり，$\Delta x=0$ としたときの $\dfrac{\Delta y}{\Delta x}$ は「瞬間の速さ」に相当し，$\boxed{\dfrac{dy}{dx}}$ と表します。Δx を0に近づけることを $\Delta x\to 0$ と書き，$\boxed{\lim_{\Delta x\to 0}\dfrac{\Delta y}{\Delta x}=\dfrac{dy}{dx}}$ と表します。（lim は limit という「極限」を意味する単語の略記号）

この一連の操作を通じて「瞬間の速さ」$\lim_{\Delta x\to 0}\dfrac{\Delta y}{\Delta x}=\dfrac{dy}{dx}$ を求めることを**微分する**といいます。簡単に言えば「微分する」とは「**時間とともに変わる変量（人口や物価）の，ある時点での変化の激しさの度合いを調べること**」です。

例えば $y=x^2$ であるときは，$\dfrac{\Delta y}{\Delta x}=2x+\Delta x, \dfrac{dy}{dx}=2x$ であり，これらは x の関数（x の値によって変わる）です。$x=3$ では，瞬間の速さは $\left(\dfrac{dy}{dx}=2x\text{ の式が}\right)$6[m/秒] であることを教えてくれます。

重要な注意 $\left(\dfrac{\Delta y}{\Delta x}, \dfrac{dy}{dx}\text{ は1秒間（あたり）の移動距離のこと？}\right)$

$\dfrac{\Delta y}{\Delta x}$ は「1秒あたりどれだけ進むか」を表す量であることには違いないのですが，「x〜$(x+1)$ 秒の間に進む距離」と解釈すると誤解を招く可能性があります。決して $\Delta x=1$ としているのではなく，「Δx として0に近い小さな値を考え，わり算の結果出てくる値が1秒あたりの移動距離を表している」ことがポイントです。2ページ前の注意で述べたように $\Delta x=1$ では「瞬間の速さ」というには誤差が大きくなります。「1秒あたりどれだけ進むか」というのは「x 秒後の時点の瞬間の速さでその後も進んだ場合（これ以上加速しない）」という条件があることを忘れないようにしましょう。

11.4　移動の速さ→移動距離（積分の考え方）

ここでは，移動の速さの情報から移動距離を求める方法について考えます。

基本問題 11.6: 加速していく移動

(1) あるロボットカーが 10 秒ごとに速さを変え，秒速 2 m,4 m,6 m, 8 m,10 m,12 m で計 1 分間移動するとき，移動距離は何 m ですか。右のマス目に速さと時間のグラフを描いて求めなさい。

(2) ロボットカーが止まっている状態から一定の割合で速度を上げて，1 分後に秒速 12 m になりました。このとき，1 分間での移動距離は何 m ですか。(1) と同じ右のマス目に速さと時間のグラフを描いて求めなさい。

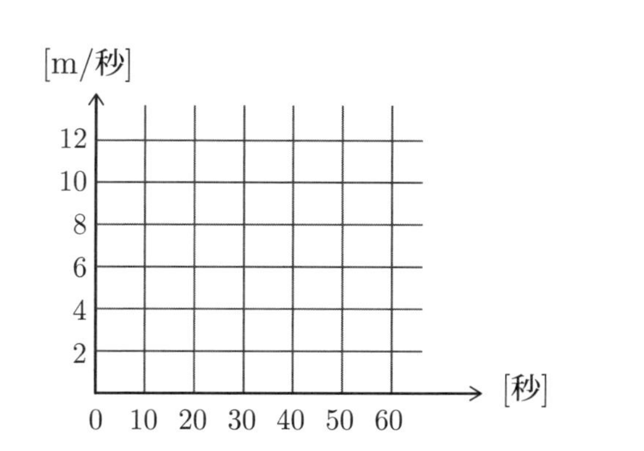

(3) ロボットカーが止まっている状態から動き出し，x 秒後の秒速が x^2[m] $(0 \leqq x \leqq 10)$ になるように移動します。10 秒間での移動距離は約何 m ですか。右のマス目に速さと時間のグラフを描いて近似して求めなさい。

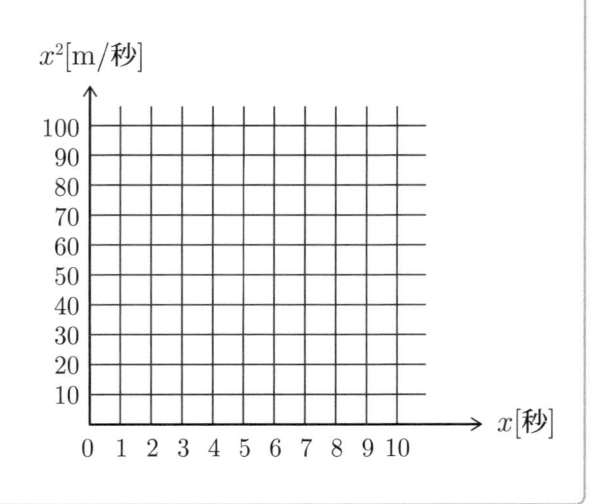

考え方 11.2 節の冒頭で確認したように速さと時間の関係を表したグラフ（面積図）では，移動距離は長方形の面積として表されるので，面積に注目することになります。特に 5.7 節で学んだ面積の近似計算法を使います。

(3) は極力精度を上げるにはどうしたらよいかをじっくり考えましょう。(1)(2) の比較がヒントになります。

基本問題 11.6 の解説

(1) $10[\text{秒}] \times (2+4+6+8+10+12)[\text{m/秒}] =$ $\boxed{420[\text{m}]}$ となりますが，これは左下図の長方形の面積の総和に等しくなります。

(2) 中央下図の三角形の面積が，移動距離を表します。（正確には (1) の長方形による分割を，右下図のように細かくした究極の状態と考えればよいことからわかります。）

従って，$60 \times 12 \times \dfrac{1}{2} = \boxed{360[\text{m}]}$

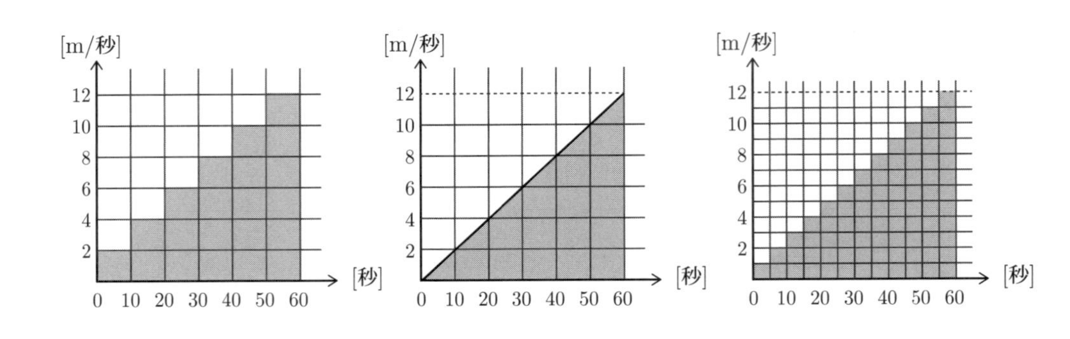

(3) 次ページの図のようにグラフを 1 秒間隔で折れ線で結び，三角形と台形の面積の和で近似します。0 秒〜1 秒は，三角形の面積 $\dfrac{1}{2} \times 1 \times 1 = \dfrac{1}{2}$ と近似します。

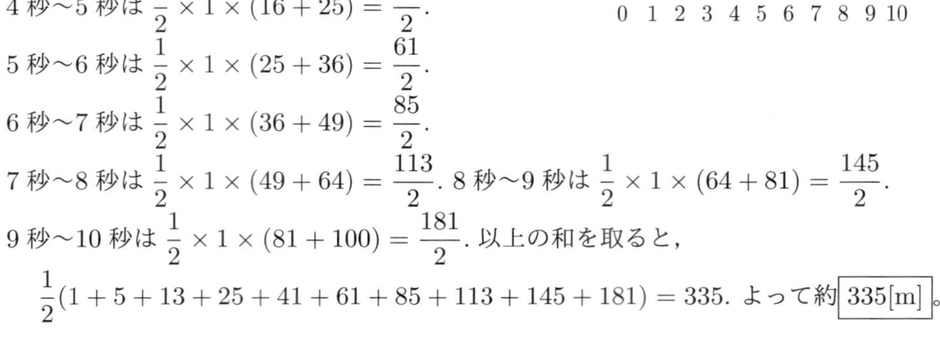

1 秒〜2 秒は台形の面積 $\dfrac{1}{2} \times 1 \times (1+4) = \dfrac{5}{2}$.

2 秒〜3 秒は台形の面積 $\dfrac{1}{2} \times 1 \times (4+9) = \dfrac{13}{2}$.

3 秒〜4 秒は $\dfrac{1}{2} \times 1 \times (9+16) = \dfrac{25}{2}$.

4 秒〜5 秒は $\dfrac{1}{2} \times 1 \times (16+25) = \dfrac{41}{2}$.

5 秒〜6 秒は $\dfrac{1}{2} \times 1 \times (25+36) = \dfrac{61}{2}$.

6 秒〜7 秒は $\dfrac{1}{2} \times 1 \times (36+49) = \dfrac{85}{2}$.

7 秒〜8 秒は $\dfrac{1}{2} \times 1 \times (49+64) = \dfrac{113}{2}$. 8 秒〜9 秒は $\dfrac{1}{2} \times 1 \times (64+81) = \dfrac{145}{2}$.

9 秒〜10 秒は $\dfrac{1}{2} \times 1 \times (81+100) = \dfrac{181}{2}$. 以上の和を取ると，

$\dfrac{1}{2}(1+5+13+25+41+61+85+113+145+181) = 335$. よって約 $\boxed{335[\text{m}]}$。

(3) でより正確な値を出すには・・・(やや難)

10 秒の分割を 10 分割ではなく，n 個の分割にかえて近似して，n を無限に大きくすることを考えます。台形でなくても長方形の面積で十分近似は可能です。

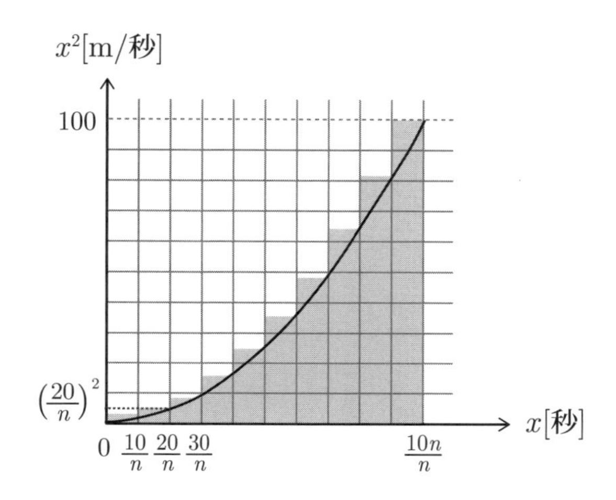

各長方形の縦の長さは，$\left(\dfrac{10}{n}\right)^2, \left(\dfrac{20}{n}\right)^2, \left(\dfrac{30}{n}\right)^2, \cdots, \left(\dfrac{10n}{n}\right)^2$ で，横の長さはすべて $\dfrac{10}{n}$ であるから，面積の和は（基本問題 8.5 参照），$\dfrac{10}{n}\times\left\{\left(\dfrac{10}{n}\right)^2+\left(\dfrac{20}{n}\right)^2+\cdots+\left(\dfrac{10n}{n}\right)^2\right\}=$ $\dfrac{10}{n}\times\dfrac{100}{n^2}\times(1^2+2^2+\cdots+n^2)=\dfrac{1000}{n^3}\times\dfrac{1}{6}n(n+1)(2n+1)=\dfrac{1000}{6}\left(1+\dfrac{1}{n}\right)\left(2+\dfrac{1}{n}\right)$ となります。n を無限に大きくしていくと，実際の面積に近づいていき，$\dfrac{1}{n}\to 0$ となるから，$\dfrac{1000}{6}\times 1\times 2=\boxed{\dfrac{1000}{3}[\mathrm{m}]}$ であることがわかります。

高校数学で用いる記号と理論紹介（積分の考え方）

x 秒後に $f(x)$ という式で表される速さ（秒速）で移動するとき，a 秒後から b 秒後 の移動距離（面積）を，$\int_a^b f(x)dx$ と表します。

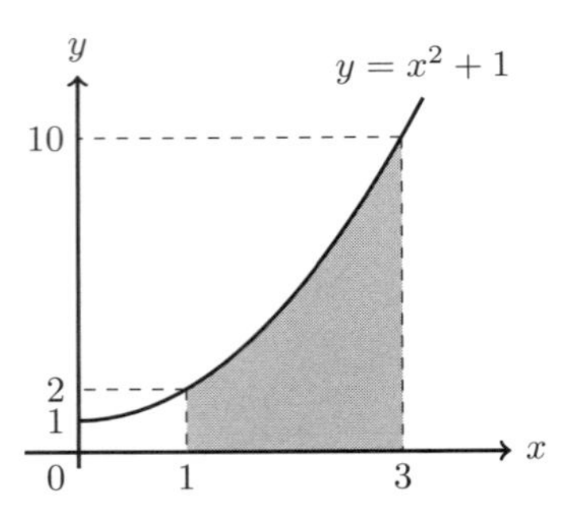

例えば右図の場合，$\int_1^3 (x^2+1)dx$ で「出発してから x 秒後の秒速が $(x^2+1)[m]$ であるような物体の 1 秒後から 3 秒後 の移動距離（面積）」を表します。計算方法はこれまでどおり，下図のようにいくつかの長方形に分割して和を取ることで近似していきます。

記号の中の「$f(x)dx$」は,「x 秒後の瞬間の移動距離（長方形の面積:縦が $f(x)$ で速さに相当，横が dx で瞬間)」を表し，一般に dx はできるかぎり小さな幅（瞬間）という意味が込められています。$\int$ がシグマと同じで「和」を表します。つまりこの記号 $\int_a^b f(x)dx$ が意味するのは，**できる限り幅の狭い長方形で分けてそれらの和をとることで，実際の面積を近似的に求める**というものです。このような面積の求め方のことを**積分**といいます。

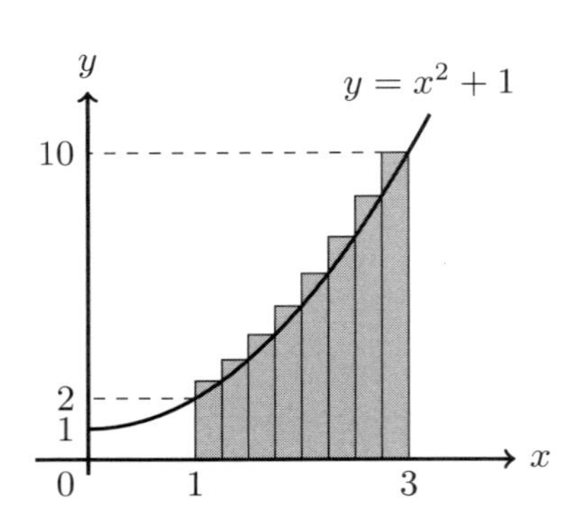

10.5 節で行った錘体や球の体積の計算も積分の考え方そのものということになります。

この節までで微分と積分の考え方を導入してきましたが，基本に忠実に行うと計算はやや面倒なものになりました。実際に高校で学ぶ内容では楽に計算できる公式があるのですが，本書のレベルを超えるので詳細は高校の教科書や参考書を参照してください。

第12章

難易度

つながりの様子を探る
～グラフ理論入門

ものとものつながり（ネットワーク）について分析をするという話で，これはプログラミングをはじめとする情報理論で活躍する数学の理論です。また，レゴ®シリアスプレイ®のメソッドに使われている数学の理論でもあります。近くのつながりについては目で見えますが，少し遠くのつながりは思いのほか複雑でわかりにくく，そのつながりが予想外の影響を導くことがあります。その理論のさわりだけ紹介します。日本の中学高校の数学ではあまり取り上げられることはないのですが，数学オリンピックではよく出題があります。

※本章は，これまでの章を読んでいなくても取り組むことができます。

この章で扱う問題をブロックで考える際に，物はブロックでよいのですが，その物どうしのつながりを下図のようなひもやチューブ，細長いプレート（**コネクションパーツ**とよぶことにします）で結びつけていきます。そのつながりの様子について分析していきます。

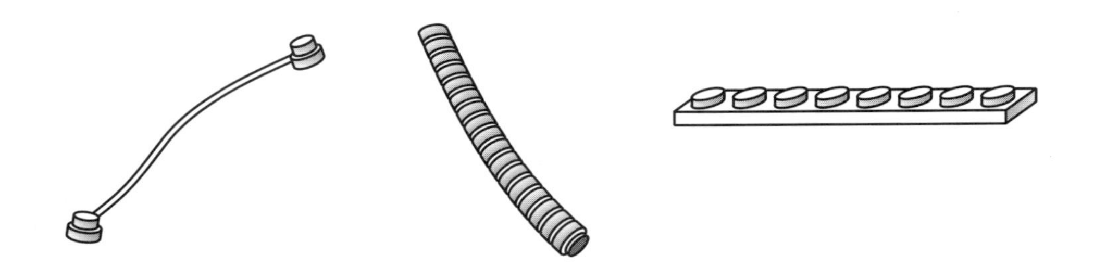

基本問題　12.1: つながりを探る

太陽系の8つの惑星と月の間に宇宙航路が開かれ，次のようなルートでロケットが飛ぶことになりました。地球ー水星，月ー金星，地球ー月，月ー水星，水星ー金星，天王星ー海王星，海王星ー土星，土星ー木星，木星ー火星，火星ー天王星です。旅行者は地球から火星に行くことができるのでしょうか。

8つの惑星をブロック，航路をコネクションパーツで表していきます。もちろんブロックを用いずに書くだけでも出来ますが，つながり同士が交差してしまう可能性があるので何度か書き直すことが必要になります。

基本問題　12.2: つながりの数の性質・背理法

(1) ある王国には電話が5台あります。どの電話も他の3台とだけ結ばれるようにすることは可能でしょうか。

(2) ある王国には7つの町があり，それらの町はそれぞれ少なくとも3つ の町と街道で結ばれているとします。7つの町のうちのどの2つの町も，いくつかの街道を経由することで行き来することが可能であることを説明しなさい。

これは背理法（7.5節）を利用して考えます。結論が正しいとすると何かおかしなことが起きます。

基本問題　12.3: つながりの数の性質・人間関係を表す

アダムス夫妻はパーティに行き，そこには他に3組の夫婦が出席していました。出席していた人の間で握手が交わされ，どの人も自分の同伴者とは握手せず，どの人も同じ人とは2回以上握手をしませんでした。(自分自身とも握手はしません。)

握手をしたあとアダムス氏は自分の妻を含めた各人に「合計何回握手を交わしたか」と尋ねました。驚いたことにどの人も異なる回数を答えました。さてアダムス夫人は何回握手を交わしたのでしょうか。

まず登場人物を点やブロックで表し（この時点でそれぞれ誰かは考えないことがポイント），ある1点から6本, 別の点から5本，$\cdots$ とつながりを，線やコネクションパーツで表していくと，握手したか否かの関係の全貌が分かります。すると不思議なことに，どの点がアダムス夫妻を表すのかが見えてきます。

基本問題　12.4: つながりを色分けする

パーティの参加者同士で握手が交わされるという光景をよく目にします。参加者が6人以上いるパーティにおいて，参加者のうちどのように6人を選んできても，そのうち3人は「今までに，どの2人も握手を交わしている（お互い握手をしたことがある)」か「今までに，どの2人も握手を全く交わしてない（お互い握手をしたことがない)」のどちらかの現象が起こります。この理由を説明しなさい。

握手をしたことを表す関係を赤線で結び，したことがない関係を青線で結ぶことで色分けして考えます。

基本問題 12.1 の解説

右図のように，天体を点で，航路を線で結んでいくと 2 つの部分に分断されることがわかります。この片方に地球があり，他方に火星があるため，

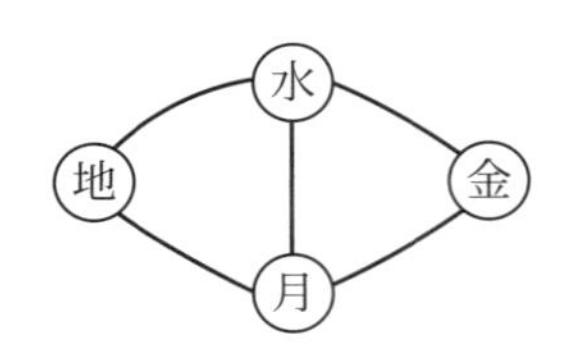

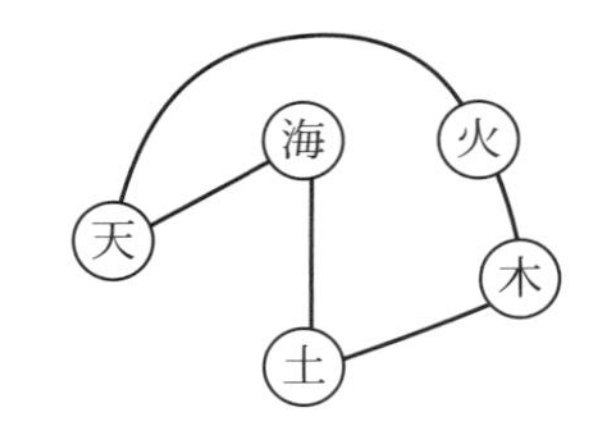

地球と火星を結ぶ航路はないことがわかります。

補足　ここで描いたように，ものを点で，つながりの関係性を線で表して出来た図形を**グラフ**といい，この章で扱うような人間関係や物の流通網などを分析する理論を**グラフ理論**といいます。（このグラフは，速さと時間の関係を表したグラフと少し意味が異なります。）

基本問題 12.2 の解説

(1) 仮にこのような電話網があったとします。電話と電話のつながりの数を調べます。各電話から 3 本ずつ出ているので $5 \times 3 = 15$ 本 となりますが，各つながりは両端の電話の 2 つで重複して数えられているので，実際はこの半分の $\dfrac{15}{2} = 7.5$ 本 となってしまい整数でなく，矛盾が生じます。したがってこのような電話網は 存在しない ことがわかります。

(2) 基本問題 12.1 のように王国が道路でつながってなく，2 つの地区に分断されているものとします。どの町も 3 つの町と道路でつながっているので，ある町 A と 3 つの町 B, C, D がつながっているとわかります。残りの町 E, F, G について，A, B, C, D と分断されているとすると，E, F, G についてはこれらの町しか行き来できないことになりますが，どの町も 3 つ以上の町とつながっていることに反します。

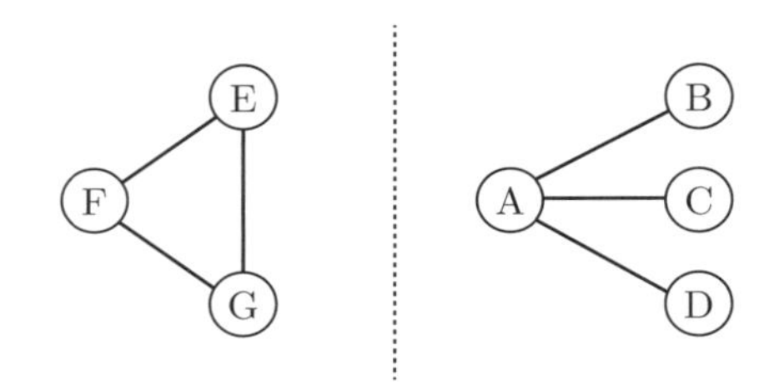

　したがって E, F, G も A, B, C, D のどれかとつながっていることがわかり，すべての町どうしがいくつかの街を経由することで行き来できることがわかります。

基本問題 12.3 の解説

まずアダムス氏の話によると，自分以外の 7 人の握手の回数がすべて異なることがわかり，握手の考えられる回数は，自分と同伴者とは握手しないので最大でも 6 回，つまりアダムス氏以外の握手回数は 0〜6 回であることがわかります。

　そこで 8 人を点で，握手をした関係を線で描くことにします。まずある点 A から，その同伴者 B を除く 6 点と結びます。すると B 以外の握手回数は 0 より大きくなるので，B の握手回

数が 0 であると決まります。

次に A, B 以外の C を決めて，A, B, C 以外の 4 人と線を結びます（C の握手回数は 5 回）。すると A としか握手をしていない D という人がいて，D の握手回数は 1 回であることがわかります。

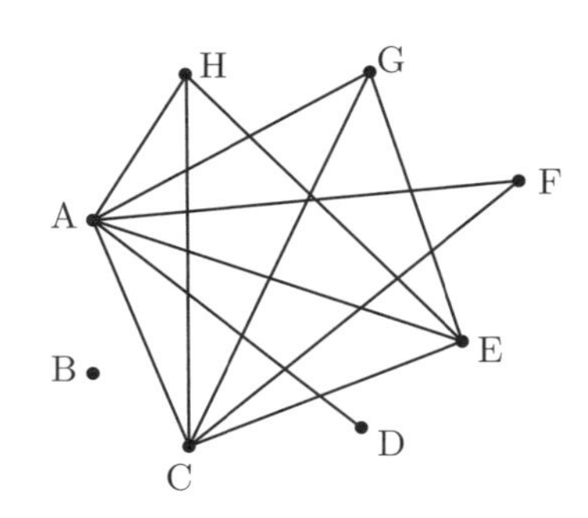

さらに A, B, C, D 以外の 1 人 E から残り 4 人のうちの 3 人と線で結びます（E の握手回数は 4 回）。すると A, C としか握手していない，握手回数が 2 回の F の存在が分かります。

この段階で A, B, C, D, E, F 以外の 2 人 G, H の握手回数は 3 回となっているので，これ以上線を結ぶ余地はなくなります。

さてアダムス氏以外の 7 人は握手回数がすべて異なるので，アダムス氏の握手回数は G, H のいずれかで 3 回とわかります。またそれぞれの夫妻同士は握手をしないので，A, B が夫婦とまずわかり，次に C は B, D 以外の全員と握手をしているので C, D が夫婦とわかります。さらに E は B, D, F 以外の全員と握手をしているので，E, F が夫婦と分かります。従って残りの G, H が夫婦とわかり，アダムス夫妻とわかります。そして 2 人とも握手回数は 3 回なので，アダムス夫妻の握手回数は 3 回 とわかります。

基本問題 12.4 の解説

参加者のうちの 1 人 A に注目します。A は「他の 3 人以上と握手をしているか」，あるいは「3 人以上と握手をしていないか」のいずれかを満たしています。仮に前者であったとして，B, C, D の 3 人とは握手をしているものとします。したがって A は B, C, D と赤い線で結ばれることになります。

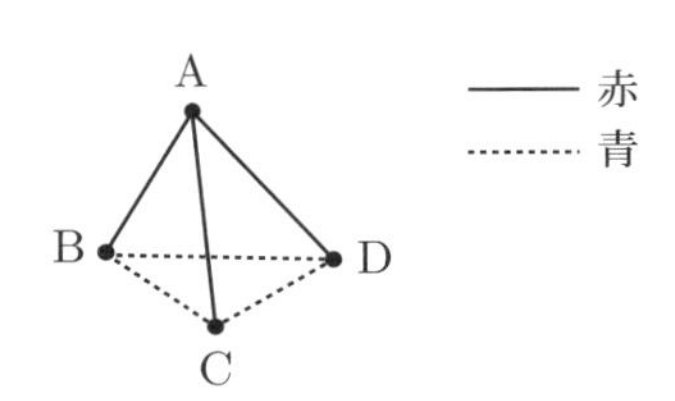

さて条件を満たす 3 人が存在しないとします。ここで条件の「どの 2 人も握手をしている」ということは「赤い線で三角形ができる」ことを表していて，「どの 2 人も握手をしていない」ということは「青い線で三角形ができる」ことを表していることに注意します。

B, C が握手をしたとすると，A, B, C は「どの 2 人も握手をした（赤い線で三角形ができる）」関係になり条件を満たしてしまいます。従って B, C は握手をしていないとわかります。

次に C, D が握手をしたとすると，A, C, D が「どの 2 人も握手をした（赤い線で三角形ができる）」関係になり条件を満たしてしまいます。そこで C, D も握手をしていないとわかります。

また B, D が握手をしたとすると，A, B, D が「どの 2 人も握手をした（赤い線で三角形ができる)」関係になり条件を満たしてしまいます。そこでB, Dも握手をしていないとわかります。

するとB, C, Dの3人は「どの2人も握手をしていない（青い線で三角形ができる)」ことになり，条件を満たしてしまいます。

よって条件を満たす3人は必ず存在することがわかります。

研究問題　12.1: ケーニヒスブルグの橋の問題・一筆書きは可能か

(1) むかし，ドイツのケーニヒスブルグという町にプレーゲル川が流れていて，そこには図に示すように7つの橋がかかっていました。この町の住人たちは「同じ橋を2度と渡ることなく，全ての橋を1度づつわたって出発地点に戻ってくることは可能であるか？」ということを疑問に思っていました。住人たちは何度も試しましたがうまくいきませんでした。ある日，数学者オイラー (Euler) がこの町を訪れ，住人たちの話を聞きつけて考えました。そしてオイラーは「それは不可能である」ことを結論づけました。果たしてオイラーはどのように不可能であることを理解したのでしょうか？

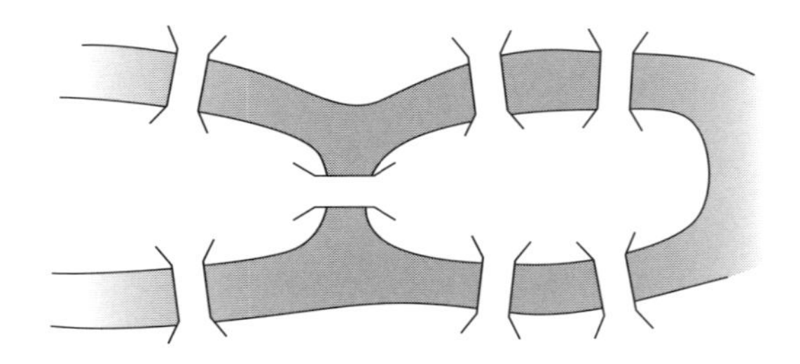

(2) (1) で実はもう一つ橋をどこかにかければ少なくとも一筆書きは可能（出発点と到着点が異なっていてもよい）にできることがわかりました。考えられる橋のかけ方を全て答えなさい。

付録A

練習問題・応用問題・研究問題の解答

練習問題 2.1 の解答

まず，左下図のように 2×4 のブロックを 2×2 のブロック 2 個分に分けると，このうち 1 個分で $\frac{1}{2}$ を表します。また，2×4 のブロックにはポッチが 8 個ありますが，2×4 のブロックには 4 個あります。このことから 2×2 のブロックは $\frac{4}{8}$ を表していると考えることができます。したがって $\frac{1}{2}=\frac{4}{8}$ がわかります。

同じように，2×4 のブロックを 2×1 のブロック 4 個分に分けると，このうち 3 個分 (つまり 2×3 のブロック) で $\frac{3}{4}$ を表すことがわかります。2×1 のブロック 3 個分にはポッチが 6 個あるので，$\frac{6}{8}$ を表していると考えることもできます。このことから $\frac{3}{4}=\frac{6}{8}$ がわかります。

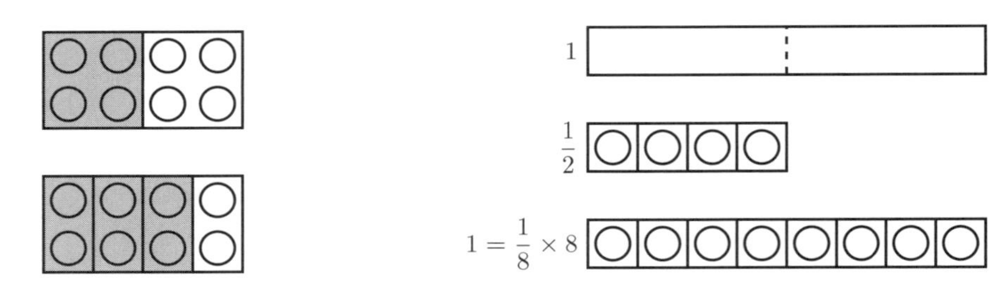

練習問題 2.2 の解答

(1) $\frac{1}{2}$ は 1 を表すブロックを半分に分けた 1 つ分です。これらのうちの 1 つ分をさらに 4 つに分けた 1 つ分 $\left(\frac{1}{4}\text{倍の意味}\right)$ を 1×1 のブロックで表すことにします。すると，1 は 1×1 のブロック 8 個分とわかり，1 個分は $\frac{1}{8}$ を表します。つまり，1 が 2 等分されて，さらにそれぞれ 4 等分されたので，$2\times 4=8$ 等分されたことになります。このことから $\frac{1}{2}\times\frac{1}{4}=\frac{1}{8}$ であることがわかります。(右上図)

(2) $\frac{3}{2}\times\frac{3}{4}$ は，$\frac{3}{2}$ を 4 つに分けた 3 つ分を表し，$\left(\frac{3}{2}\times\frac{1}{4}\right)\times 3$ と解釈できます。

次に，$\frac{3}{2}\times\frac{1}{4}$ は $\frac{3}{2}$ を 4 つに分けた 1 つ分を表しますが，$\frac{3}{2}$ を $\frac{1}{2}$ が 3 つ分と解釈すれば，$\frac{1}{2}$ を 4 つに分けた 3 つ分と解釈することができます。つまり，$\frac{3}{2}\times\frac{1}{4}=\left(\frac{1}{2}\times 3\right)\times\frac{1}{4}=\left(\frac{1}{2}\times\frac{1}{4}\right)\times 3$ と考えることができます。

したがって $\frac{3}{2}\times\frac{3}{4}=\left(\frac{3}{2}\times\frac{1}{4}\right)\times 3=\left(\frac{1}{2}\times\frac{1}{4}\right)\times(3\times 3)$ で，(1) とあわせて，$\frac{3}{2}\times\frac{3}{4}=\frac{1}{2\times 4}\times(3\times 3)$ $=\frac{1}{8}\times 9=\frac{9}{8}$ と計算できます。

応用問題 **3.1(1)** の解答

ブロックを用いない説明 **1**（0.3, 0.2 の意味を考える）

0.3×0.2 は $0.3 \times (0.1 \times 2) = (0.3 \times 0.1) \times 2$ と等しいと考えます。また $0.3 \times 0.1 = (0.1 \times 3) \times 0.1 = (0.1 \times 0.1) \times 3$ と分解できます。したがって，$0.3 \times 0.2 = (0.1 \times 0.1) \times 3 \times 2$ と考えることができます。0.1×0.1 は「0.1 を 10 個に分けた 1 つ分」または「$0.1 \times \frac{1}{10}$」と考えて，$0.1 \times 0.1 = 0.01$ となります。以上から「$3 \times 2 = 6$ の結果を 0.01 倍する」または「0.01 を 3×2 倍する」と考えて，小数点の位置を 2 つずらせばよいことが分かります。

ブロックを用いない説明 **2**（分数に直して考える）

$0.3 \times 0.2 = \frac{3}{10} \times \frac{2}{10}$. 分数のかけ算の考え方を利用すると $\frac{3 \times 2}{10 \times 10}$ とわかり，$3 \times 2 = 6$ の小数点の位置を 2 つずらせばよいことが分かります。

上の説明は，いずれも分数の計算法の原理がよくわかっていることが前提となります。ブロックを利用して，原理を最初から考えると以下のような説明ができます。

ブロックを直線状にならべた説明（説明 **1** をより詳しくしたもの）

0.3 の 0.2 倍とは「0.3 を 10 個に分けた 2 つ分」と考えることができます。
つまり $(0.3 \times 0.1) \times 2$ と考え，以下では 0.3×0.1 に注目します。

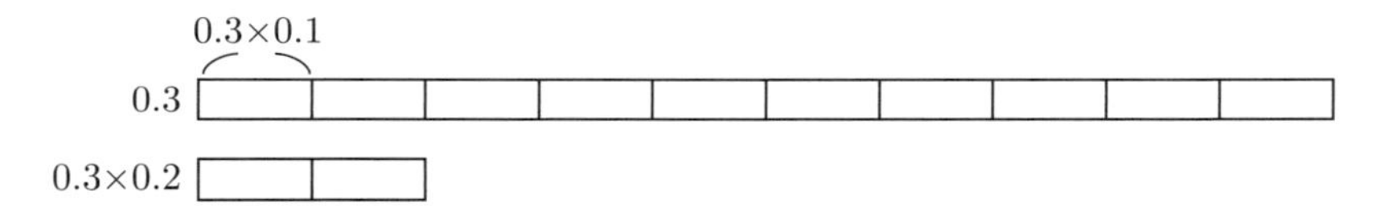

0.3 の 0.1 倍とは，「0.3 を 10 個に分けた 1 つ分」と考えられますが，0.3 を直接分けるのではなく，「0.3 を 0.1 が 3 個分」と考えて,「0.1 を 10 個にそれぞれわけて 3 個分あわせればよい」と考えればよいことに気づきます。つまり $0.3 \times 0.1 = (0.1 \times 3) \times 0.1 = (0.1 \times 0.1) \times 3$ と分解できます。

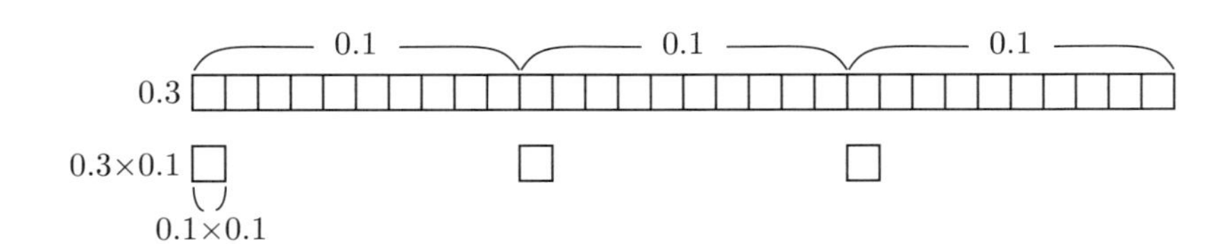

以上のように $0.3 \times 0.2 = (0.1 \times 0.1) \times (3 \times 2)$ と考えれば,「0.1 の小数点を 1 個ずらした 0.01 が (3×2) 個分」あると解釈できることがわかります。

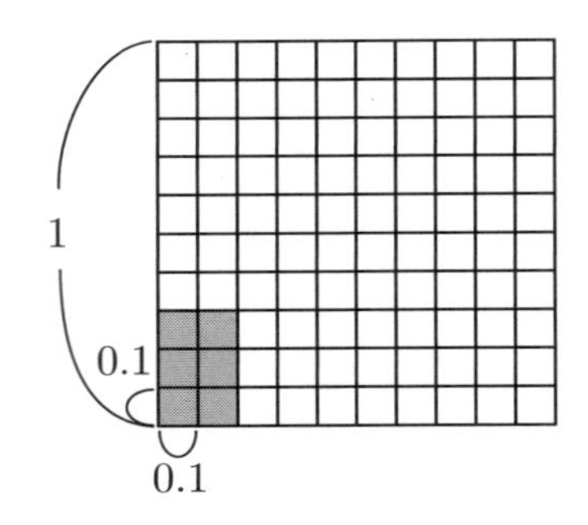

ブロックを長方形状に並べる説明

10×10 の正方形状に並べたブロックをイメージします。縦と横のブロック 1 つ分が 0.1 で，全体で 1×1 という量を表していると考えます。

すると 0.3×0.2 は図の色塗り部分に対応し，0.1×0.1 を表すブロックが 3×2 個分に相当することがわかります。これから $0.01 \times (3 \times 2)$ と計算できることが分かります。

応用問題 3.1(2) の解答

ブロックを用いない説明（分数と対応させながら考える）

$0.15 \div 0.03 = \dfrac{0.15}{0.03}$ と分数で考える。通分の考え方を利用して，分母分子に同じ 100 をかけても結果は変わらないので，$\dfrac{0.15 \times 100}{0.03 \times 100} = \dfrac{15}{3} = 15 \div 3$ と考えることができます。

ブロックを用いる説明 1（基準量の何個分か）

「板チョコ 0.15 枚分を 0.03 枚ずつ分けると何人分になるか」と解釈して考えます。

板チョコ 0.15 枚，0.03 枚分とは，それぞれ板チョコ 0.01 枚が 15 個分,3 個分と考えることができます。下の図のように 1×1 のブロック 1 個で板チョコ 0.01 枚分と考えると，0.15, 0.03 はそれぞれブロック 15 個，3 個分と考えることが出来ます。

つまり板チョコ 0.01 枚と, その数値を 100 倍したブロック 1 個分が対応すると考えられます。

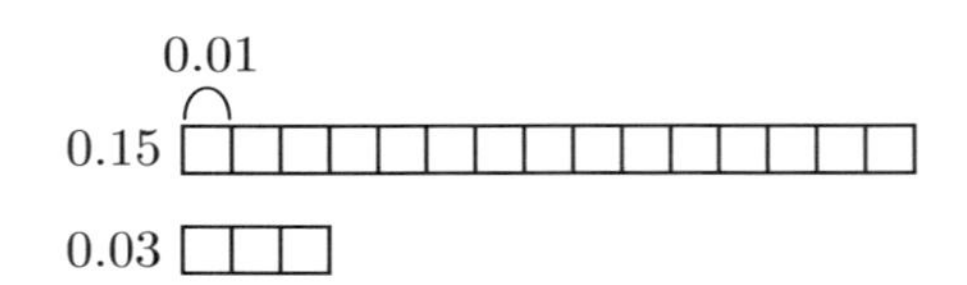

したがって $0.15 \div 0.03 = (0.01 \times 15) \div (0.01 \times 3) = 15 \div 3$ と考えられることがわかります。

ブロックを用いる説明 2（基準量はいくつか・かけ算に直す）

「板チョコ 0.15 枚が 0.03 人分の量と考えるとき，1 人分の板チョコは何枚分か」と解釈して考えます。

$0.03 = \dfrac{3}{100}$ となることから，1 人分は $\dfrac{100}{3}$ 倍であることがわかります。

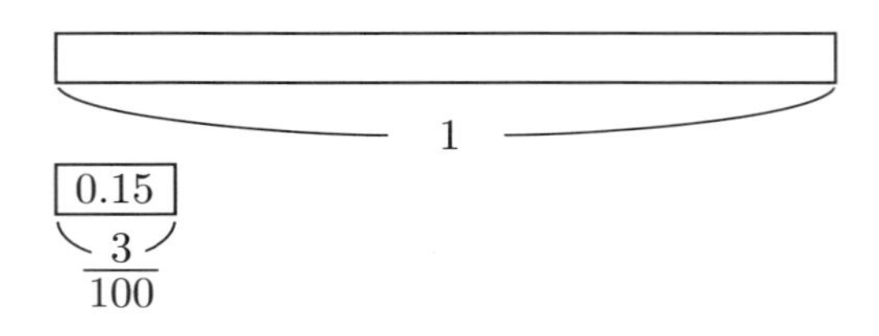

従って $0.15 \div 0.03 = 0.15 \div \dfrac{3}{100} = 0.15 \times \dfrac{100}{3} = \dfrac{0.15 \times 100}{3} = \dfrac{15}{3} = 15 \div 3$ と考えることが出来ます。

研究問題 3.2 の解答

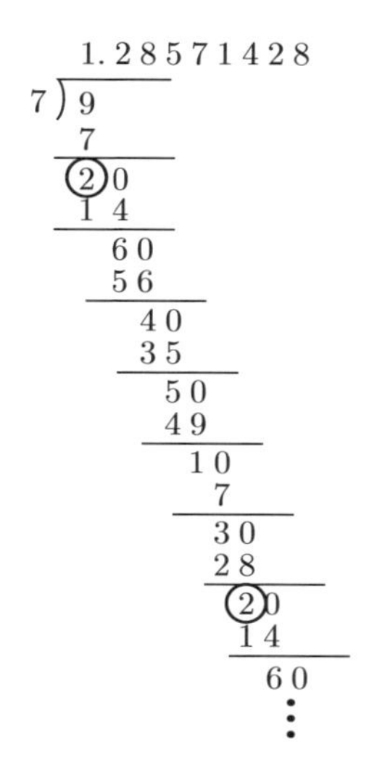

(1) 有限小数を分数に直し，完全に約分した $\dfrac{b}{a}$ を考えます。つまり**既約分数**（これ以上約分できない分数）とします。有限で終わるということは，10 を何回かかけると整数になることを意味します。つまりある自然数 n について，$\dfrac{b}{a}\times 10^n$ は整数となります。$\dfrac{b}{a}$ は既約分数であるので，a は 10^n を割り切ることがわかります。したがって a は 2,5 のみをかけ算してできる数ということになるので，有限小数になる分数は，既約分数にしたときの分母が 2 または 5 のみをかけ算してできる数になります。（第 7 章の言葉では，分母の素因数が 2,5 のみである数）

(2) 例えば $\dfrac{9}{7}$ について，$9\div 7$ で右図のようなわり算の結果，$\dfrac{9}{7}=1.28571428571428\cdots$ となります。このように周期性が生じるのは，同じわり算が繰り返されることによります。それは 1 回の割るという操作であまりが出てきますが，そのあまりが周期的に同じものが出てくることを意味します。たとえば右図の筆算の○で囲った「2」がそれに当たります。もし途中のわり算で「あまりが 0」になると，割るという操作が終わって有限小数となるので，あまりが 0 になることはありません。またこの場合 7 で割っているので，あまりは 1〜6 のいずれかになります。つまり**あまりの候補は有限個**しかないことが分かります。したがって毎回のわり算で異なるあまりが出ると，高々 7 回目で前に出たあまりと同じものがでてきて，それ以降同じわり算が繰り返されることになります。一般に既約分数 $\dfrac{b}{a}$ の場合も同じで，高々 a 回のわり算であまりが既に出てきたものと同じとなり，それ以降同じ操作が繰り返されることがわかります。

練習問題 3.3 の解答

説明 1（ともに 3 : 2 である） 9 : 6 はある基準量を定めてブロックで表したとき，2 量の大きさがブロック 9 個，6 個分であることを表します。このブロックのサイズを 3 倍にかえると，それぞれブロック 3 個，2 個分で表すことができます。従って $9:6=3:2$ とわかります。

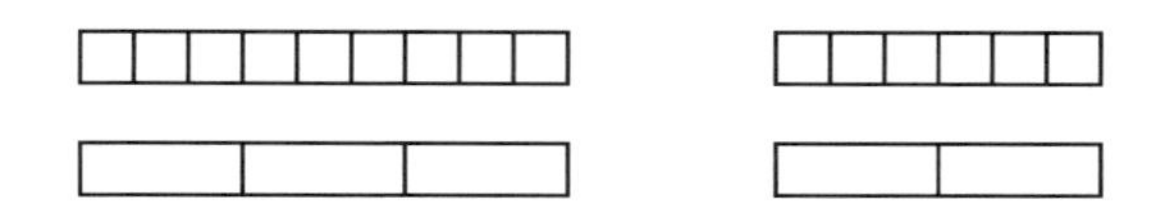

同様に 12 : 8 もある基準量をブロックで表すとき，2 量の大きさが 12 個，8 個分であることを表しますが，そのブロックのサイズを 4 倍にかえると，それぞれブロック 3 個分，2 個分で表すことができます。従って $12:8=3:2$ とわかり，$9:6=3:2=12:8$ とわかります。

説明 2(直接式を説明する) 9 : 6 はある量をブロックで表したとき，2 量の大きさが 9 個，6 個分であることを表します。このブロックのサイズを $\dfrac{3}{4}$ 倍 にかえると，それぞれブロック $9\times\dfrac{4}{3}=12$ 個，$6\times\dfrac{4}{3}=8$ 個分で表すことができます。従って $9:6=12:8$ とわかります。

練習問題 4.1 の解答

一番少ないのは弟で，もらえるチョコレートの数を赤のブロックで，「1 個」を黄色のブロックで順に右のように表します。

兄，弟，妹のもらえるチョコレートの数はブロックで表すと下のようになります。

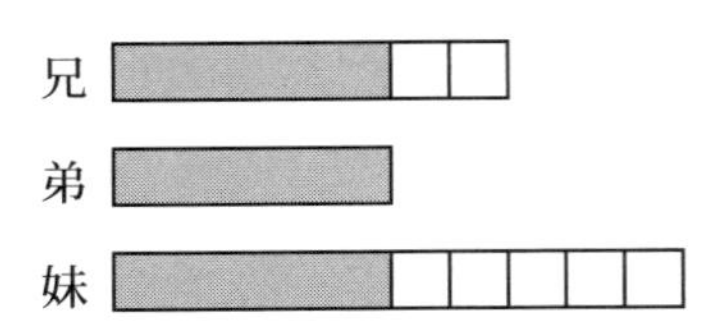

ブロックは赤が 3 個，黄色が 7 個で，チョコレートが合計 40 個とわかります。黄色 7 個はチョコレート 7 個を表すので，赤のブロック 3 個はチョコレート $40 - 7 = 33$ 個分。つまり赤のブロック 1 個はチョコレート $33 \div 3 = 11$ 個分とわかります。以上から 兄：13 個，妹：16 個，弟 11 個 であることがわかります。

練習問題 4.2 の解答

現在の子の年齢を赤のブロック，「3 才」を黄色のブロックで順に右のように表します。

3 年後の年齢は，母が赤のブロック 4 個と黄色のブロック 1 個，子は赤のブロック 1 個と黄色のブロック 1 個であらわせます。

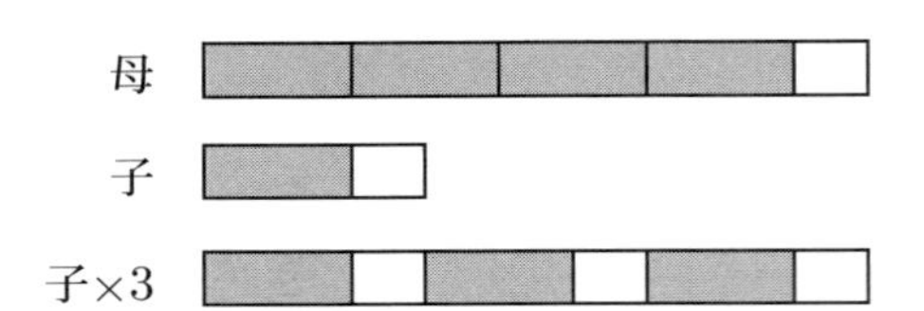

3 年後の母の年齢は子の年齢の 3 倍であることから，3 年後の母の年齢は，赤のブロック 3 個と黄色のブロック 3 個でも表せます。

そうすると，赤のブロック 1 個が黄色のブロック 2 個分，つまり 6 才に相当することがわかります。このことから現在の 2 人の年齢は 母:24 才, 子：6 才 とわかります。

練習問題 4.3 の解答

最初弟が持っていたお金を赤のブロック，「200 円」を黄色のブロックで順に右のように表します。

兄が 200 円渡した後，残った兄のお金は弟の 3 倍になるので，兄は赤のブロック 3 個と黄色のブロック 3 個で表せます。

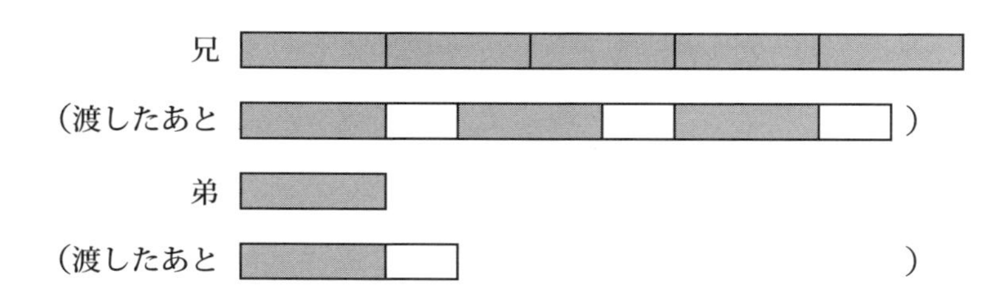

最初兄は赤のブロック 5 個分のお金があり，200 円渡す前であるから赤のブロック 3 個と黄色のブロック 4 個分と等しくなります。つまり赤のブロック 2 個分と黄色のブロック 4 個分（= 800 円）が等しいことが分かります。

以上から赤のブロック 1 個分が 400 円であることがわかり，最初兄が持っていたお金は赤のブロック 5 個分の 2000 円 であることがわかります。

練習問題 4.4 の解答

A の容器の水の量を赤色ブロック，B の容器の水の量を黄色ブロックで表そうとします。すると最初の条件は A と B の差を考えるので，ブロックでは表しにくくなってしまいます。
ここが小学校算数と中学校数学の違いです。そこで次のように練習問題 4.3 に似た考え方をします。

解答

B の容器の水の量を赤色ブロック，「20 mL」を黄色ブロックでそれぞれ右のように表します。

A の 2 杯分は，赤色・黄色ブロック 2 個ずつで表されるので，A の 2 杯分と B の 5 杯分は，赤色ブロック 7 個，黄色ブロック 2 個（=40 mL）でこれが 600 mL となります。したがって赤色ブロック 7 個は，$600 - 40 = 560$ mL. 赤色ブロック 1 個は，$560 \div 7 = 80$ mL とわかります。したがって

A:100 mL, B:80 mL

練習問題 4.5 の解答

ペンを赤色ブロック，消しゴムを黄色ブロックで順に右のように表します。

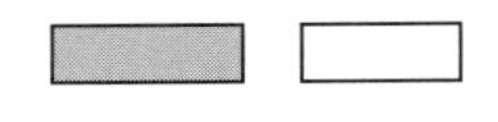

最初の買い方は，赤のブロック 3 個と黄色ブロック 2 個で 560 円

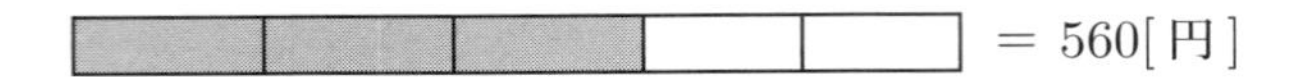

2 つ目は，赤のブロック 5 個と黄色ブロック 3 個で 900 円

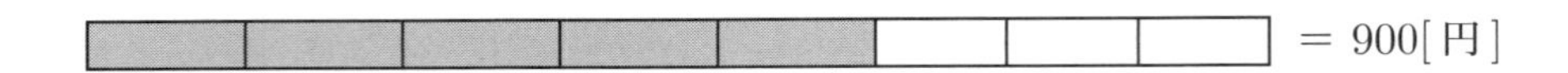

いずれも何倍かして黄色ブロックの数を 6 個にあわせることにします。
最初の買い方を 3 倍して，赤ブロック 9 個，黄色ブロック 6 個で 1680 円。
2 つ目の買い方を 2 倍して，赤ブロック 10 個，黄色ブロック 6 個で 1800 円。

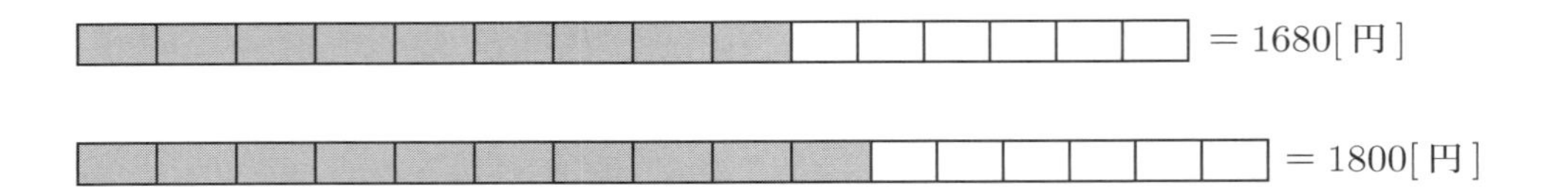

これから赤ブロック 1 個が 120 円とわかります。最初の買い方から，黄色ブロック 2 個は $560 - 120 \times 3 = 200$ 円とわかり，黄色ブロック 1 個は 100 円とわかります。 ペン 120 円，消しゴム 100 円

練習問題 5.1 の解答

(1) 9991 は $10000 - 9$ であることに注目します。$10000 = 100 \times 100, 9 = 3 \times 3$ です。従って，$10000 - 9 = 100 \times 100 - 3 \times 3$ を下の面積図のように表して，色塗り部分を移動させると，縦が 97, 横が 103 の長方形に並べ替えられることがわかります。したがって $9991 = 97 \times 103$ と表せることがわかります。

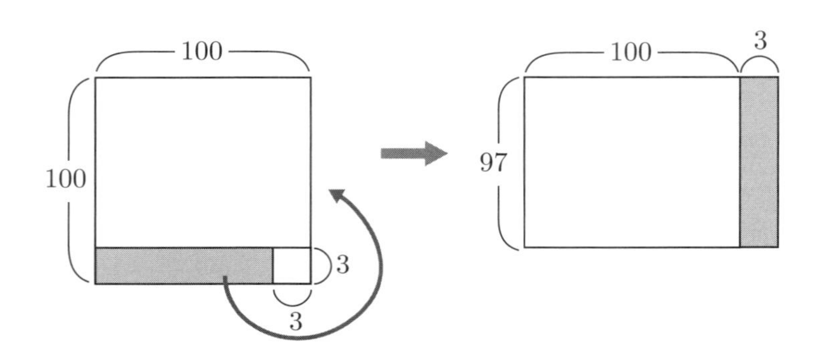

(2) 2001×2001 と 1999×1999 を面積図で表すと下のようになり，これも色塗り部分を移動させると，$2 \times 4000 = \boxed{8000}$ と計算できることがわかります。

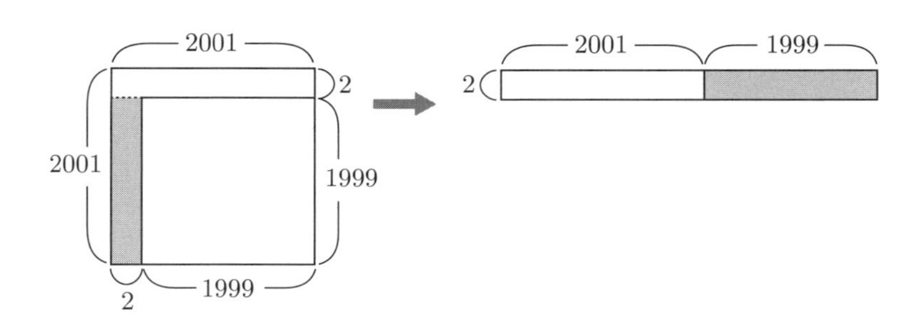

練習問題 5.2 の解答

35×35 で説明します。$35 \times 35 = (30 + 5) \times (30 + 5)$ と考えて，これを下のような面積図で表します。斜線部分を移動させると，$30\times30+5\times30+5\times30 = (30+10)\times30 = (3+1)\times3\times(10\times10) = (3 + 1) \times 4 \times 100$ とまとめられることから，原理が説明できます。

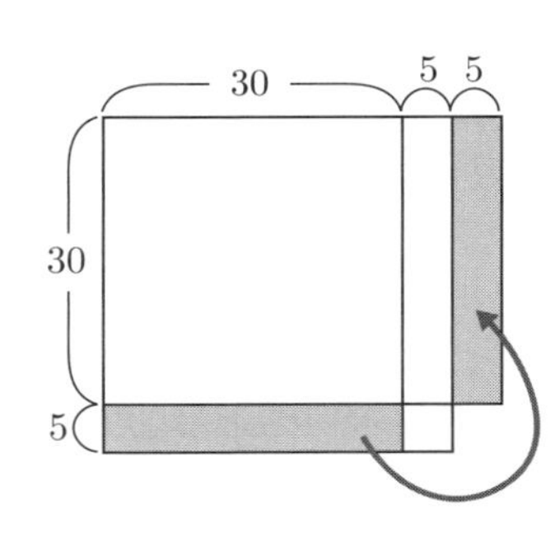

研究問題 5.3 の解答

(1) a^2 に対する a の値が 3 で割り切れるときはあまりが 0, それ以外は 1 であることが推察できます。そこで a を 3 で割ったときのあまりで場合分けをします。

(あまりが 0) $a = 3 \times k$ (k は 1 以上の整数) と表せるとき

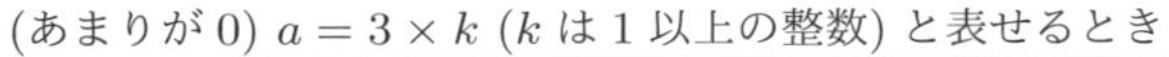

$a^2 = (3 \times k) \times (3 \times k) = 9 \times k^2$ で 3 で割り切れ，あまりは 0 です。

(あまりが 1) $a = 3 \times k + 1$ (k は 0 以上の整数) と表せるとき

a^2 は左下図の面積図から，$a^2 = 9 \times k^2 + 2 \times 3 \times k + 1 = 3 \times (3 \times k^2 + 2 \times k) + 1$ で，a^2 を 3 で割ったあまりは 1 とわかります。

(あまりが 2) $a = 3 \times k + 2$ (k は 0 以上の整数) と表せるとき

a^2 は右下図の面積図から，$a^2 = 9 \times k^2 + 2 \times 6 \times k + 4 = 3 \times (3 \times k^2 + 4 \times k + 1) + 1$ で，a^2 を 3 で割ったあまりは 1 とわかります。

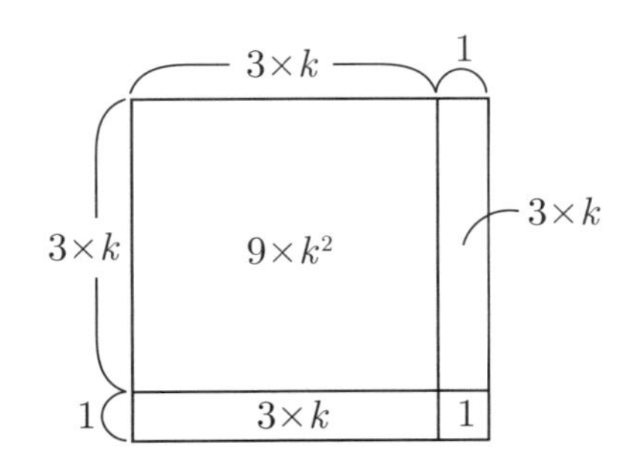

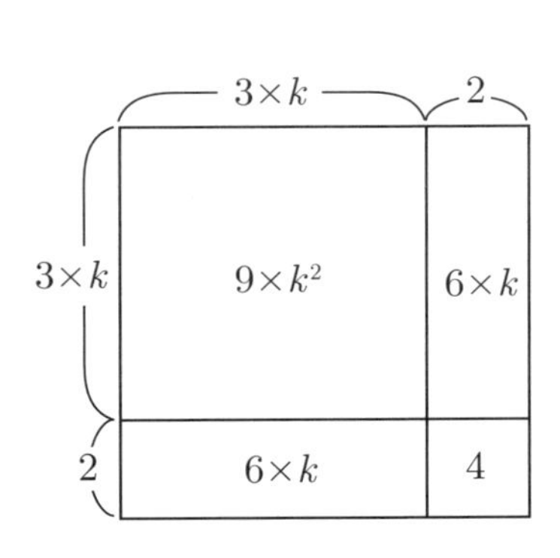

(2) a, b のいずれも 3 でわりきれないとき，a^2, b^2 はいずれも 3 で割ると 1 あまる数となります。すると $c^2 = a^2 + b^2$ から，c^2 を 3 で割ると 2 あまることになりますが，c^2 についても (1) の結果から 3 で割ると 1 あまるはずなので，矛盾します。つまり最初の a, b のいずれも 3 で割り切れないという仮定が誤りで，a, b の少なくとも一方は 3 で割り切れることがわかります。

研究問題 5.4 の解答

少し計算してみると $1.1^2 = 1.21, 1.1^3 = 1.331,$ $1.1^4 = 1.4641\cdots$ となり，1.1^nは $1 + 0.1 \times n$ より大きいことが予想できます。この理由を説明します。$1.1^n > 1 + 0.1 \times n$ が成り立っているとき，両方の数に 1.1 をかけ算すると，$1.1^{n+1} > (1 + 0.1 \times n) \times 1.1$ となります。このとき $(1 + 0.1 \times n) \times 1.1 > 1 + 0.1 \times (n + 1)$ が正しければ，$1.1^{n+1} > 1 + 0.1 \times (n + 1)$ が正しいとわかります。これは右の面積図から，

$(1 + 0.1 \times n) \times 1.1 = 1 + 0.1 \times (n + 1) + 0.01 \times n$ であることからわかります。したがって 1.1^2は 1.2 より大きく，1.1^3は 1.3 より大きく，と以下同様にわかり，1.1^nは $1 + 0.1 \times 10 = 2$ より大きいことがわかります。(8.1 節の数学的帰納法の考え方を使っています。)

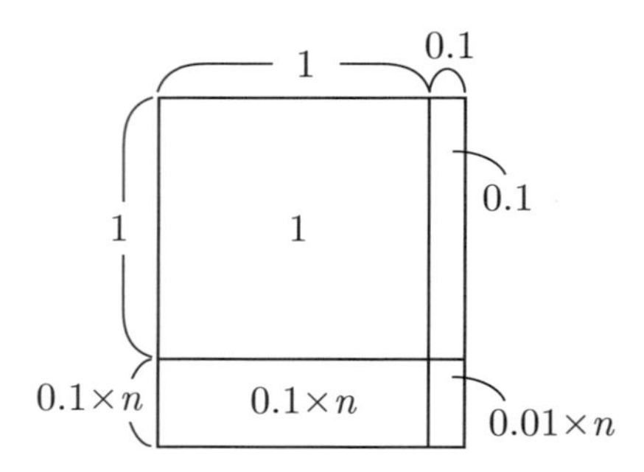

練習問題 5.5 の解答

下の図のような L 字形の面積図を利用します。すべて 100 円とすると $100 \times 20 = 2000$[円] で，残り $3200 - 2000 = 1200$[円] が図の色塗り部分に相当します。このことから 300 円のお菓子の個数は $1200 \div (300 - 100) = 6$[個] であるとわかります。

100 円のお菓子：14 個，300 円のお菓子：6 個

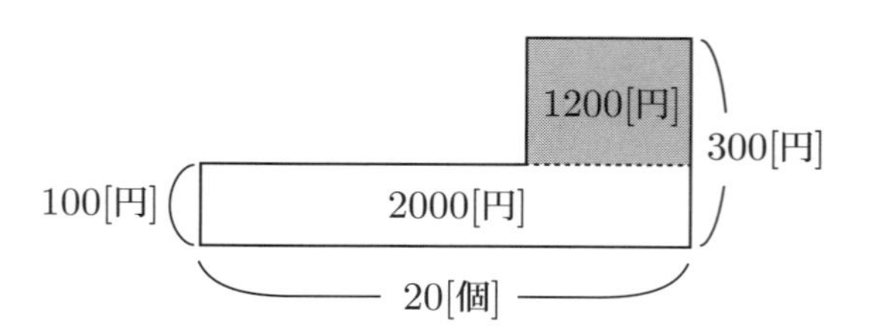

研究問題 5.6 の解答

図のように 1 辺の長さが 4 cm の正方形の中に三角形 ABC とそれと合同な三角形 AFE を配置し，残りの正方形の頂点を D とします。角 CAE の大きさを近似することができれば，角 CAB の大きさはわかります。角 CAE の大きさは，AC を半径とするおうぎ形 CAE の面積がわかると求めることができ，そしておうぎ形 CAE の面積は，三角形 ACE の面積より大きく，四角形 ACDE の面積より小さいことに注目することで近似的に求めることができます。

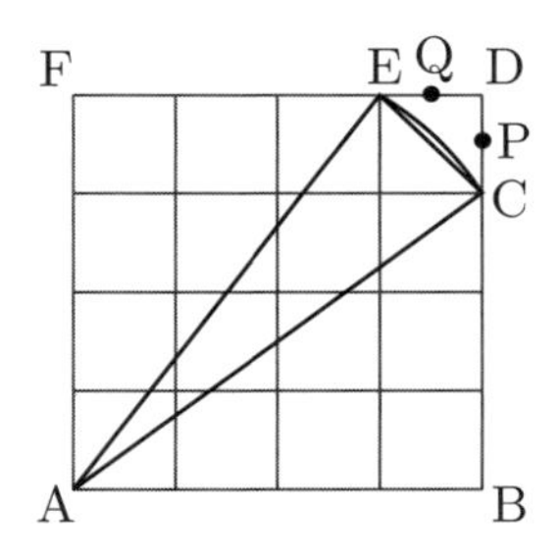

(三角形 ACE) $=$ (正方形 ABDF)$-2\times$(三角形 ABC)$-$(三角形 CDE) $= 4\times4-2\times\frac{1}{2}\times4\times3-\frac{1}{2}\times1\times1 =$ $3.5[\mathrm{cm}^2]$. また (四角形 ACDE) $=$ (三角形 ACE) $+$ (三角形 CDE) $= 4[\mathrm{cm}^2]$. したがって $3.5[\mathrm{cm}^2] <$ (おうぎ形 CAE) $< 4[\mathrm{cm}^2]$. (おうぎ形 CAE) $= \mathrm{AC}^2 \times 3.14 \times \dfrac{\text{角 CAE}}{360} = \dfrac{78.5}{360} \times$ (角 CAE)$[\mathrm{cm}^2]$ であるから，

$$3.5 < \frac{78.5}{360} \times (\text{角 CAE}) < 4, \qquad \frac{3.5 \times 360}{78.5} < (\text{角 CAE}) < \frac{4 \times 360}{78.5}$$

$\dfrac{3.5 \times 360}{78.5} = 16.05\cdots$，$\dfrac{4 \times 360}{78.5} = 18.34\cdots$ なので，$16.05 <$ (角 CAE) < 18.35.

(角 BAC) $= \dfrac{90 - (\text{角 CAE})}{2}$ から，$35.825 <$ (角 BAC) < 36.975 であることがわかります。以上から角 CAE は 約 36 度 とわかりますが，残念ながら 36 度以上であることはわかりません。これは上の数式で 18.34 の値が大きすぎたことが要因で，さらにたどると，おうぎ形の面積を四角形 ACDE の面積で評価するには大きすぎたことがわかります。したがって上図で，点 D のまわりを直角にもつ直角二等辺三角形を削ってできる，五角形 ACPQE で近似することが求められます。具体的には $\mathrm{PD} = \mathrm{QD} = 0.5[\mathrm{cm}]$ とすればうまくいきます（詳細は読者に任せます）。

応用問題 5.7 の解答

下図のように長方形を置いて縦の長さを□ [cm] とします。斜線部分の縦 3[cm]，横 (□ − 6)[cm] の長方形図のようにを移動させせると，1 辺 (□ − 3)[cm] の正方形から，1 辺 3[cm] の正方形をのぞいた図形に変形することができます。したがって，$\square \times (\square - 6) = (\square - 3)^2 - 3^2 = 40$ とわかり，$(\square - 3)^2 = 49$，$\square - 3 = 7$ で，縦の長さは 10[cm] とわかります。

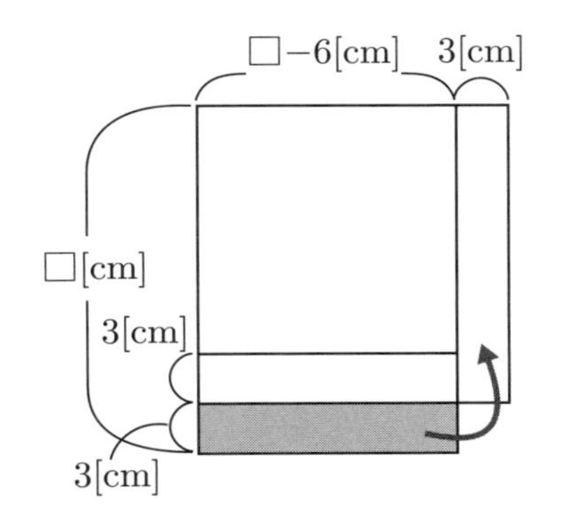

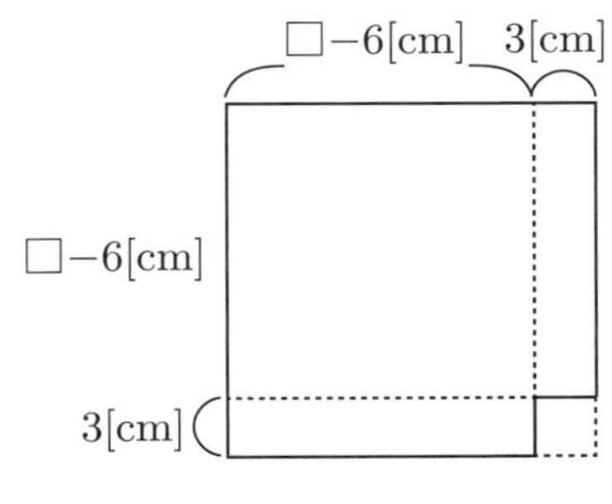

研究問題 5.8 の解答

(1) 正方形 A, B, C, D はそれぞれ図の色塗り部分で，4 つの中心を結んでできる正方形の面積は，一辺 6[cm] の正方形から，直角をはさむ 2 辺が 4[cm], 2[cm] の直角三角形 4 枚を除いた面積に等しいので，$6 \times 6 - 4 \times (4 \times 2 \div 2) = \boxed{20[\mathrm{cm}^2]}$

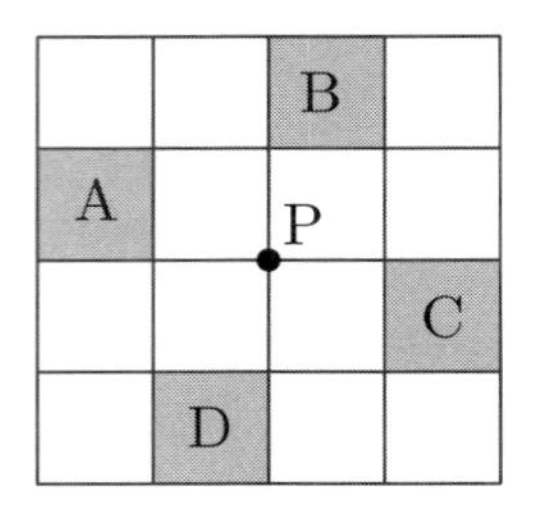

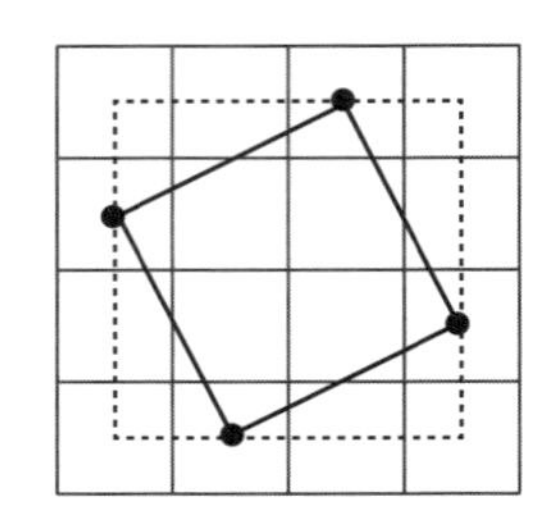

(2)(a) 正方形 A, E の頂点 X, Y が対応していて，QX = QY, 角 XQY が直角（つまり三角形 QXY は直角二等辺三角形）になることから，点 Q は右図の位置になり，正方形 A の通過した部分は右図の色塗り部分になります。

(b) まず左下図と中央下図のように関係する部分を分けます。

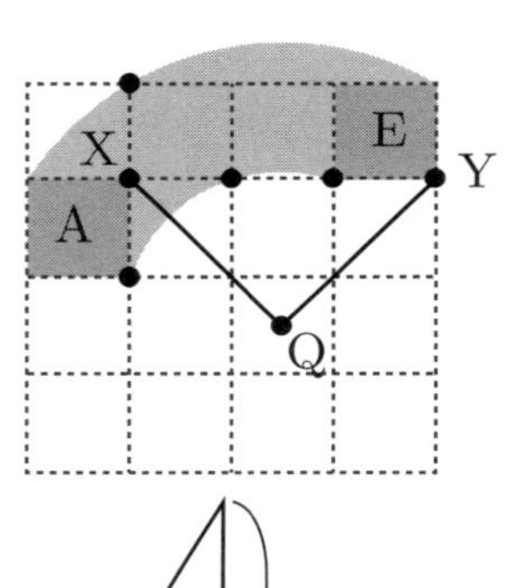

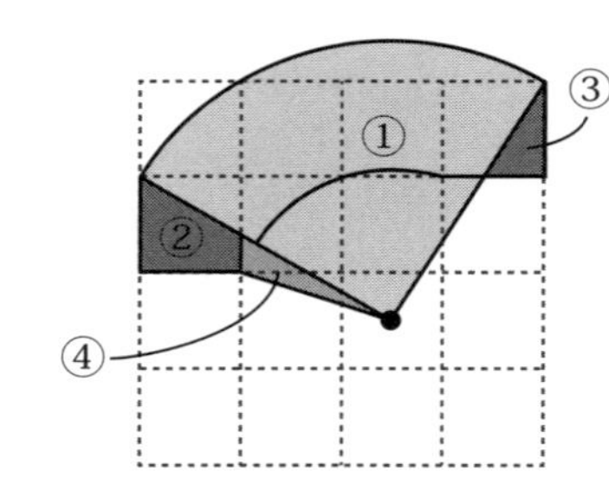

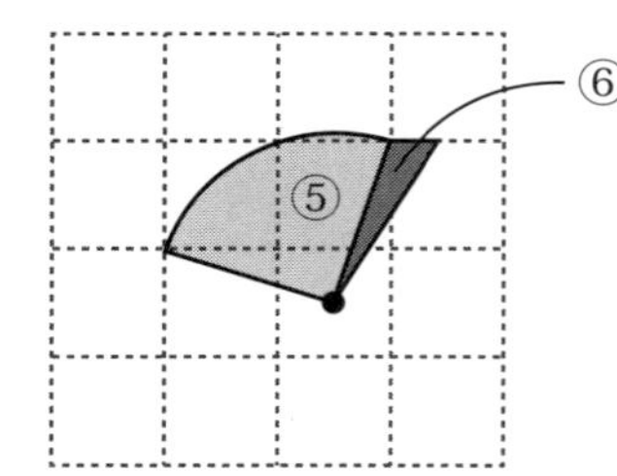

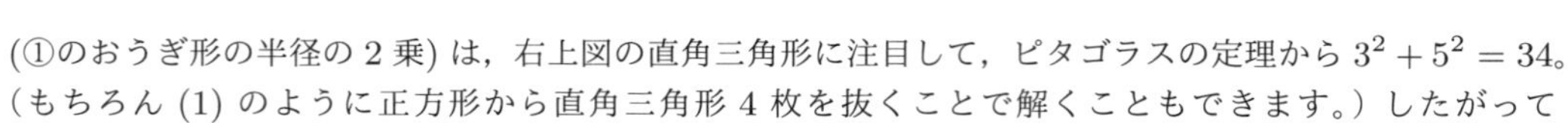

(①のおうぎ形の半径の 2 乗) は，右上図の直角三角形に注目して，ピタゴラスの定理から $3^2 + 5^2 = 34$。（もちろん (1) のように正方形から直角三角形 4 枚を抜くことで解くこともできます。）したがって

$① = 34 \times 3.14 \times \dfrac{90}{360} = \dfrac{17}{2} \times 3.14[\mathrm{cm}^2]$

② + ③ は 1 辺 2[cm] の正方形の面積に等しく，$② + ③ = 4[\mathrm{cm}^2]$

⑤は①と同様で，$⑤ = (1^2 + 3^2) \times 3.14 \times \dfrac{90}{360} = \dfrac{5}{2} \times 3.14[\mathrm{cm}^2]$

④と⑥は合同なので面積は等しいことがわかります。

以上から (色塗り部分) $= ① + ② + ③ + ④ - ⑤ - ⑥ = \dfrac{17}{2} \times 3.14 + 4 - \dfrac{5}{2} \times 3.14 = \boxed{22.84[\mathrm{cm}^2]}$

応用問題 5.9 の解答

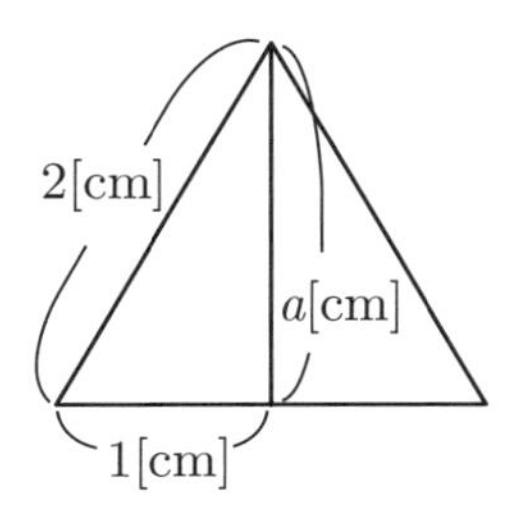

図のように直角三角形を 2 枚重ねると正三角形ができます。このことから直角をはさむ 2 辺の長さの一方は $\boxed{1[\mathrm{cm}]}$ とわかります。

したがってもう一方の長さ a はピタゴラスの定理から，$a^2+1^2=2^2$ で，$a=\sqrt{2^2-1^2}=\boxed{\sqrt{3}[\mathrm{cm}]}$

$1<3<4$ から，$1<\sqrt{3}<2$. また $1.7^2=2.89, 1.8^2=3.24$ で，$1.7<\sqrt{3}<1.8$. さらに $1.73^2=2.9929, 1.74^2=3.0276$ で，$1.73<\sqrt{3}<1.74$. したがって $\boxed{1.73}$

応用問題 5.10 の解答

(1) 右図のように筆算できます。$\boxed{1.414}$

```
     1
     1
   ----
    24
     4
   ----
   281
     1
   ----
   2824
      4
   ----
   2828
```

```
     1. 4  1  4
    ------------
   ) 2.00 00 00
     1
    ------------
     1 00
       96
    ------------
        4 00
        2 81
    ------------
        1 19 00
        1 12 96
    ------------
           6 04
```

(2) ①最初に $1^2<2<2^2$ であるから，1 辺の長さが 1 の正方形を取り除きます。
②次は $1.4^2<2<1.5^2$ であるので，幅が 0.4 の L 字型の図形を取り除くことになるのですが，この部分の面積は $0.4\times1+0.4\times1+0.4\times0.4=2.4\times0.4=0.96$ で，2 回目の筆算に匹敵します。ここで $1.4^2=1.96, 1.5^2=2.25$ を具体的に計算しないで L 字型の幅が 0.4 となることを導くにはどうすればよいかを考えます（左下図）。幅を仮に x とする（0.1 の位）と，L 字型の面積は $x\times1+x\times1+x^2=x\times(2+x)$ で，この値が①での残りの面積 1 を超えないようにすればよく，$x=0.4$ のとき $0.4\times2.4=0.96$ で 1 に最も近くなることがわかります。

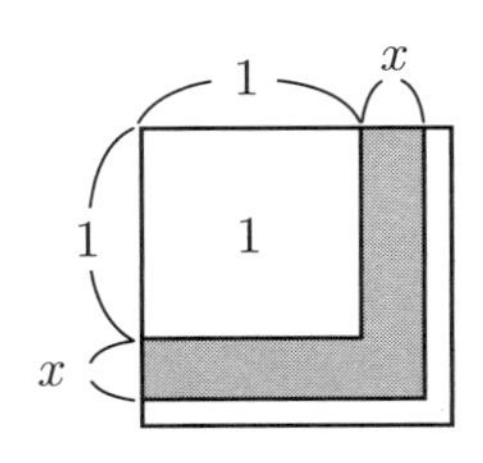

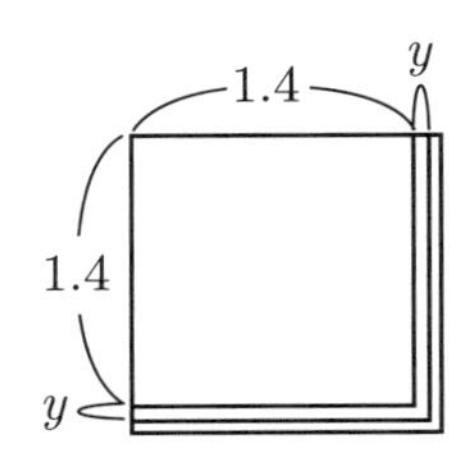

③次は②の残りの面積 0.04 を超えない，幅が y（y は 0.01 の位）の L 字型の図形（右図）を考えます。右図から L 字型の面積は $y\times1.4+y\times1.4+y\times y=y\times(2.8+y)$ で，0.04 を超えないような y の最大値は，$0.01\times2.81=0.0281, 0.02\times2.82=0.0564$ から $y=0.01$ であるとわかります。
④そして残りの面積 0.0119 を超えない，幅が z（z は 0.001 の位）の L 字型の図形を考えます。右上図から L 字型の面積は $z\times1.41+z\times1.41+z\times z=z\times(2.82+z)$ で，0.0119 を超えないような z の最大値は，$0.004\times2.824=0.011296, 0.005\times2.825=0.014125$ から $z=0.004$ であるとわかります。以上から，開平法の筆算の各段階は「残った領域からできる限り大きな L 字型の図形を取り出す」ことを行っていることがわかります。

練習問題 6.1 の解答

横軸に出発してからの時間 [分]，縦軸に自宅からの距離をとったグラフを考えます。

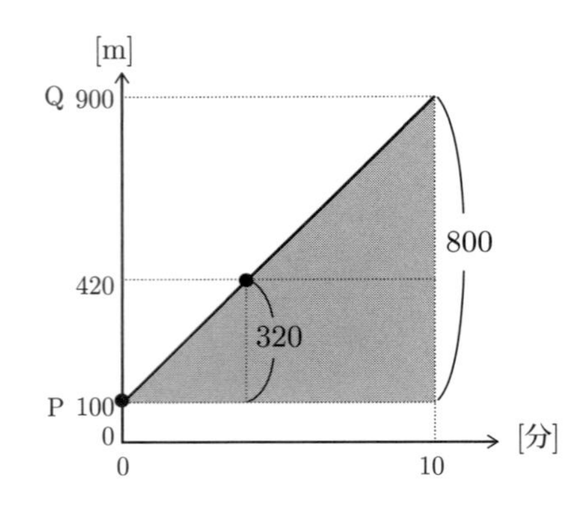

(0 分, 100[m]) と (10 分, 900[m]) を表す点を記して結んだものが，A さんの移動の状況を表したグラフ（右図）です。R 地点は P 地点から 320[m] の地点で，総移動距離 $900 - 100 = 800$[m] との比は，$320 : 800 = (2 \times 160) : (5 \times 160) = 2 : 5$ であることから，R 地点を通過するまでにかかった時間の $\dfrac{2}{5}$ 倍とわかります。従って $10 \times \dfrac{2}{5} =$ 4 分後 であることがわかります。

応用問題 6.2 の解答

(1) A さんと B さんがすれ違うまでの移動の様子を右図のように表します。

A さんと B さんの移動する速さの比は，実際に移動した距離の比に等しくなります。A さんは PQ 間と RQ 間を移動しているので，2 人の移動距離の比は，$(3 + 1) : 2 = 2 : 1$ になります。したがって速さの比も 2 : 1 とわかります。B さんは分速 100[m] であるので，A さんは 分速 200[m] とわかります。

(2) A さんと C さんについて，A さんと B さんがすれ違ってから，A さんと C さんがすれ違うまでの様子を左図のように表します。

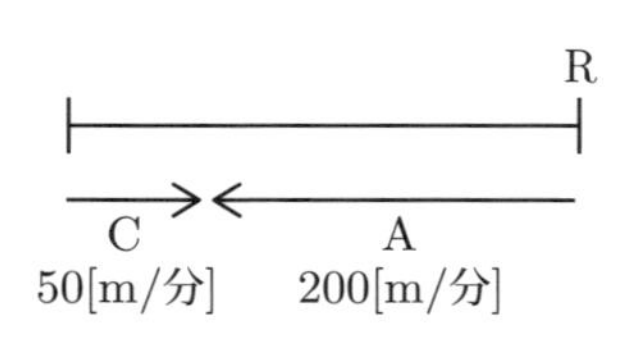

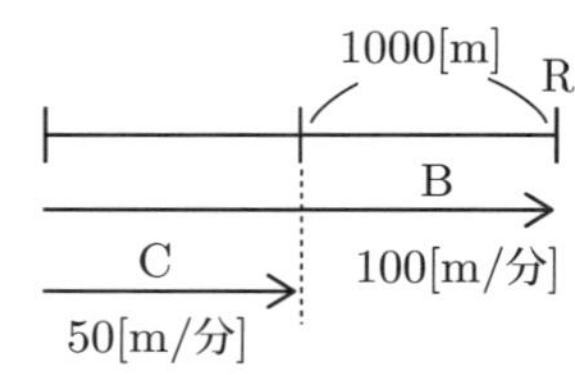

A さんと B さんがすれ違って 4 分後に A さんと C さんがすれ違うことから，A さんと B さんがすれ違ったときの A さんと C さんの距離は，1 分間で $200 + 50 = 250$[m] ずつ縮まるので，$(200 + 50) \times 4 = 1000$[m] であることがわかります。B さんと C さんの距離が 1000[m] になるまでにかかる時間は，2 人が 1 分間で 50[m] ずつ離れる（右上図）ことから，$1000 \div 50 = 20$[分] です。これが出発してから A さんと B さんがすれ違うまでの時間であるので，20 分後 とわかります。

(3) 20 分間で A さんは $200 \times 20 = 4000$[m] 移動します。この間に移動したのは PQ 間と RQ 間で，これは PQ 間の $\dfrac{4}{3}$ 倍になります。したがって PQ 間の距離は，$4000 \div \dfrac{4}{3} =$ 3000[m]

応用問題 6.3 の解答

船 P は (静水時の速さ) + (川の流れ)，船 Q は (静水時の速さ) − (川の流れ) の速さでそれぞれ移動します。旅人算の考え方から，2 つの船は 1 時間に近づく距離はこれらの速さの和に等しく，(P の 静水時の速さ) + (川の流れ) + (Q の 静水時の速さ) − (川の流れ) =(P,Qの静水時の速さの和)となるので，**川の流れの影響を全く受けない**ことがわかります。したがって川の流れの速さが変わったとしても，2 つの船の距離が縮まる速さは変わらないので，すれ違う時刻は変わらないことがわかります。

応用問題 6.4 の解答

移動の様子は右図のように表せます。

(1) A さんが出発してから 10 分後以降の動き（左下図）に注目します。RS 間と SQ 間の移動時間が 10 分と 12.5 分であるので，RS : SQ = 10 : 12.5 = 20 : 25 = 4 : 5 で，RS 間の距離が 800[m] であることから，SQ 間は 1000[m] とわかります。

次に B さんの移動（右下図）に注目します。PS 間と SQ 間の移動時間が 20 分と 10 分であることから，PS : SQ = 20 : 10 = 2 : 1 とわかります。SQ 間が 1000[m] であるので，PS 間は 2000[m], したがって PQ 間は **3000[m]** とわかります。

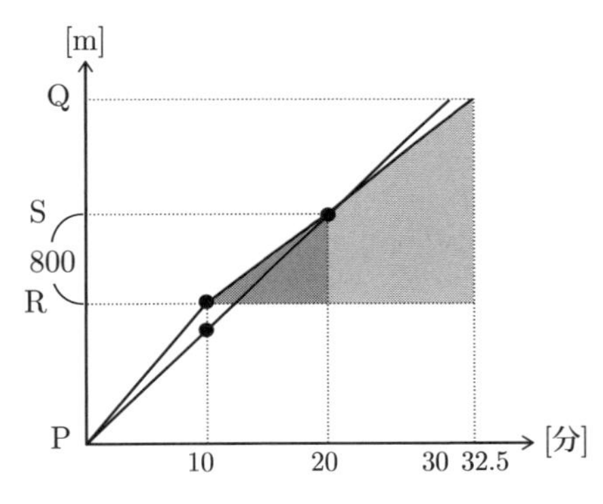

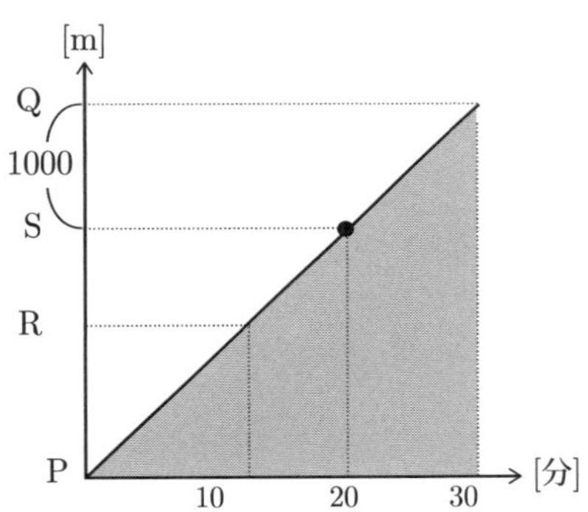

(2) A さんは PR 間 1200[m] を 10 分で移動し，B さんは PQ 間 3000[m] を 30 分で移動するので，

A さん：毎分 120[m], B さん：毎分 100[m]

研究問題 7.1 の解答

各素数 $2, 3, 5$ を右のように表すことにします。4 つの数 $60, 120, 108, 450$ は，ブロックの色別に分けると下図のように表すことができます。

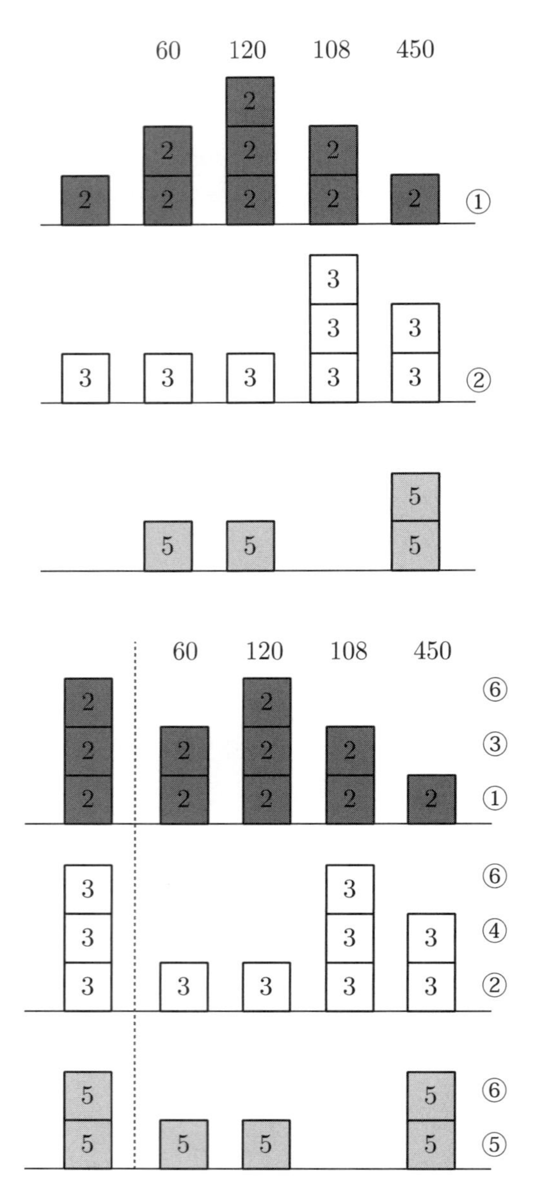

ここで最大公約数は，各数の素因数分解における指数の最小値を選んできて，かけ算することで得られたことに注目しましょう。右図でこの事実は，**各素数について，高さが低いところのブロックの数が最大公約数に関係することを示しています。**2 については 450 のところがブロック 1 個となっているので，最大公約数の 2 の指数は 1 とわかり，3 については $60, 120$ がともにブロック 1 個となっているので，最大公約数の 3 の指数は 1 とわかり，5 については 108 が含んでいないので，最大公約数に 5 は含まれないことがわかります。一斉わり算の①②の操作は右図の①②と対応し，**4 つのブロックを一掃して左端にブロックを 1 つだけ残した**と解釈します。これは最も高さが低いところを抽出することと対応しています。いずれにしても最大公約数は $2 \times 3 = \boxed{6}$ とわかります。

続いて最小公倍数について考えます。各数の素因数分解における指数の最大値を選んできて，かけ算することで得られたことに注目しましょう。右図でこの事実は**各素数について，高さが高いところのブロックの数が，最小公倍数に関係することを示しています。**2 については 120 のところがブロック 3 個となっているので，最小公倍数の 2 の指数は 3 とわかり，3 については 108 がブロック 3 個となっているので最小公倍数の 3 の指数は 3 とわかり，5 については 450 がブロック 2 個となっているので最小公倍数の 5 の指数は 2 とわかります。一斉わり算の①②の操作は最大公約数同様，右図の①②と対応します。③〜⑤は，横にみて 2 個以上あるところのブロックを一掃して左端にブロックを 1 つだけ残したと解釈します。最後に⑥は残されたブロック**(一斉割り算の最下段)**を左端に移動させていて，最も高さがあるところを抽出していることが分かります。

したがって $\underbrace{2 \times 3 \times 2 \times 3 \times 5}_{\text{一斉割り算の左端}} \times \underbrace{2 \times 3 \times 5}_{\text{一斉割り算の最下段}} = 2^3 \times 3^3 \times 5^2 = \boxed{5400}$ が最小公倍数とわかります。

研究問題 7.2 の解答

(1) $86400 = 2^7 \times 3^3 \times 5^2$ であるので，【86400】$+ < 86400 > + [86400] = 3 + (7+3+2) + 5 = \boxed{20}$

(2) 99 から順に小さくしながら素因数分解すると，$\boxed{90,84}$

(3) 2 番目の条件から，A は 5 を素因数にもつことがわかります。

【A】$=1$ のとき，A は 5 しか素因数にもたず，$< A >= 2$ から A$= 25$ とわかります。

【A】$=2$ のとき，A が素因数 2, 5 をもつとき，$< A >= 3$ であるから A は $2^2 \times 5 = 20, 2 \times 5^2 = 50$.

A が素因数 3, 5 をもつとき，$< A >= 3$ であるから，A は $3^2 \times 5 = 45, 3 \times 5^2 = 75$.

A が 5 とそれ以上の素因数をもつとき，最低でも $5^2 \times 7 = 175$ になるので不適。

【A】$=3$ のとき，A が素因数 2, 3, 5 をもつとき，$< A >= 4$ であるから，A として

$2^2 \times 3 \times 5 = 60, 2 \times 3^2 \times 5 = 90$ は条件に合いますが，$2 \times 3 \times 5^2 > 100$ でこれは不適。

A が素因数 2,5 とそれ以上の素因数をもつとき，最低でも $2^2 \times 5 \times 7 = 140$ になるので不適。

したがって適するのは，25,20,50,45,75,60,90 の $\boxed{7\text{ 個}}$ です。

(4) $105 = 3 \times 5 \times 7$ と 1 番目の条件から，A は 3, 5, 7 の中では，1 種類の素数しか含んでいないことがわかります。また 2 番目の条件から，素因数分解の指数の和は 5 であることがわかり，3 番目の条件から使われる素数の最大値は 11 であると分かります。したがって最小の整数 A は素因数として $(2,3,11)$ のみで構成され，指数が 5 なので $2^3 \times 3 \times 11 = \boxed{264}$ が最小とわかります。

応用問題 7.3 の解答

(1) (左辺) $= (2 \times 3)^3 \times (2^2 \times 3)^5 \times (3 \times 5)^4 = 2^{3+2\times5} \times 3^{3+5+4} \times 5^4 = \boxed{2^{13} \times 3^{12} \times 5^4}$

(2) (左辺) $= 2^{2^4} = \boxed{2^{16}}$ (3) (左辺) $= (2^4)^2 = \boxed{2^8}$ **(←この 2 つが異なることは覚えておきましょう！)**

(4) (左辺) $= 23^2 \times (3^2 + 4^2) = 23^2 \times 25 = (23 \times 5)^2 = \boxed{115^2}$

(5) (左辺) $= 2 \times 2^{11} + 2^{12} = 2^{12} \times 2 = \boxed{2^{13}}$

(6) (左辺) $= 6^a \times 15^b \times 10^c = 2^{a+c} \times 3^{a+b} \times 5^{b+c}$ であることから，$a+b = 33, b+c = 23, c+a = 16$.
これらを全て加えると，$2 \times (a+b+c) = 72$. よって $a+b+c = 36$.

これらから $a = 13, b = 20, c = 3$ がわかります。 $\boxed{6^{13} \times 15^{20} \times 10^3}$

応用問題 7.4 の解答

(1) $2^3 < 3^2$ より，$(2^3)^{100} < (3^2)^{100}$ $\boxed{2^{300} < 3^{200}}$

(2) $125 \times 6400 = 5^3 \times 2^6 \times 2^2 \times 5^2 = 2^3 \times (\underbrace{2 \times 5}_{10\text{ を作る}})^5 = \boxed{800000}$

(3) $(2^4 \times 3^3) \times 5^5 + (2 \times 3^2 \times 5^2) \times (2^3 \times 3 \times 5) \times (3 \times 5^2) = 2^4 \times 3^3 \times 5^5 + 2^4 \times 3^4 \times 5^5 = 2^4 \times 3^3 \times 5^5 \times (1+3)$
$= 2 \times 3^3 \times (2 \times 5)^5 = \boxed{5400000}$

(4) 前者は 3^{27}，後者は $3^{(3^{27})}$ で後者の方が圧倒的に大きい。

応用問題 7.5 の解答

(1) $4^{\frac{1}{2}} = (2^2)^{\frac{1}{2}} = 2^{2\times\frac{1}{2}} = \boxed{2}$ もしくは,$4^{\frac{1}{2}} \times 4^{\frac{1}{2}} = 4^{\frac{1}{2}+\frac{1}{2}} = 4$ から$\boxed{2}$.

$27^{\frac{2}{3}} = (3^3)^{\frac{2}{3}} = 3^{3\times\frac{2}{3}} = 3^2 = \boxed{9}$

ブロックでイメージ（分数のたし算と同じ感覚で）

$4^{\frac{1}{2}}$ は 4 の表すブロックを 2 つに分けたうちの一つ分と解釈します。$4 = 2 \times 2$ であるから，ブロック 1 つは 2 を表すとわかります。

4	=	2	2

$27^{\frac{2}{3}}$ は 27 の表すブロックを 3 つに分けた 2 つ分と解釈します。$27 = 3 \times 3 \times 3$ であるから，2 つ分は 9 を表すとわかります。

27	=	3	3	3

(2) $0^0 = 0^{1-1} = 0^1 \div 0^1 = 0 \div 0$ と考えます。$0 \div 0$ は，0 にかけると 0 になる数であるから，その数は**どんな値でも取りうる**ことがわかります。

研究問題 7.6 の解答

(1) 例えばよく知られている和の魔方陣（左図）を利用し，それを 2 の指数と考えれば積の魔方陣 (右図) ができます。（ほかにもあります。）

2	9	4
7	5	3
6	1	8

4	512	16
128	32	8
64	2	256

(2) 連続する 9 個の自然数のなかに 7 の倍数はあっても 2 つなので，3 つのうちの 1 つか 2 つの横の列には 7 の倍数は含まれますが，残りの 2 つか 1 つには 7 の倍数が含まれることはありません。

研究問題 7.7 の解答

d が 97 以下 だとすると，a, b, c は最大でも 97，つまり $a = b = c = d = 97$ であり，このとき，$2^{97} \times 4 = 2^{99} < 2^{100}$ となってしまいます。したがって d は 98 以上 とわかります。

$\underline{d = 98 \text{ のとき}}$，$a = b = c = d = 98$ のとき $2^a + 2^b + 2^c + 2^d = 2^{100}$ となって適しますが，ほかはこれより小さくなるので存在しません。

$\underline{d = 99 \text{ のとき}}$，$c = 99$ だと $2^{99} + 2^{99} = 2^{100}$ で a, b は存在しません。

$c = 98$ のとき，$b = 98$ だと $2^{98} + 2^{98} + 2^{99} = 2 \times 2^{98} + 2^{99} = 2 \times 2^{99} = 2^{100}$ となってしまい a は存在しません。$b = 97$ で $a = 97$ のとき，$2^{97} + 2^{97} + 2^{98} + 2^{99} = 2^{100}$ となって適します。

$d = 99$ で c が 97 以下 だとすると，$2^a+2^b+2^c+2^d$ は大きくても $2^{97}+2^{97}+2^{97}+2^{99} = 3\times2^{97}+2^{99} < 4 \times 2^{97} + 2^{99} = 2 \times 2^{99} = 2^{100}$ となってしまい，存在しません。

以上から $\boxed{(a, b, c, d) = (97, 97, 98, 99)\ (98, 98, 98, 98)}$

研究問題 7.8 の解答

(1) $2^{12} = \boxed{4096 \text{ 個}}$

(2) $(2^{12})^{10} = 2^{120} = (2^{10})^{12}$ で，$(10^3)^{12} = 10^{36}$ で$\boxed{36 \text{ 乗}}$

(3) まず宇宙の半径を求めます。まず 1 年は，60[秒/分] × 60[分/時間] × 24[時間/日] × 365[日/年] であり，100 億年は 10^{10} 年であるから，100 億光年の長さは $3 \times 10^8 \times 60 \times 60 \times 24 \times 365 \times 10^{10} = 946080 \times 10^{20} \fallingdotseq 9.46 \times 10^{25}$[m] です。

したがって宇宙の体積は $\dfrac{4}{3} \times 3.14 \times (9.46 \times 10^{25})^3 = 3544 \times 10^{75}[\mathrm{m}^3]$ で，栗まんじゅう 1 個は $100[\mathrm{cm}^3] = 0.0001[\mathrm{m}^3]$ なので，栗まんじゅうの総数は約 3544×10^{79}[個] $\cdots$ ① とわかります。

(2) より，10 時間後は約 10^{36} 個なので，20 時間後は $10^{36} \times 10^{36} = 10^{72}$ 個。また (1) より 1 時間で $2^{12} = 2^{10} \times 4$，つまり約 4×10^3 倍になるから 2 時間では，$(4 \times 10^3) \times (4 \times 10^3) = 1.6 \times 10^7$ 倍なので，開始から 22 時間では 1.6×10^{79}[個]. 残り $2^{11} = 2048$ 倍で①に近くなるので 55 分後。従って約 23 時間で，$\boxed{(1)}$ が答えとなります。（もちろん近似のしかたで，多少誤差は生じます。）

研究問題 8.1 の解答

例えば，$n! = n \times (n-1) \times (n-2) \times \cdots \times 3 \times 2 \times 1$ と定めるとき，（第 9 章の階乗記号）

$a_n = \dfrac{1}{6!} \times (n-2) \times (n-3) \times (n-4) \times (n-5) \times (n-6) \times (n-7) - \dfrac{4}{5!} \times (n-1) \times (n-3) \times (n-4) \times (n-5) \times (n-6) \times (n-7) + \dfrac{9}{2! \times 4!} \times (n-1) \times (n-2) \times (n-4) \times (n-5) \times (n-6) \times (n-7) - \dfrac{100}{3! \times 3!} \times (n-1) \times (n-2) \times (n-3) \times (n-5) \times (n-6) \times (n-7) + \dfrac{25}{4! \times 2!} \times (n-1) \times (n-2) \times (n-3) \times (n-4) \times (n-6) \times (n-7) - \dfrac{36}{5!} \times (n-1) \times (n-2) \times (n-3) \times (n-4) \times (n-5) \times (n-7) + \dfrac{49}{6!} \times (n-1) \times (n-2) \times (n-3) \times (n-4) \times (n-5) \times (n-6)$

研究問題 8.2 の解答

(1) 数列は $1, 7, 25, 79, \cdots$ となっていき，値が大きくなると前の数のほぼ 3 倍という規則になることから，何となく 3^n，つまり $3, 9, 27, 81, \cdots$ との関連が見えてきます。つまり 2 だけずらした数列を考えればよいのでは？という予想がつきます。実際 $a_{n+1} = 3a_n + 4$ の両辺に 2 を加えると，$a_{n+1} + 2 = 3a_n + 6 = 3(a_n + 2)$ となって，a_n に関する数列から 2 だけずらした数列を考えると，前の数を 3 倍していく規則があることがわかります。したがって 2 だけずらした数列の n 番目は $a_n + 2 = 3^n$ なので，$\boxed{a_n = 3^n - 2}$ とわかります。

ずらす値を見つける機械的な方法 x だけずらすと前の数の 3 倍になる規則性があるとします。つまり漸化式に x を加えた $a_{n+1} + x = 3a_n + (4 + x)$ が $3(a_n + x)$ と表せるとき，$4 + x = 3x \Leftrightarrow x = 2$ が導き出せます。

(2) この場合のずらす値は整数では見つかりません。機械的な方法で考えます。

x だけずらすと前の数の 3 倍になる規則性があると予想します。漸化式に x を加えた $a_{n+1} + x = 3a_n + (1 + x)$ が $3(a_n + x)$ と表せるとき，$1 + x = 3x \Leftrightarrow x = \dfrac{1}{2}$ が導き出せます。実際 a_n を順に求めると $1, 4, 13, 40, 121, \cdots$ で，$\dfrac{3}{2}, \dfrac{9}{2}, \dfrac{27}{2}, \dfrac{81}{2}, \dfrac{243}{2} \cdots$ となっていることがわかります。したがって $\dfrac{1}{2}$ ずらした数列の n 番目の値は，$a_n + \dfrac{1}{2} = \dfrac{3}{2} \times 3^{n-1} = \dfrac{3^n}{2}$ となり，$\boxed{a_n = \dfrac{1}{2}(3^n - 1)}$ とわかります。

研究問題 8.3 の解答

順に $1, 9, 36, 100, 225, \cdots$ で，$1^2, 3^2, 6^2, 10^2, 15^2, \cdots$ となっています。2 乗する前の数（平方根）をみると，$1 + 2 = 3, 3 + 3 = 6, 6 + 4 = 10, 10 + 5 = 15$ と前の数に 1 ずつ増やしながら足していることがわかります。つまり，

$1 = 1, 2 = 1 + 2, 6 = 1 + 2 + 3, 10 = 1 + 2 + 3 + 4, 15 = 1 + 2 + 3 + 4 + 5$ となるので，n 番目は $(1 + 2 + 3 + \cdots + n)^2 = \boxed{\left\{\dfrac{1}{2}n(n+1)\right\}^2}$ である（基本問題 8.5(1) 参照）と予想できます。

予想の証明 n 番目が正しいとき，$n+1$ 番目も正しいことを示します。
n 番目の式，$1^3+2^3+\cdots+n^3=\left\{\frac{1}{2}n(n+1)\right\}^2$ $\cdots$ ☆ を仮定して，

$$1^3+2^3+\cdots+n^3+(n+1)^3=\left\{\frac{1}{2}(n+1)(n+2)\right\}^2$$ を導きます。

☆の両辺に $(n+1)^3$ を加えて，$1^3+2^3+\cdots+n^3+(n+1)^3=\left\{\frac{1}{2}n(n+1)\right\}^2+(n+1)^3$
$=\frac{1}{4}n^2(n+1)^2+(n+1)^3=(n+1)^2\left\{\frac{1}{4}n^2+n+1\right\}=(n+1)^2\times\frac{1}{4}(n^2+4n+4)$
基本問題 5.2 で導いた公式から $n^2+4n+4=(n+2)^2$ であるから，$1^3+2^3+\cdots+n^3+(n+1)^3$
$=\frac{1}{4}(n+1)^2(n+2)^2$ と導かれます。

$n=1$ の時が成り立つので，$n=1\to n=2\to n=3\to n=4\cdots$ とすべての自然数 n について正しいことがわかります。

研究問題 8.4 の解答

まず $3^1,3^2,3^3,\cdots$ (この数列は前の数に 3 をかけていくという規則があることに注目) の下 1 桁の数字の周期性に注目します。すると $3,9,7,1,3,9,7,1\cdots$ と続くことが予想できます。下 1 桁が 3 の数が $10\times n+3$ (n は自然数) とかけるので，3 倍すると $30\times n+9$ と下 1 桁が 9 になり，次に下 1 桁が 9 の数が $10\times m+9$ (m は自然数) とかけて，3 倍すると $30\times m+27$ と下 1 桁が 7 になり，以下同様にすることで，下 1 桁の周期が 4 になることがわかります（詳細は補ってください)。

$3^{(3^{(3^3)})}=3^{(3^{27})}$ であることから，指数 3^{27} が周期 4 の数列の何番目になるのかが分かれば下 1 桁の数が分かります。つまり 3^{27} を 4 で割ったあまりがいくつなのかを求めます。

そこで次は $3^1,3^2,3^3,\cdots$ を 4 で割ったあまりについて考えます。あまりはそれぞれ $3,1,3,1,\cdots$ となると予想できます。この理由を示します。4 で割ると 3 あまる数は $4\times n+3$ (n は自然数) とかけるので，これを 3 倍すると $12\times n+9$ となって，4 で割ると 1 あまる数になることがわかります。また，4 で割ると 1 あまる数は $4\times m+1$ (m は自然数) とかけ，3 倍すると $12\times m+3$ となって，4 で割ると 3 あまる数になることがわかります。

さて 3^{27} は奇数であり，周期 2 の数列 $3^1,3^2,3^3,\cdots$ の奇数番目なので，4 で割ったあまりは 3 であることが分かります。

従って $3^{(3^{(3^3)})}=3^{(3^{27})}$ は最初の周期 4 の数列の 3 番目になることが分かるので，求める数は $\boxed{7}$ ということになります。

研究問題 8.5 の解答

カメレオンが色を変えるとき，2 色の数が 1 匹ずつ減り，残り 1 色が 2 匹増えます。各色のカメレオンの数は変わりますが，その**個体数の差は常に 3 ずつ変化する**ことが分かります。

最初のカメレオンの個体数の差は $2,2,4$ であったのに対し，すべて同じ色となった場合の個体数の差は $15,15,0$ と 3 の倍数になります。カメレオンの色が変化する際は，個体数の差は 3 ずつ変化するので，このようなことは起きないと分かります。

応用問題 8.6 の解答

(1) これも基本問題 8.4 と同様に市松模様で塗り分けると，白黒のマスの数は同じになります。このマス目の上に T 字タイルをおくと，（白 3 枚黒 1 枚）か（黒 3 枚白 1 枚）のいずれかになります。しかし T 字タイルは 9 枚（奇数枚）なので，この 2 種類の枚数が同じになることはなく，黒または白のタイルの数が等しくなることはありえないので，敷き詰めは不可能であると分かります。

(2) 白黒で考えるとすれば左下図のように塗り分けます。あるいは 4 色で塗り分ける考え方もあります（右下図）。いずれの方法でも説明が出来ますので考えてみてください。（詳細略）

1	2	3	4	1	2
2	3	4	1	2	3
3	4	1	2	3	4
4	1	2	3	4	1
1	2	3	4	1	2
2	3	4	1	2	3

研究問題 8.7 の解答

真ん中にまず L 字型のタイルを図のように置くと，$2^{n-1} \times 2^{n-1}$ の場合に帰着できることがわかります。つまり $2^{n-1} \times 2^{n-1}$ から 1 マス抜いたものが合計 4 つできることになります。あとはハノイの塔と同様で，数学的帰納法が役に立ちます。（詳細は読者に任せます。）

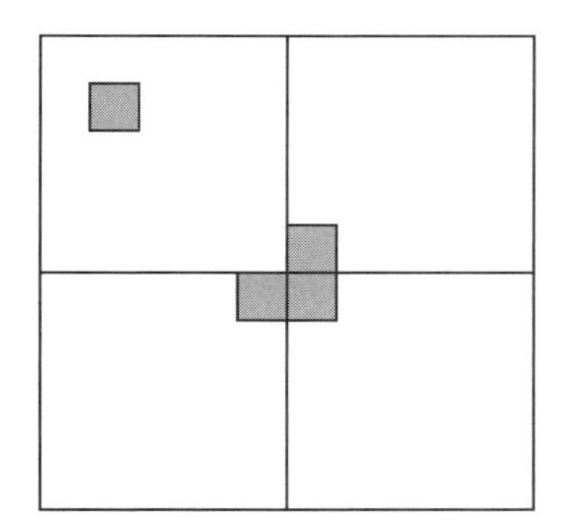

研究問題 8.8 の解答

はじめに問題を解く上で大事な，かつすぐわかる性質を整理しておきます。

ライトがすべて消えた状態から，あるボタンの組合せ A,B でボタンを押したとき，ついているライトの組み合わせをそれぞれ P,Q とします。ライトがすべて消えている状態から A を押した後に B を押すときのライトの状態は，「P と Q のライトを重ね合わせたもの」になります。つまり P,Q のライトのオンとオフが一致しているところは消えていて，オンとオフが逆のところはついています。

例えば，①, ②のボタンを押してできたライトの状態（左図）と，②, ④, ⑥のボタンを押してできるライトの状態（中央図）から，（組み合わせることで）①, ④, ⑥を押してできたライトの状態がわかり，右図のようになります。（真ん中のライトは，左図・中央図ともついているので，右図では消えています。右上のライトは，左図はついていて中央図は消えているので，右図ではついています。）

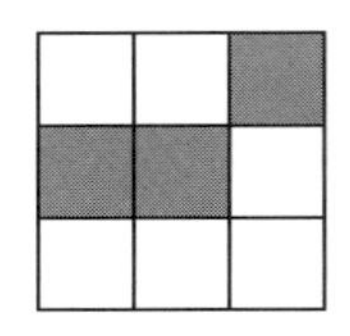

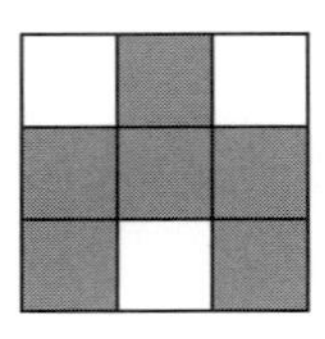

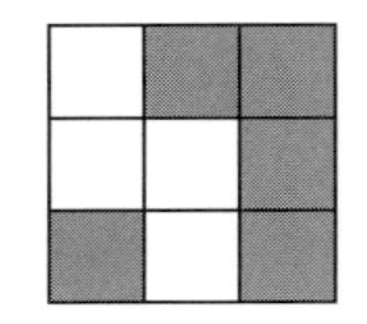

(1) 上の事実から，すべてのライトの状態 $2^9 - 1 = 511$ 通り を考えなくとも，一つ一つのライト，特に対称性を考えて「①, ②, ⑤それぞれのライト 1 つだけがついている状態から，すべて消えている状態にする方法」を見つければ，あとは必要に応じて盤を対称移動することでほかの位置のライトの消し方もわかり，それらの組み合わせを考えることで消すために押すべきボタンがわかります。

①のライトの消し方・・・①③⑥⑦⑧のボタンを押す。
②のライトの消し方・・・⑤⑦⑧⑨のボタンを押す。
⑤のライトの消し方・・・②④⑤⑥⑧のボタンを押す。
（例えば，①②のライトがついている状態から消すには，①③⑤⑥⑨を押せばよいことになります。）

(2) ⑤のライトを消すことができるのは，②④⑥⑧のボタンに限られ，なおかつこれらのうち 1 つまたは 3 つ押す場合に限られます。また①③⑤⑦⑨のボタンは②④⑥⑧のライトのみをかえ，②④⑥⑧のボタンは①③⑤⑦⑨のライトのみをかえることに注意します。

すると②④⑥⑧のボタンについて考えれば十分であることがわかります。何もライトがついていない状態から，②④⑥⑧のうちの 1 つまたは 3 つ押したときのライトの状態は右図およびこれを 90 度ずつ回転移動させた場合に限られるので，⑤のみライトがついていることはありえないことがわかります。

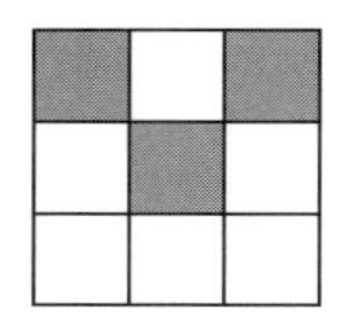

応用問題 8.9 の解答

(1) ア：3　イ：3　ウ：1

$(n+1)^3-n^3=(n+1)^2(n+1)-n^3=(n^2+2n+1)(n+1)-n^3=n^3+3n^2+3n+1-n^3=3n^2+3n+1$

となることからもわかります。（$k=5$ の場合をブロックで作って考えると分かりやすいです。）

(2) まず 1 辺 $n+1$ の立方体から n の立方体を取り去ると，

$(n+1)^3-n^3=3n^2+3n+1$

1 辺 n の立方体から $n-1$ の立方体を取り去ると，

$n^3-(n-1)^3=3(n-1)^2+3(n-1)+1$

以下同様に，

$(n-1)^3-(n-2)^3=3(n-2)^2+3(n-2)+1$

$\cdots$

$2^3-1^3=3\times 1^2+3\times 1+1$

で，最後に 1 辺 1 の立方体 1 個が残ります。これらを足し合わせると元の立方体 A の個数となります。

従って $(n+1)^3=3(1^2+2^2+\cdots+n^2)+3\times(1+2+\cdots+n)+n+1$

つまり，$1^2+2^2+\cdots+n^2=\frac{1}{3}\left\{(n+1)^3-3\times(1+2+\cdots+n)-(n+1)\right\}$ で，変形をしていくと，

$=\frac{1}{3}\left\{(n+1)^3-3\times\frac{1}{2}n(n+1)-(n+1)\right\}=\frac{1}{3}(n+1)\left\{(n+1)^2-3\times\frac{1}{2}n-1\right\}$

$=\frac{1}{3}(n+1)\left\{n^2+2n+1-\frac{3}{2}n-1\right\}=\frac{1}{6}(n+1)n(2n+1)$ が導かれます。

応用問題 8.10 の解答

例えば $12=3+3+6$ を下図のようにブロックで表すと，横に見ると 3+3+6 と解釈できますが，縦に見ると 3+3+3+1+1+1 と 3 以下の和で表せていることになります。

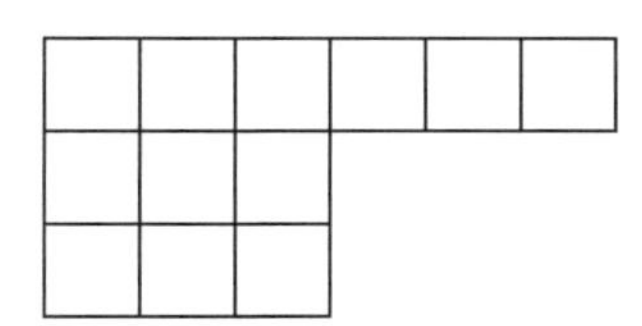

練習問題 9.1 の解答

(1) 2 つの A を A_1, A_2 で区別して並べ替えると，5! 通りあります。区別した A を同一視すると，

$\frac{5!}{2}=$ 60 通り

(2) (1) の C, D をともに C にしたものと考えると，文字列で C, D 以外の場所が同じものが 2 つずつ同一視されるので．$60\div 2=$ 30 通り

(3) 3 つの C を C_1, C_2, C_3 で区別して並べ替えると，5! 通りあります。区別した C を同一視すると，C_1, C_2, C_3 の並べ方の数 3! 通りずつ同一視されるので，$\frac{5!}{3!}=$ 20 通り

(4) 2 つの A を A_1, A_2 で，3 つの B を B_1, B_2, B_3 で区別して並べ替えると，5! 通りあります。区別した B を同一視すると，B_1, B_2, B_3 の並べ方の数 3! 通りずつ同一視され，さらに A_1, A_2 を同一視すると，2 通りずつ同一視されるので，$\frac{5!}{3!\times 2!}=$ 10 通り

(5) 1, 2, 3 をすべて区別して $1_1, 1_2, 2_1, 2_2, 3_1, 3_2, 3_3$ として並べ替えると 7! 通り。これらの区別を元に戻すと，3 は 3! 通りずつ同一視され，2 は 2! 通りずつ同一視され，1 は 2! 通りずつ同一視されるので，

$\frac{7!}{2!\times 2!\times 3!}=$ 210 通り

練習問題 9.2 の解答

(1) 6 箇所のうち青玉の場所 3 か所を選べばよいから，$_6\mathrm{C}_3 = \dfrac{6 \times 5 \times 4}{3!} = \boxed{20\text{ 通り}}$

(2) A さん以外の 7 人から 2 人の委員を選べばよいから，$_7\mathrm{C}_2 = \dfrac{7 \times 6}{2 \times 1} = \boxed{21\text{ 通り}}$

(3) 10 点の中から 3 点を選ぶことで三角形は一つ決まります。従って 10 点から 3 点選ぶ方法を考えて，

$_{10}\mathrm{C}_3 = \dfrac{10 \times 9 \times 8}{3 \times 2 \times 1} = \boxed{120\text{ 個}}$

練習問題 9.3 の解答

(1) 果物 10 個を 10 個のブロック，また種類の仕切り棒を | で表すと，| は 3 本必要となります。ブロック 10 個と仕切り棒 | 3 本の並べ方に買い方が対応するので，$_{10+3}\mathrm{C}_3 = \boxed{286\text{ 通り}}$ とわかります。

(2) 果物 15 個を 15 個のブロック，また種類の仕切り棒を | で表すと，| は 3 本必要となります。ブロック 15 個を一列に並べておき，これらの間 14 か所のうち 3 箇所に仕切り棒 | を挿入していく方法と買い方が対応するので，$_{14}\mathrm{C}_3 = \boxed{364\text{ 通り}}$ とわかります。

別解 ((1) の考え方に帰着)

各果物を 1 個ずつ先に購入すると考えると，「買わなくてもよい果物があってもよいというもとで，11 個を買う方法」に一致します。ブロック 11 個と仕切り棒 | 3 本の順列を考えて $_{11+3}\mathrm{C}_3 = \boxed{364\text{ 通り}}$ とわかります。

(3) n 人を n 個のブロック，手の種類の仕切り棒を | としたとき | は 2 本となります。ブロック n 個を並べておいて，その間 $n-1$ か所のうち 2 箇所に仕切り棒 | を入れる方法を考えて，

$_{n-1}\mathrm{C}_2 = \boxed{\dfrac{(n-1)(n-2)}{2}\text{ 通り}}$ とわかります。

(4) 出る目を 8 個のブロック，目の数の仕切り棒を | としたとき，必要な | は 5 本となります。従ってブロック 8 個と | 5 本の順列を考えて，$_{8+5}\mathrm{C}_5 = \boxed{1287\text{ 通り}}$ とわかります。

研究問題 10.1 の解答

切り口の辺は面上に現れるので，立方体の面の数 6 を超えることはありえません。したがって七角形が切り口になることはありえません。

また正五角形はどの 2 辺も平行ではありませんが，立方体の切り口の辺は 2 組 2 辺ずつ平行な面上にあるのでこれらは平行になります。したがって正五角形は切り口になることはありえません。

練習問題 10.2 の解答

(1) 面 ABCD//面 EFGH に注目して，PQ//RH となるように EF 上に点 R をとります。台形 PQHR が求める切り口で，AP : AQ = ER : EH から $\mathrm{ER} = \frac{2}{3}$. $\boxed{\mathrm{FR} = \frac{1}{3}}$

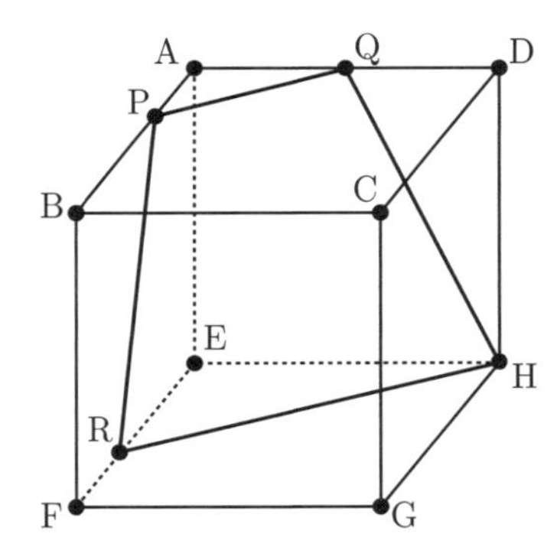

(2) 面 ABCD//面 EFGH に注目して，PQ//RG となるように EF 上に点 R をとります。平行四辺形 PQGR が求める切り口です。RS と AB が垂直になるように点 S を AB 上にとると，△PSR と △QCG は合同になるので，$\mathrm{PS} = \mathrm{CQ} = \frac{1}{2}$ で，$\mathrm{AS} = \frac{5}{6}$. BS = $\boxed{\mathrm{FR} = \frac{1}{6}}$

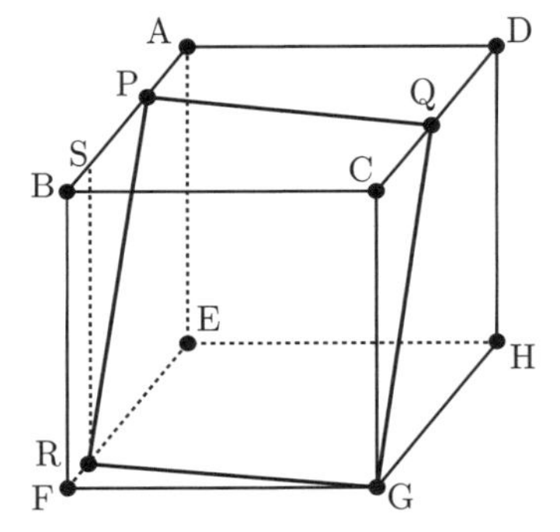

(3) 面 ABCD//EFGH に注目して，PQ//FR となるように GH 上に R をとります。さらに面 ABFE//DCGH に注目して，PF//SR となるように DH 上に S をとります。切り口は五角形 QPFRS です。(△APQ と △GRF は相似である，拡大縮小の関係にあるから)，

AP : AQ = GR : FG なので，$\boxed{\mathrm{GR} = \frac{2}{3}}$ です。$\mathrm{RH} = \frac{1}{3}$.

△PBF と △RHS が相似で，BP : BF = RH : SH なので，$\boxed{\mathrm{SH} = \frac{1}{2}}$.

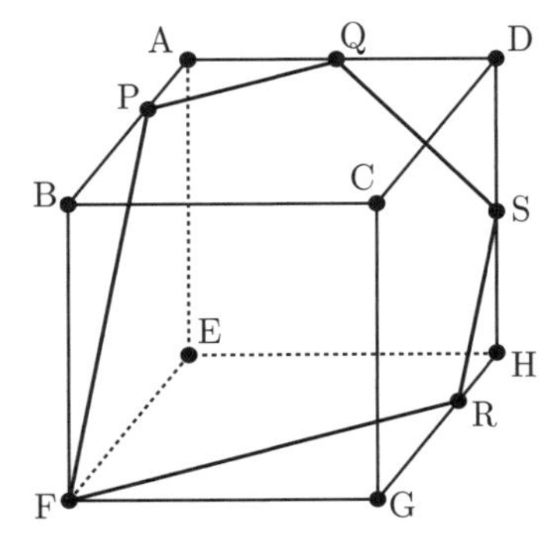

練習問題 10.3 の解答

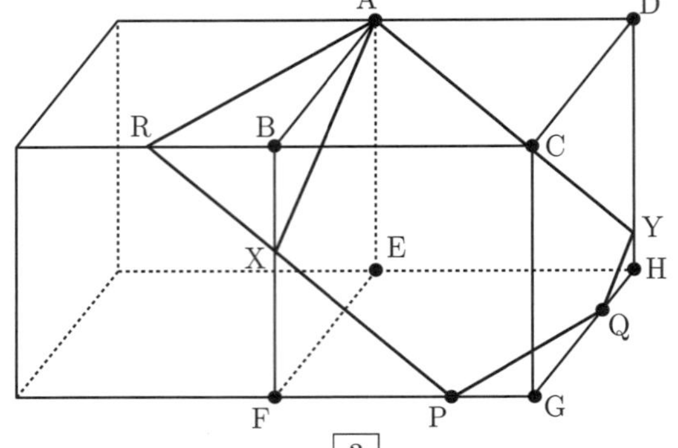

図のように立方体を左側に 1 つ横付けします。面 ABCD//面 EFGH に注目して，切り口として A を通る PQ の平行線が引けます。この平行線と CB の交点を R とします。また PR と線分 BF の交点を X とします。さらに，面 ABFE//面 DCGH に注目すると，切り口として Q を通る AX の平行線が引け，DH との交点を Y とします。

AR//PQ で，AB : BR = GQ : PG $= 2:1$ であるから，BR $= \frac{1}{2}$.

RB//FP で，BR : FP = BX : XF $= \frac{1}{2} : \frac{2}{3} = 3:4$ であるから，BX $= \boxed{\frac{3}{7}}$

また AX//QY より，AB : BX = QH : YH $= 1 : \frac{3}{7} = 7:3$.

QH $= \frac{1}{3}$ なので，YH $= \frac{1}{7}$，DY $= \boxed{\frac{6}{7}}$

練習問題 10.4 の解答

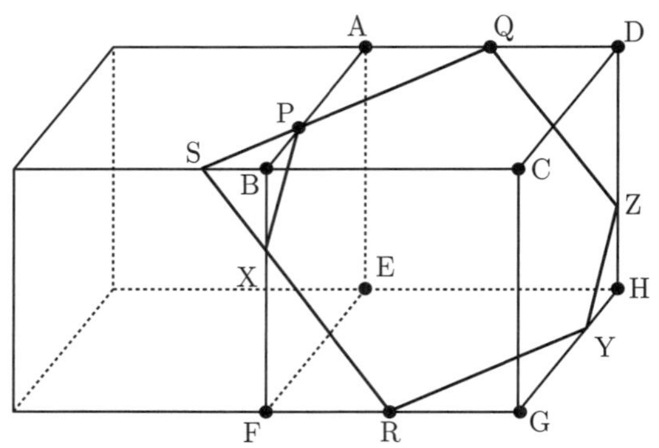

立方体をもう 1 つ左に横付けします。直線 PQ と直線 BC の交点を S とし，SR と BF の交点を X とします。面 ABCD//面 EFGH に注目して，切り口として R を通る PQ の平行線が引け，GH との交点を Y とします。さらに面 ABFE//面 DCGH に注目すると，切り口として Y を通る PX の平行線が引け，DH との交点を Z とします。

AQ//BS なので，AQ : AP = BS : BP $= \frac{1}{2} : \frac{2}{3} = 3:4$ であるから，SB $= \frac{1}{4}$。

SB//FR なので，SB : FR = BX : XF $= \frac{1}{4} : \frac{1}{2} = 1:2$ である。よって BX $= \boxed{\frac{1}{3}}$

また PQ//YR なので，AQ : AP = RG : GY で，AQ = RG なので，GY = AP $= \boxed{\frac{2}{3}}$

さらに，RX//ZQ, FR = QD であるので，△XFR と △ZDQ は合同とわかり，DZ = XF $= \boxed{\frac{2}{3}}$

研究問題 10.5 の解答

下のような球体を作る上で必要な断面図を示します。（巻末の参考文献 [17] で紹介されています。）

球体中央部：すべてブロックを使用

3 段目　　**2,4** 段目

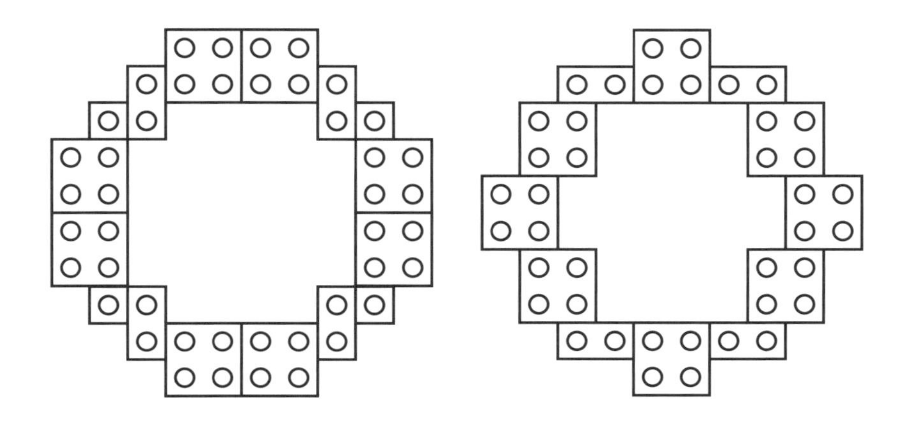

1,5 段目

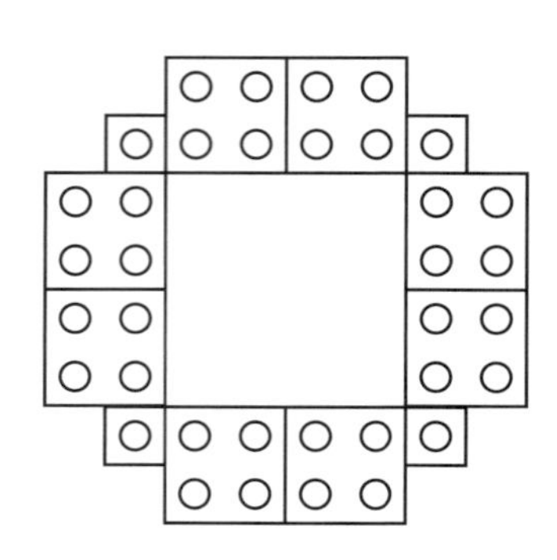

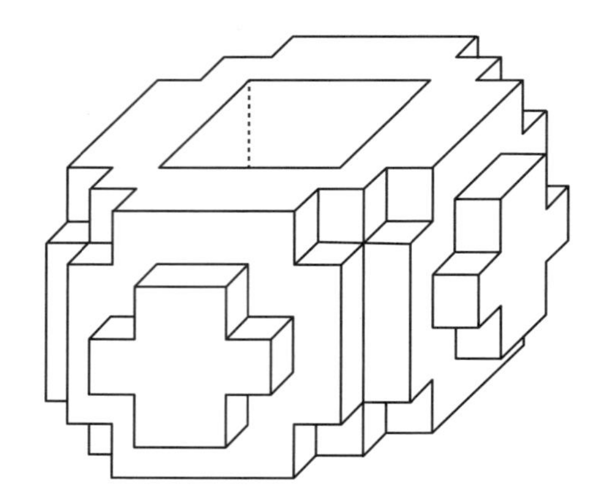

上部分：すべてプレートを使用，下部分は上部分と対称になるようにする

1 段目

2 段目

3 段目

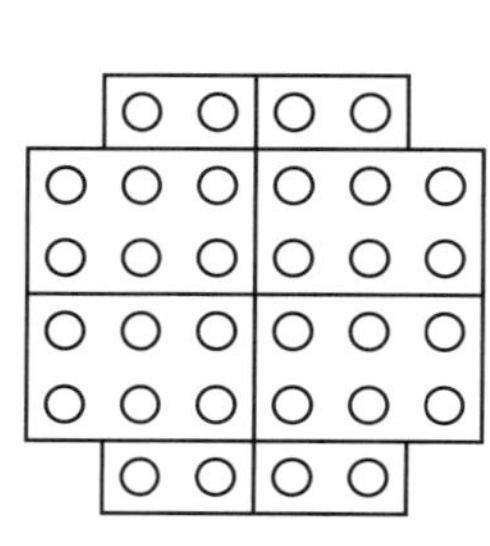

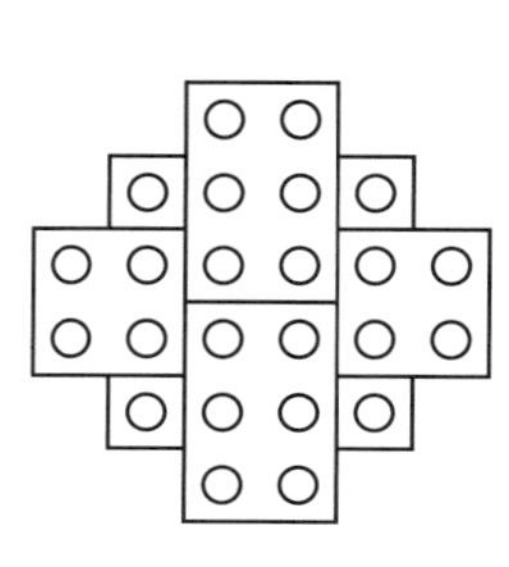

4 段目

5 段目

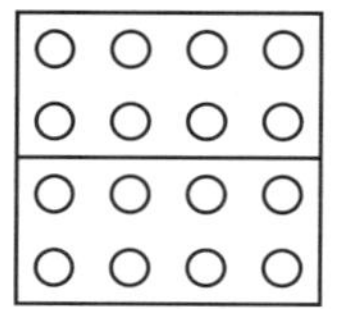

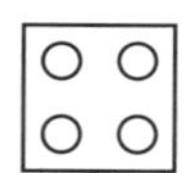

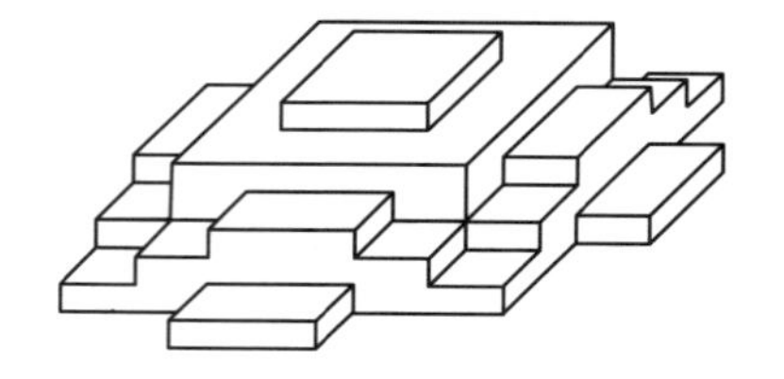

体積の計算

球体の中央部にあるブロックの数（空洞部分も埋まっているとします）は，1×1 ブロックで数えると，

3 段目・・・76 個，2,4 段目・・・68 個，1,5 段目・・・52 個

よって，$76 + 68 \times 2 + 52 \times 2 = 316$ 個とわかります。

球体の上部分プレートの数は，1×1 のプレート（厚さがブロックの 1/3 個分）で数えると，

1 段目は・・・44 個，2 段目・・・32 個，3 段目・・・24 個，4 段目・・・16 個，5 段目・・・4 個

よって，$44 + 32 + 24 + 16 + 4 = 120$ 個。ブロックで 40 個分となります。

下部分もこれと同じなので，ブロック球体の体積は 1×1 ブロック 396 個分であることがわかります。

このブロック球体の横幅（球体中央部 3 段目）は 1×1 のブロック 10 個分です。水平に置いた時の高さは，1×1 ブロックの断面の幅と高さの比が $5 : 6$ であることに注目して計算すると，これも 1×1 のブロック 10 個分であることがわかります。（確かめてみてください。）計算を簡単にするためこれを球の直径と考えることにします。（実際の球の直径は少し長くなりますが，逆に窪んでいるところもあるのでこれでよしとします。）

対象となる球の半径の長さを 5 であるとして，公式に従って体積を求めると，$\dfrac{4}{3} \times 5^3 \times 3.14 = \dfrac{1570}{3}$.

ブロック 1 個分の体積は，断面が 1×1 の正方形で高さが $\dfrac{6}{5}$ であるから，$1 \times 1 \times \dfrac{6}{5} = \dfrac{6}{5}$ となります。

したがってブロック球体の体積は，$\dfrac{6}{5} \times 396 = \dfrac{2376}{5}$.

この比をとると，$\dfrac{2376}{5} \div \dfrac{1570}{3} = 0.908\cdots$ で，誤差率は約 9 %ということになります。

（もちろんサイズが小さいことによるもので，大きくすればするほど精度は上がっていきます。）

研究問題 12.1 の解答

(1) 一筆書きの出発点と経由点の特徴を考えます。

まず経由点は，その点に「来ては出て，来ては出て」と何回か繰り返して最終的には出ていくという点であるので，経由点から出ている線の数は偶数本とわかります。（左下図）

次に出発点と終点が同じ点の場合，経由点と同様「出ては戻って，出ては戻って」と何回か繰り返して最終的に出発点に戻るという点であるので，出発点と終点が同じときは，その点から出ている線は偶数本とわかります。（右図）

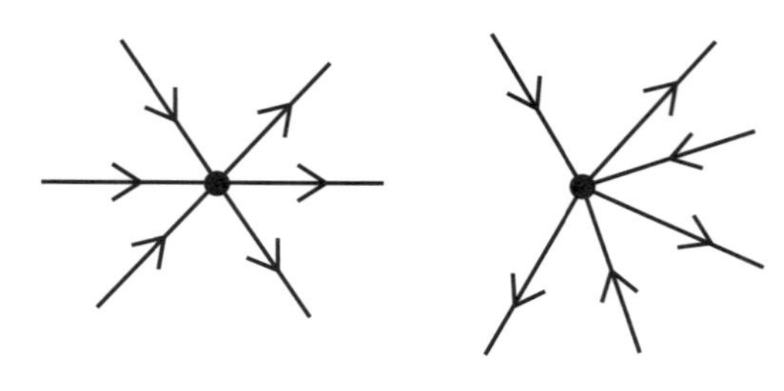

最後に出発点と終点が異なる場合，出発点は「出ては戻って，出ては戻って」を繰り返して最終的は出ていき，終点は「来ては出て来ては出て」を繰り返して最終的には来て終わるので，出発点と終点が異なるときは，これらの点から出ている線の数は奇数本とわかります。（左下図）

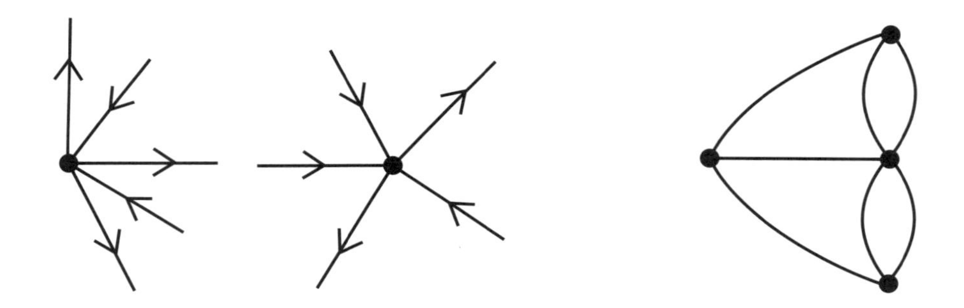

本問の設定では右上図のように経路を簡略化して考えることができます。各点から出ている線の数がいずれも 3 本と奇数となっています。しかし上の考察から，一筆書きが可能な場合，出ている線の数が奇数本となる点は多くても 2 つであることがわかるので，一筆書きは不可能であることがわかります。

(2) 線が奇数本出ている点の数が 4 個から 2 個になればよく，上図のどの 2 点間（6 通り）に線を加えても一筆書きが可能になります。

付録B

レゴ® シリアスプレイ® メソッドと学校での実践について

「あなたの長所は何ですか？」「あなたの大事にしている考え方は何ですか？」「あなたは将来どのような形で社会に貢献できそうですか？」「15 年後の自分の理想像とは？」

大学や専門学校進学，あるいは就職を控えた高校生はこのような問いに答える場面に直面しますが，大人でもすぐに言葉で答えるのは難しい，あるいはそのような経験をしてきたかと思います。さらに，

「チームの問題点は何ですか？」「このチームの強みは何ですか？」

のようにチームや組織に所属する個々人がどのようなことを日々感じているのかを全員で共有するのはなかなか難しいですし，

「スマートフォンがなかった時代に，スマートフォンとは何かを説明してください。」

と新製品を開発する場面ではその製品の名前がない状態ですから，機能や特徴を説明することが必要で即答できるものではなく，ある程度情報を整理することが必要となります。

言葉で表現できるということは，頭の中で考えることができるあるいは整理できている状態を意味します。レゴ®シリアスプレイ® (以下 LSP と略記) のメソッドでは，上述のように言葉では表現しにくいけれども何となくつかむことができている，あるいはパッと思いついた（無意識のうちには考えられている）イメージや思いを，まずはレゴ®ブロックを用いて可視化します。そして参加している他者に説明したり質問をしたりする過程で，適切な言葉や解答を見つけることを可能にします。

B.1　レゴ®シリアスプレイ®の基本のプロセス

レゴ®シリアスプレイ®のワークショップは，次のプロセスの繰り返しとなります。

- ファシリテータ (進行役) が問いを提示する
- ブロックで（回答を）組み立てる
- 共有する（作品の説明をして，質問を出し合い回答することで，より明確なストーリー化を促す）
- 振り返る（共有で得たものを言葉で整理する）

まずこのメソッドを用いたワークショップでの問いは，冒頭にあげたような「言葉ではやや答えにくい」ものが多くなりますが，その一つには無意識に思い描いている考え方を引き出す狙いがあります。ではなぜブロックを用いると引き出すことが可能となるのでしょうか。それは手が脳細胞の 70～80 %に接続されているという事実に基づいていて，手を動かすことで無意識に抱いている感情やイメージを解き放つことが可能となり，より記憶に留めやすくなります。またこのメソッドでは制作時間を短く設けますので，組み立ての上手い下手は問われるこ

とはなく，考えるよりも手を動かすことを促します。どのブロックと色を用いて，どの場所に置くのか，その即時的な判断に無意識が顕在化されます。

組み立て終えたら，全員が順番に作品の説明をします。この際，自分でも意味がつけられないパーツや配置場所，パーツどうしの距離感が出てきます。普段考えてもいない無意識の感情と意味が顕在化されていることになるので，意味付けは困難となりますが「あえていうなら〜」と強引に答えることで，その先にある何かを発見して新たな思考の連鎖を生み出していきます。またパーツの説明が不十分なところ (無意識に置いたがために，作成者が説明していないことに気づいていない)，他者が聞いて腑に落ちない点があれば，質問をすることができ，作成者はそれに答えようとすることで同様の発見の機会が得られます。そして今後自分自身の糧にするべく，作品の説明を一つのストーリーとしてまとめ上げていくことで，記憶に留めやすくします。

このメソッドは全員が参加して説明することも特徴の一つです。よくある会議やミーティングでは，参加者のうちの 20 %が全発言の 80 %を占有すると言われていますが，このワークショップでは，100 %の人が 100 %発言できる 100-100 の場を原則としていて，普段あまり意見をいうことができない組織のメンバーの隠れた重要な意見を拾い上げることを可能にします。そうすることで組織の問題解決につなげることも狙いとしています。

B.2　メタファーとしてのレゴ®ブロック

無意識を顕在化させるために制作の即時性が求められるこのメソッド。街の建造物や製品といった明確に表現できるものを丁寧に作ることは許されず，逆にイメージですらぼやけているものを具現化する目的でレゴ®ブロックが活用されます。特にこのブロックは，本書における数や量の概念と同様に，メタファー (隠喩) として扱われることになります。

例えば，次ページの写真にある木のパーツのイメージは，そのまま「木」を表すだけでなく，「自然の豊かさ」「成長」「堂々としているリーダー」と様々な表現と解釈が可能になります。また「青の 2 × 4 のブロック」で，「海」，「水」だけでなく「知識や知恵」「冷静さ」といった目に見えない抽象概念や感情を表すことができます。また他のパーツとの組み合わせによって別の意味が生まれることもあります。

ストーリーや説明を構築する上で，的確な表現が見つからなくとも，メタファーを活用することで，他者に十分伝わる表現を生み出すことが容易になります。「あの先生は鬼だ」はメタファーの代表例で，「怖い」「厳しい」といった感情がより相手に伝わります。位置関係を表す「上下左右」や「前後」もメタファーの一種で，単なる場所だけでなく地位や物事の関係性を表すことにも用いられます。（参考文献 [11]）

ブロックをメタファーとして用いることで，そのものに対して抱いている自身のイメージや感情を相手に明示することが可能になります。それは，考えや感情を一度ブロックという具象物で対象化したことで，発話者の人格と思考が切り離されている状態にあるということを意味しています。発話内容に対するコメントや質問は，あくまでそれを表現する具象物（作品）についての質問と受け取られ，発話者は自分の人格を安全に保ちながらワークに臨むことができるというわけです。特に LSP を利用するワークショップのテーマが，「自分の長所」「個人や組織の抱える問題」といった人の意思や感情が大いに関係するものであることもあり，ブロックが使われる理由となります。そして言語化を通じて，感情を含めたストーリーの形で記憶にとどめることが容易になります。

B.3　モデルどうしの関係性と統合

個人で作ったモデルどうしの関係性を調べたり，共通のビジョンとしてモデルを統合して一つのモデルにまとめたりすることも行います。例えば学校でのワークショップで「参加者それぞれの今後の目標」といったテーマを扱った場合，「部活動で活躍する」「成績をよくする」「友人とのコミュニケーションを増やす」「学校外のワークショップや大会に参加する」といった内容の作品が挙がります。これらのモデルは，学校という一つの組織に所属する参加者が抱いている目標であり，相互に関連性が潜んでいます。どれか一つをメインに行動に移すことにはなるとしても，他者の人の目標と共通する点，あるいは脅威になる点，考えもしなかったつながりが見えてくる可能性があります。

そこでこれらの関係性を発見すべく，全員のモデルをテーブルの上に置き，意味の近いものは近く，遠いものは少し離れた位置に置くなどして並べていくことで，一つの大きなランドスケープモデルを作り，その過程で相互の関連性について深く考えていきます。そして配置が決まると同時に，全ての作品をつなげる大きなストーリーを作成し，代表者に発表してもらいます。こうすることで全体のランドスケープモデルの中における自分のモデルの位置づけを明確にすることができます。

ランドスケープモデルのストーリーを作る過程には，話す順番，つまり論理を深く意識するという，学校教育で鍛えるべき素養が含まれています。モデルとその配置は3次元空間にあり，ストーリーの1次元性に比して十分な自由度があるので，全員がコミットできる配置とストーリーの制作にはしばしば時間と慣れが必要です。

また，組織やチームの共通の未来ビジョンを作成する際は，各個人モデルから大事な要素を選んで，統合させて1つのモデルを作り上げるという手法をとることもあります。

B.4 モデルどうしのコネクションとシステムの作成

例えば，学校（あるいはチームや組織）の中での自分たちの現状を表すモデル（抱えている問題・現在の関心事・打ち込んでいること）と，将来の目標を表すモデルを参加者全員がそれぞれ作り，現在から将来へ向かう過程で，どのような学びや経験が必要でどのような問題を解決すべきかについて考えるワークを行うとします。

この際，現状と将来の目標モデルをそれぞれランドスケープモデルとしてテーブルの両端に作っておき，その間に経験や学び，問題を表す小モデルをたくさん用意します（これらの小作品は**エージェント**と呼びます）。これらのモデルはお互い影響を及ぼしあいます。影響力を的確に表すチューブや長いブロック，ひもやチェーンなどのコネクションパーツを選んでモデルどうしをつないでいき，相互に影響を及ぼしあう一つの**システム**を形成します。コネクションを作る過程で，自分の両端のモデルどうしがつながらず，新しいエージェント（達成すべき経験，克服すべき問題，身に着けておくスキルなど）を見出す必要が生じることもあります。また具体的な内容のエージェントばかりが並ぶと，コネクションをつけにくくなり，適度に抽象化された内容のエージェントを作る必要が生じるなど，システムを作る過程で様々な発見があります。

こうしてシステムが完成すると，どこが影響力をもつのか（コネクションの数が多いのか）を観察したり，実際の出来事をいくつか想定（大災害が起きる，学校がなくなる）して，一番影響を受けそうなモデルを動かすことで他のモデルへの影響の有無と大きさを調べたりすることを通じて，今後とるべき行動について意思決定をします。

実際にモデルを動かそうとすると，張り巡らされたコネクションにより，想定とは違うモデルに影響が現れて動いたり，逆に強く影響するであろうモデルが全く反応しなかったりと，出来事をプレイすることで気づくことが多々あります。

B.5　学校現場での実践例

放課後や長期休暇を利用して，希望者を募って実践しています。
どのワークでも必ず最初にレゴ®ブロックを組み立てて話す練習（スキルビルディング）を1時間程度行い，安心して話せる雰囲気づくりを行います。B.4節も実践例の一つですが，ほかにも次のようなワークを実践してきました。

○進路について考えるワーク (高校生対象・2時間～3時間)
以下のテーマで作品を作り，参加者どうしで内容を説明し，説明のなかったブロックや場所について質問を受けることで，自分自身でもあまり気づいていないものの見方や考え方について理解を深めます。

- 理想のパートナーとは？（一緒に仕事をしていく上で必要な人物像）
- これまでの学校生活の中で最も達成感を感じた出来事
- 将来どのような形で社会に貢献できそうですか。
- 他人に自分を作品で表現してもらう

2番目の達成感を感じた出来事では，文化祭または部活動に関する内容が多く，ステージに立った時の自分自身，裏方で支える自分自身など，参加者が組織の中でどのような役割を担ってきたのかを客観的に見つめなおしてもらうという狙いがあります。また人形で表した自分は誰を見ているのか，自分と周りの人を表す人形の位置関係などから，何を誰を意識しているのか重要視しているのかを探ることができます。その気づきを踏まえた上で，まだ具体的な状況が見えにくい将来の展望という難しい問いに取り組むことで，具体的な職業等は見えなくとも，人とコミュニケーションをとるのが好き，コンピュータを駆使して新たなサービスを開発したいといった感情を込めたイメージを引き出すことが可能になります。

またよく知る友人に自分自身の特徴を作ってもらうことで，「自分の長所・短所」を知ることができます。面接試験でよく問われることですが，日本人の性格からして，長所は答えにくいと感じる生徒は多くいます。

○学習意欲の動機付けワーク (中学生向け・4 時間)

- 入学してよかったこと
- 在学中に心から成し遂げたい目標や経験
- あなたが思う学び（授業・部活・体験問わず）のあるべき姿とは？学んでいると実感できる状況とは？
  →ランドスケープモデルを作成（テーブルの中央に目標，周辺部に理想の学びを配置して関係性を探る。）
- 今の学び方の課題点・不安に感じていることとは？
- （SDGs の概要を解説して，視点を地球規模に広げた上で）
  あなたが解決したい/解決できそう/貢献できそうな社会の課題は？
- （部活や海外研究，様々なイベントがあることを伝えた上で）
  今後の学校生活の目標をあらためて設定

中学生になると大半の生徒にとって日々の学習は与えられた宿題のみで，それ以外はどうしても試験直前の対策に偏ってしまいます。積極的に本を読んだり，授業で学んだことを活かして何かに応用したりするという能動的な学習を行うまでは至らないのが学校現場での実態です。中学入試や大学入試，あるいは検定試験などの目標があれば対策を講じるという学習姿勢がほとんどである実態を打開するのが，本ワークショップの狙いです。

まずは現時点での状況を振り返るワークに始まりますが，部活や海外留学に関する目標が出る場合もあれば，試験の成績や学習習慣に関する目標に終始している作品も多く出てきます。

そこで本ワークでは，SDGs（持続可能な開発目標）の 17 個の目標概要と，それにむけての企業での実践例（参考文献 [15]）を 10 分ほど紹介して情報をインプットすることで，視点を日常生活から社会へとつなぎます。もちろんすぐには「じぶんごと」として捉えるのは難しく，特に「自分ができそうなこと」に対する回答を言葉でするのは難しいので，LSP の威力が発揮されます。具体的な解決案まではもちろん出ませんが，17 個のどれに関心を持つのか，また日ごろの学校生活との関連付けは，形にすることで見えてくるものがあります。

最後の「学校生活での目標の再設定」はこれまでのワークの振り返りで，学びに対する自分自身への課題から，他者を視野に入れた学びに大きく変わっていく作品が多く出るようになります。

そのほか，ビジネスプランを考えるワークや，自分自身の問題について内省を深め，改善点を見出すワーク (U 理論) 等を行っています。いずれにしても学校現場でのレゴ®シリアスプレイ®の実践では，実際に何かの問題を解決するというよりは，問題を整理して終わる，問題提起で終わるということが多くあります。ビジネスプランの提案ワークにしても，「実際に開発するにはどうすればよいか？」という問いかけにより，学校の授業以外で自ら学ぶべき内容が明らかになります。「問題意識があるからこそ能動的に動こうとすることにつながる」と考えれば，これらのワークを問題提起で終わらせることはごく自然であるように感じます。

B.6　教科を横断する学びとしてのレゴ®シリアスプレイ®メソッド

LSP のメソッドを教科という視点で眺めていくと，様々な要素が含まれていることがわかります。メソッドをもう一度順番に振り返りながら考察していきます。

○国語と美術（鑑賞力・メタファーの解釈・言語化）
まず作品を組み立てる必要があります。建物を本物らしく再現するのではなく，感情や心象を表現することを狙いとしているので，求められるのは作る能力よりも，作った作品を読み解く能力，つまり**鑑賞力**ということになります。それも現代アートと呼ばれる作品を鑑賞することに匹敵します。ブロックは何かのメタファーとして解釈して，最後は言葉にすることが求められます。自分でも無意識に組み立てたパーツに意味をつけるのは大人でも容易ではありません。逆にこのメソッドを通じて身につくスキルの一つです。解釈の幅を広げるために，作品を交換して他者の作品を読み解くということも行います。

○国語と数学 (論理・関連付け)
ランドスケープモデルを作成した際に，モデルどうしの関連性を見出しながら配置して，全作品を一つにつなげるストーリーを構築します。モデルは 3 次元での配置となる一方，ストーリーは一直線の 1 次元であるので，次元を落とす上では工夫が必要です。その際，モデルどうしの因果関係を明確にし，似たモデルは並列の関係に配置するなど，作品間に内在する論理関係を見出すことが求められます。

○数学 (複雑系・非線形)
システムを作成すると，コネクションの連鎖により予想外の影響，特に遠くにおかれた作品の間で起きることが多々あります（第 12 章参照）。これは天気の予測が気温，風，付近の海水面や地理的状況などが絡み合い困難であるのと同じで，**複雑系**または**非線形現象**として知られています。小モデルを変量化し，コネクションのつながりの強さを数値で表すことで，漸化式（8.1 節参照）を立てることができ，Excel などのソフトでもシミュレーションをすることは可能です。実際の LSP で作成したモデルでのシミュレーションは，チューブやひもなどの物理的特徴もあるので数値計算とは異なる結果になりますが，逆に言えば数式を使わなくとも似たような結論を得ることができます。いずれにしても，身近で近未来の状況からは全く想像できないような，長期的な視野へとつなぐ結論を導き出すことが可能になります。

その他，ワークで取り上げるテーマによっては，社会や理科など幅広い素養が必要になります。具体的に説明しようとして，適切な言葉や考え方が出て来なくて詰まるという失敗経験を通じて，新たに知識を学ぶことの必要性を生徒は肌で感じることになります。

このように LSP のワークを通じて，日ごろの学びにおいて生じている教科の壁を取り去ることができ，より社会での実践場面に視点を移して対話をすることができるようになります。

レゴ®シリアスプレイ®メソッドを活用したワークショップについて

レゴ®シリアスプレイ®のメソッドと教材を用いたワークショップは，専門の養成トレーニングを受けた認定ファシリテータのみ，開催することができます。同様のワークショップを開催する際は，（株）ロバート・ラスムセン・アンド・アソシエイツが年数回にわたって開催する養成トレーニングを受講されることをお勧めします。

あとがき

最後に本書の経緯について述べさせていただきたいと思います。

幼少期はレゴ®ブロックで街づくりに夢中になっていた記憶がありますが，小学校低学年の段階で我が家からブロックはなくなっていました。その後，算数の○○算と分類されている文章題を図や記号を駆使して解くことに非常に興味深く感じ，難しい問題に挑んでいました。数学への興味関心は変わらず，大学でも数学を専攻することになり，計算の構造を可視化して考える代数学（古典群，リー環，量子化学）に自然と興味を持ちました。

大学院に進学したのと同時に，縁あって母校であり現在の勤務校である聖光学院の特別プログラム「聖光塾」として講座を持つ機会をいただき，以来本書の第 5 章以降の内容で中学 1 年生を主対象として毎年開講してきました。開講当初から講座は，小学校の算数および中学入試算数で学ぶ手法の原理を見直し，中学高校の数学の内容へつなげるというコンセプトで行っていて，対話を重視した授業ではありましたが，ブロックを使うという発想に至ることはありませんでした。

講座が始まって数年後，ゲーテの自然の事物から人生哲学を読み解く姿勢に感銘を受けてドイツのワイマールを訪ねた際に，たまたま世界遺産ということで立ち寄ったバウハウスにて目にした空間のデッサンやモザイク画などをきっかけに，現代アートやデザインに興味が湧いていきます。さらにデザインとレゴランドで有名なデンマークを訪ね，ヨーロッパ随一の現代美術館で知られるルイジアナ美術館に立ち寄ると，偶然にも同国出身の美術家オラファー・エリアソン氏による，レゴ®ブロックをはじめ様々な素材で作られた立体と光のアートの企画展が催されていて，立体図形指導用の教具としてのブロックの可能性を強く感じました。それ以降，これまで行ってきた授業の教材がブロックで説明できる，むしろ自分の中で作られてきた数学の世界がブロックでできているようにさえ思えてきました。実際に大学で専攻していた代数学も，テトリスのようなタイルやマス目を用いて演算の構造を調べるものでした。

講座を開講して 10 数年，扱っている問題はほぼそのままで「ブロックで学ぶ数学」として名称を変えることにしました。現在も続いているほか，小学生向けの体験授業をする機会もいただき，中学入試算数バージョンの授業も行っています。いずれも本書の源流となります。

さらに巻末付録 B で紹介したレゴ®シリアスプレイ®のメソッドに出会ったことで，講座の内容が一新されました。(「レゴ」「数学」でウェブ検索したときに，同メソッドの紹介文にあった「数学者シーモア・パパート」に引っかかったのが知るきっかけになりました。）このメソッドそしてロボットを用いたプログラミング教育の発端には，MIT（マサチューセッツ工科大学）の故シーモア・パパート教授提案のコンストラクショニズムのコンセプトがあります。「とりあえず手を動かしながら考える，あとから意味をつける」，「作品は正確でなくてもよい」という考え方に，これまでのブロックをかっちりはめて作らないといけない固定観念が一気に吹っ飛んだ印象が鮮明に残っています。先のエリアソン氏の造形物とあわさって，第 10 章で触れるような立方体や四面体の簡易模型のアイディアへとつながりました。第 8 章の「ハノイの塔」も手を動かしながら考えるべき問題の典型例です。考えてみますと，レゴ®シリアスプレイ®に至るきっかけになったゲーテの思想も博物学的（色と形を感じる）であり，「メタファー」に満ちていることもあって，偶然ではなくすべてつながっていたのかもしれません。

以上のような経緯でできたのが本書ですが，実際は平常の中高生向けの授業を展開する中で，日常的に出てくる質問とその回答を積み重ねたことが教材の骨格になっているとも言えます。このような質問は参考書には書いていない「行間」に当たるもので，聖光塾の教材としても本書としても，多分に活用しています。日々の教育活動の中で，何気なくかわす生徒との対話や寄せられる質問や，添削答案の誤答は私の中で貴重な財産となっています。本書のようなアイディアが再び生まれることを願いつつ，教育活動に励んでいきたいと思います。

参考文献

[1] 橋幸一『小学算数　応用問題の解き方』法文社，1990 年

[2] 東京出版編集部『算数/合格へのチャレンジ演習』東京出版．2009 年

[3] 小島寛之『解法のスーパーテクニック』東京出版，1989 年

[4] 小島寛之『数学ワンダーランド』東京出版，1995 年

[5] 小島寛之『算数の発想』NHK 出版，2006 年

[6] ドミトリ・フォミーン，セルゲイ・ゲンキン，イリヤ・イテンベルク（著），志賀浩二・田中紀子（訳）『やわらかな思考を育てる数学問題集 1,2,3』岩波書店，2012 年

[7] 梅向明（編集），国際数学オリンピック日本委員会（訳）『数学オリンピック問題集＜中国編＞』東京図書，1991 年

[8] 野口広（監修），数学オリンピック財団（編）『数学オリンピック事典―問題と解法』朝倉書店，2001 年

[9] ロバート・ラスムセン，蓮沼孝，石原正雄『戦略を形にする思考術：レゴ®シリアスプレイ®で組織はよみがえる』徳間書店，2016 年

[10] 佐宗邦威『直感と論理をつなぐ思考法 VISION DRIVEN』ダイヤモンド社，2019 年

[11] 瀬戸賢一『よくわかるメタファー：表現技法のしくみ』筑摩書房，2017 年

[12] シーモア・パパート（著），奥村貴代子（訳）『マインドストーム―子供、コンピューター、そして強力なアイデア』未来社，1982 年

[13] ピーター・M・センゲ（主著），リヒテルズ直子（訳）『学習する学校』英治出版，2014 年

[14] C・オットー・シャーマー（著），中土井僚，由佐美加子（訳）『U 理論 [第二版]―過去や偏見にとらわれず、本当に必要な「変化」を生み出す技術』英治出版，2017 年

[15] Think the Earth『未来を変える目標 SDGs アイディアブック』紀伊国屋書店，2018 年

[16] おおたとしまさ『名門校の「人生を学ぶ」授業』SB クリエイティブ，2017 年

[17] [DVD] 三井淳平『三井淳平のレゴ®ブロックで作ろう』ポニーキャニオン，2012 年

[18] 白土良一，石原正雄，伊藤宏，武富香麻里『天才を育むプログラミングドリル―Mind Render で楽しく学ぶ VR の世界』カットシステム，2018 年

[1] は恩師から最初に算数文章題を教わったときに取り組んだ問題集で，本書の内容にも大

きく影響を与えています。[2] は比較的最近の中学入試算数の問題集の例で，同出版社の月刊誌「中学への算数」は難関校の中学入試対策には必携といえます。[3]～[4] は中学数学の考え方の様々なエッセンスがつまっていて，中学生時代に著者から大変多くのことを学びました。[5] は中学入試算数と，経済学や物理学など大学レベルの諸学問との結びつきについて解説されています。

本書及び元になった数学講座で扱った問題（特に研究問題）は主として，[6]～[8] を参考にしました。この手の数学オリンピック対策本は，日本大会が始まった 90 年代はまだわずかしかなかったものの，最近は日本大会の過去問集以外にも諸外国の過去問を集めた問題集が数多く世に出ています。

[9] は LSP の創始者及び日本でのファシリテータ養成トレーニングを提供されるお二方による，LSP メソッドと企業での実践について書かれた本，[10] の著者は LSP のファシリテータの一人で，同メソッドの有用性について書かれています。

[11]～[15] は LSP のメソッドについて理解を深める際に参照した書籍です。[16] は本書のもとになった講座が紹介されているもので，研究問題 7.1 の授業場面が取り上げられています。[17] は日本人初の認定レゴ®ビルダーによる球体等の作成法の動画です。研究問題 10.5 の球体の作成例として引用させていただきました。[18] は 3D プログラミング，VR コンテンツの作成を小中学生でも取り組めるように作られたソフトウェア「Mind Render」に関する解説書で，第 10 章で扱った空間座標の有用性はこのようなプログラミング経験を通じて十分認識できると思います。

■ 著者プロフィール

名塩 隆史（なしお・たかし）
1981 年東京都出身
東京大学理学部数学科卒業，同大学大学院数理科学研究科修士課程修了，
同大学大学院教育学研究科修士課程修了，博士課程中退．
聖光学院中・高等学校数学科教諭
レゴ® シリアスプレイ® メソッドと教材活用トレーニング修了認定ファシリテータ

ブロックで学ぶ中学入試算数・中学からの数学

2019 年 5 月 25 日　　初版第 1 刷発行

著　者　　名塩 隆史（聖光学院中・高等学校教諭）
発行人　　石塚 勝敏
発　行　　株式会社 カットシステム
〒 169-0073 東京都新宿区百人町 4-9-7　新宿ユーエストビル 8F
TEL（03）5348-3850　　FAX（03）5348-3851
URL　http://www.cutt.co.jp/
振替　00130-6-17174
印　刷　　シナノ書籍印刷 株式会社

本書に関するご意見、ご質問は小社出版部宛まで文書か、sales@cutt.co.jp 宛に e-mail でお送りください。電話によるお問い合わせはご遠慮ください。また、本書の内容を超えるご質問にはお答えできませんので、あらかじめご了承ください。

■ 本書の内容の一部あるいは全部を無断で複写複製（コピー・電子入力）することは、法律で認められた場合を除き、著作者および出版者の権利の侵害になりますので、その場合はあらかじめ小社あてに許諾をお求めください。

Cover design Y.Yamaguchi　　© 2019 名塩隆史
Printed in Japan　ISBN978-4-87783-458-6